U0353394

国家无障碍战略研究与应用丛书（第一辑）

无障碍与当代住区

陈兴涛　赵继龙　任震　著

辽宁人民出版社

图书在版编目（CIP）数据

无障碍与当代住区 / 陈兴涛，赵继龙，任震著. —
沈阳：辽宁人民出版社，2019.6
（国家无障碍战略研究与应用丛书. 第一辑）
ISBN 978-7-205-09656-4

Ⅰ. ①无… Ⅱ. ①陈… ②赵… ③任… Ⅲ. ①残疾人
住宅—建筑设计 Ⅳ. ①TU241.93

中国版本图书馆 CIP 数据核字（2019）第 131083 号

出版发行：辽宁人民出版社
地址：沈阳市和平区十一纬路 25 号　邮编：110003
电话：024-23284321（邮　购）　024-23284324（发行部）
传真：024-23284191（发行部）　024-23284304（办公室）
http://www.lnpph.com.cn
印　　刷：辽宁新华印务有限公司
幅面尺寸：170mm × 240mm
印　　张：16
字　　数：250千字
出版时间：2019 年 6 月第 1 版
印刷时间：2019 年 6 月第 1 次印刷
责任编辑：李　丹　郭　健　赵学良
装帧设计：留白文化
责任校对：高　辉
书　　号：ISBN 978-7-205-09656-4
定　　价：85.00元

总序

何毅亭

目前，我国直接的障碍人群有1.25亿，包括8500多万残疾人和4000万失能半失能的老年人。如果把2.41亿60岁以上的老年人这些潜在的障碍人群都算上，障碍人群是一个涵盖面更宽的广大群体。因此，无障碍建设是一项重大的民生工程，是我国社会建设的重要课题，也是我国社会主义物质文明和精神文明建设一个基本标志。毫无疑义，研究无障碍战略和无障碍建设具有十分重要的意义。

在中国残联的关心支持下，在中央党校、中国科学院、清华大学等各方面机构的学者和无障碍领域众多专家努力下，《国家无障碍战略研究与应用丛书》（第一辑）付梓出版了。这是我国第一部有关无障碍战略与应用研究方面的丛书，是一部有高度、有深度、有温度的无障碍领域的研究指南，具有开创性意义，必将对我国无障碍建设产生深远影响。

这部丛书将无障碍建设的研究提升到国家战略层面，立足新时代，展望新愿景，提出了新战略。党的十九大确认我国社会主要矛盾已经转化为人民日益增长的美好生活需要和不平衡不充分的发展之间的矛盾。我国社会主要矛盾的转化，反映了我国经济社会发展的巨大进步，反映了人民群众的新期待，也反映了发展的阶段性特征。新时代，一定要着力解决好发展不平衡不充分问题，更好满足人民在经济、政治、文化、社会、生态、公共服务等各方面日益增长的需要，更好推动人的全面发展和社会全面进步。无障碍建设是新时代人民群众愿景的重要方面。中央党校高端智库项目将无障碍建设作

何毅亭　第十三届全国人民代表大会社会建设委员会主任委员，中央党校（国家行政学院）分管日常工作的副校（院）长。

为重要战略课题进行研究，系统论述了无障碍建设的国家战略，提出了无障碍建设目标体系以及实施路径和机制，将十九大战略目标在无障碍领域具体化，成为本套丛书的开篇，体现了国家高端智库的应有作用。

这部丛书汇聚各个机构专家学者的知识和智慧，内容涉及无障碍领域的创新、建筑、交通、信息、文化、教育等领域，还涉及法律、市场、政策、社会组织等方面，体现了无障碍建设的广泛性和系统性。它既包括物理环境层面，也包括人文精神层面，还包括制度层面，是一个宏大的社会话题，涵盖国情与民生、经济与社会、科技与人文、创新与发展、国家治理和全球治理等重大问题。丛书为人们打开了一个大视野，从多领域、跨学科、综合性视角全面阐释了无障碍的理念与内涵，论述了相关理论与实践。丛书的内容说明，无障碍建设实际上是一个国家科技化、智能化、信息化水平的体现，是一个国家经济建设和社会建设水平的体现，也是一个国家硬实力和软实力的综合体现。它的推进，也将有助于推进我国的经济建设、社会建设、文化建设和制度建设，对于我国新时期创新转型发展将产生积极影响。

这部丛书立足于人文高度，体现了“以人民为中心”的要求，不仅从全球角度说明了无障碍的人道主义内涵，而且进一步论述了我国无障碍建设所体现的社会主义核心价值观内涵。丛书把无障碍环境作为国家人文精神的具象，从不同领域、不同方面阐述无障碍环境建设的具体措施，体现了对残疾人的关爱，对障碍人群的关爱，对人民的关爱。它提醒我们，残疾人乃至整个障碍人群是一个具有特殊困难的群体，需要格外关心、格外关注，整个社会应当对他们施以人道主义关怀，让他们与其他人一样能够安居乐业、衣食无忧，过上幸福美好的生活。这是我们党全心全意为人民服务宗旨的体现，是把我国建成富强民主文明和谐美丽的社会主义现代化强国，促进物质文明、政治文明、精神文明、社会文明、生态文明全面提升的体现。

这部丛书的出版，深化了对无障碍的认识，对于无障碍建设具有重要的指导意义，对于各级领导干部进一步理解国家战略和现代文明的广泛内涵也具有重要参考作用。丛书启迪人们关爱残疾人、关爱障碍人群，关爱自己和别人，积极参与无障碍事业。丛书启迪人们，无障碍不仅在社会领域为政府和社会组织提供了大有作为的空间，而且在经济领域也为企业提供了更大的发展空间。丛书还启迪人们，无障碍不仅关乎我国障碍人群的解放，而且关乎我们所有人的解放，是人的自由而全面发展的一个标志。

我国无障碍建设自20世纪80年代开始起步，从无到有，从点到面，逐步推开，取得了明显进展。无障碍环境建设法律法规、政策标准不断完善，城市无障碍建设深入展开，无障碍化基本格局初步形成。但是也要看到，我国无障碍环境建设还面临着许多亟待解决的困难和问题，全社会无障碍自觉意识和融入度有待进一步提高，无障碍设施建设、老旧改造、依法管理有待进一步加强，信息交流无障碍建设、无障碍人才队伍建设等都有待进一步强化。无障碍建设任重道远。

借《国家无障碍战略研究与应用丛书》（第一辑）出版的机会，我们期待有更多的仁人志士关注、参与、支持无障碍建设，期待更多的智库、更多的专家学者推出更多的无障碍研究成果，期待无障碍建设在我国创新发展中不断迈上历史新台阶。

2018年12月3日

国家无障碍战略研究与应用丛书（第一辑）

顾　问

吕世明　段培君　庄惟敏

编者的话

《国家无障碍战略研究与应用丛书》（第一辑）历时三载，集国内数十位专家、学者的心血和智慧，终于付梓，与读者见面。

《丛书》以习近平新时代中国特色社会主义思想为指导，体现习近平总书记对残疾人事业格外关心、格外关注。2019 年 5 月 16 日，习近平总书记在第六次全国自强模范暨助残先进表彰大会上亲切会见了与会代表，勉励他们再接再厉，为推进我国残疾人事业发展再立新功。习近平总书记强调要重视无障碍环境建设，为《丛书》的出版指明了方向，提供了遵循；李克强总理 2018 年、2019 年连续两年在《政府工作报告》中提出“加强无障碍设施建设”“支持无障碍环境建设”；韩正、王勇同志在代表党中央、国务院的讲话中指出“加强城乡无障碍环境建设，促进残疾人广泛参与、充分融合和全面发展”。

中国残联名誉主席邓朴方强调：无障碍环境建设是一个涉及社会文明进步和千家万户群众切身利益的大问题，我们的社会正在一步步现代化，要切实增强无障碍设计建设意识，认真推进无障碍标准，不断改善社会环境，把我们的社会建设得更文明、更美好。

中国残联主席张海迪阐释：“自有人类，就有残疾人，就会有障碍存在。人类社会正是在不断消除障碍的过程中，才逐步取得文明进步。无障碍不仅仅是一个台阶、一条盲道，消除物理障碍固然重要，消除观念上的障碍更为重要。发展无障碍实际上是消除歧视，是尊重生命权利和尊严的充分体现。”

多年来，在各部门努力推进和社会各界支持参与下，我国无障碍环境建设取得了显著成就。《无障碍环境建设条例》实施力度不断加大，国民经济和社会发展“十三五”纲要及党中央关于加快残疾人小康进程、发展公共服务、文明建设、推进城镇化建设、加强养老业、信息化、旅游业发展等规划都明确提出加强无障碍环境建设和管理维护；住房和城乡建设部、工业和信息化部、教育部、公安部、交通运输部、国家互联网信息办、文化和旅游部、中国民航局、铁路总公司、中国残联、中国银行业协会等部委、单位、高校、科研机构制定实施了一系列加强无障碍环境建设的公共政策和标准，城乡和行业无障碍环境建设全面推进，社区、贫困重度残疾人家庭无障碍改造深入实施，无障碍理论研究与实践应用方兴未艾。大力推进无障碍环境建设，努力改善目前与经济社会发展不相适应，与广大残疾人、老年人等全体社会成员需求不相适应的现状，是新时代赋予的使命担当。

《丛书》是多年来我国无障碍环境建设实践和研究的总结，为进一步加强无障碍环境建设提出了理论思考建议并对推广应用提供了参考和借鉴。

《丛书》入选“十三五”国家重点图书出版规划和国家出版基金资助项目，是对《丛书》全体编创人员出版成果的高度肯定，充分体现了新时代国家对无障碍环境建设的关心、关注和支持，将进一步促进无障碍环境建设发展，助力我国无障碍事业迈向新阶段。

前 言

“住”是人类生活四大要素之一。对绝大多数人而言，人生三分之二的时间是在住宅和住区中度过的，日常购物、休闲等大部分生活需求，也是通过住区及其配套的公共设施来满足的。可以说，住区室内外空间环境是否安全、舒适、便捷和健康，对每个人的生活质量都会产生重大影响。尤其是那些行动不便、在住区中停留时间更长、对住区环境依赖性更大的老幼、孕妇及残障等特殊人群。因此，在实现无障碍城市、无障碍社会的诸多努力中，营造无障碍住区是一个需要优先解决和着重解决的环节，也是促进特殊群体身心健康并积极融入社会的基本手段，反映着一个社会的文明程度。

我国政府历来重视残障人士等弱势群体社会问题，并随着经济条件和科技水平提升，不断加大保障力度。1990 年《中华人民共和国残疾人保障法》颁布实施以来，残障人士的合法权益受到了全社会的普遍尊重和保护。2012 年 8 月 1 日实施的《无障碍环境建设条例》第一次将无障碍建设纳入到国家法律制度层面。国家相关部委先后将无障碍设计标准或技术要求写入各类标准、规范中，无障碍建设的落地实现得到法律、法规的强制性保障。同时，地方政府、生产商、学术界，都给予无障碍建设极大关注，尤其是各级残联组织的积极呼吁，进一步推动了无障碍环境的建设发展。尽管我国目前的无障碍环境建设取得了巨大进步，与无障碍需求人士生活起居密切相关的无障碍住区建设，仍处于粗放、粗糙的初级状态，主要体现在法规尚不健全、系统尚不完整、设计尚不精细、落实尚不到位、管理尚不严格等方面。现行的住区环境建设主要还是以健全人的能力和空间参数为依据进行考量，在许多方面不适合残疾人、老年人、儿童等弱势群体的使用，给他们的生活和交流造成诸多不便，也在很大程度上剥夺了他们平等参与社会生活的权利。这种状况难以满足当前广大人民群众，尤其是残障人群对美好生活的向往，不利于残障人群和健全人群之间的平衡发展与和谐共处，急需全社会的共同努力来改变和提升无障碍住区建设水平。

同时，当前背景下我国人口发展已经显现并将持续扩大的三个趋势，让住区无障碍建设变得更加重要：一是人口老龄化，我国60岁及以上老年人口在2017年底已达2.41亿人，预计这一数字在2050年达到峰值4.87亿，占我国总人口的34.9%，而居家养老的养老模式会一直占据主流；二是“全面二孩”，这一人口生育政策的出台和实施，必然会导致未来孕妇及幼儿数量的大量增加；三是残疾人群体，我国残疾人口总量增加，占比增大，肢体残疾人和精神疾病患者比例明显上升。人口发展趋势对无障碍环境提出了更高要求，无障碍住区建设将面临空前压力。

另外，随着人们生活水平的不断提高，人们对居住的要求也越来越高，2018年12月1日起实施的《城市居住区规划设计标准》提出社区生活圈的理念，让市民在以家为中心的5分钟、10分钟、15分钟步行可达范围内，享有较完善的养老、医疗、教育、商业、交通等基本公共服务，而5分钟生活圈这些范围是人们生活的最基本范围，基本范围内的无障碍建设是满足各种无障碍需求人士生活出行的基本保证。

正是基于以上原因，我们编写了本书。全书围绕“设计”的物质环境建设展开，从分析当前住区环境无障碍设计存在的问题和各类残障人群的行为特征入手，分住区环境无障碍、住区公共建筑无障碍、住区居住建筑无障碍三大部分，借鉴国内外相关成果和先进经验，对住区无障碍的设计原则、设计规范、设计细节、技术要求、设施设备等问题进行了全面总结和详细阐述。本书最后还对无障碍住区设计的建设实施和运行保障体系进行了初步的系统化思考，提出一些想法供大家参考。

本书由陈兴涛、赵继龙负责统稿，前言部分由赵继龙完成，第一章住区环境无障碍设计部分由宋凤、任震完成，第二章住区公共建筑无障碍设计部分由张菁、高晓明完成，第三章住区居住建筑无障碍设计部分由陈兴涛、王宇、张勤完成，第四章住区无障碍设计系统化建设与保障部分由宋凤、任震完成。

目 录

第一章

住区环境无障碍设计

1. 住区环境及其要素

环境是住区的基础，是住区内住宅内部空间的外延，因此住区环境优劣是决定住区品质和档次的关键要素之一。优秀的住区环境不仅能够满足人的生理、心理、安全以及健康需求，还能塑造住区形象和文化品位，为居者提供与自然沟通的空间、与人交往的场所，创造恬静平和的邻里关系。

一般意义上，住区环境包含物质层面的“硬环境”和精神层面的“软环境”，两者只有紧密结合才能创造优质环境。硬环境主要包含满足人的居住、生活、交往、娱乐等行为需求的各类活动空间、场地、设施等要素。软环境主要指住区精神文明建设及多层次的住区文化活动，硬环境为其发生容器和承载体。因此，硬环境的便捷性、安全性、舒适性以及通用性尤为重要，本章涉及的住区环境主要指住区的硬环境及其构成要素。

2. 住区环境无障碍设计

无障碍设计是景观设计的重要组成部分，源于对心理和生理具有特殊需求人群的人文关怀和特别关注。住区环境无障碍设计提出语境是让住区的每位使用者均能安全、便捷使用环境，其目的在于满足普通居者的环境需求的同时能够为心理和生理具有特殊需求的残障人士带来安全、便捷、舒适的环境体验，它是社会物质文明、精神文明的体现，如图 1-0-1。有学者认为，住区环境无障碍设计应是我国居住条件小康化总目标的基本要求。住区作为日常居住、生活的主要空间，无障碍环境的不断完善和发展是提高残障群体生活品质的重要环节，同时也是体现社会制度优越性和精神文明水平的重要标志。而针对不同残障个体特点的调查与无障碍设施需求的分析是环境设计者进行居住区无障碍环境设计的前提和基础，同样也是提高设计针对性、适应性和灵活性的重要依据。

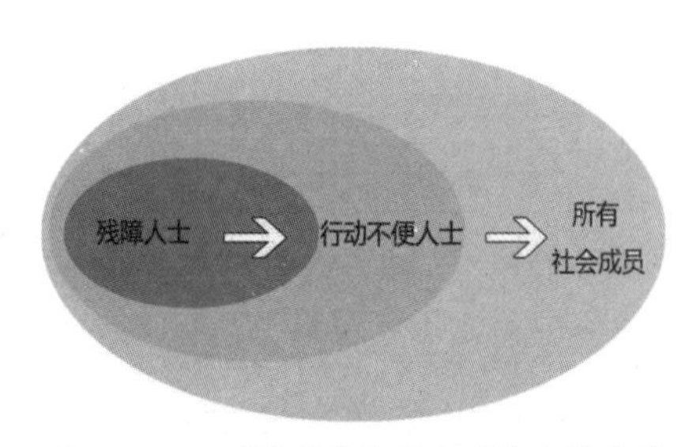

图 1-0-1　无障碍设计服务对象发展趋势

第一节　当前住区环境无障碍设计缺陷与局限性

一、产生原因

20 世纪初，出于对人道主义的呼唤，建筑学界产生了一种新的建筑设计方法——无障碍设计。它运用现代技术建设和改造环境，为广大残疾人提供行动方便、安全的空间，创造一个“平等、参与”的环境。国际上对于物质环境无障碍的研究可以追溯到 20 世纪 30 年代初，当时在瑞典、丹麦等国家建有专供残疾人使用的设施。1961 年，美国制定了世界上第一个无障碍标准。此后，英国、加拿大、日本等几十个国家和地区相继制定了有关法规。

我国无障碍事业起步较晚，20 世纪 80 年代初才真正开始相关研究，并逐步规范、实践摸索，最终以立法形式确立并推进了无障碍设计的建设与应用。随着经济社会的快速发展，精神文明和物质文明水平的提高，老龄化现象日益严重，公众意识进一步觉醒，无障碍设计应用的领域越来越广泛，并引导和推动了“通用设计”理念在人居环境领域的进一步扩展。然而，住区作为与民众日常生活接触最为密切的环境之一，无障碍环境的进展相对缓慢，并在一定程度上存在着缺陷与局限性，究其原因主要集中表现在三个方面：政策与法律、规范与标准、教育与意识。

1. 政策与法律

从政策与法律层面，我国无障碍设施缺少完善的相关立法。目前有关无障碍设施的相关国际、国内的法律和规章等主要有联合国《残疾人权利公约》《琵琶湖千年行动纲要》《残疾人机会均等标准规则》《关于残疾人的世界行动纲领（摘要）》《中共中央国务院关于促进残疾人事业发展的意见》《关于发布行业标准（城市道路和建筑物无障碍设计规范的通知）》《关于加快推进残疾人社会保障体系和服务体系建设的指导意见》以及各省《残疾人保障法》实施办法等。其中国际法强调了无障碍建设的重要性，要求各国保障无障碍设施的建设；国内的法律要求“各级人民政府应当对无障碍环境建设进行统筹规划，综合协调，加强监督管理”；各省实施办法进一步强调了“新建、改建、扩建城市道路、公共设施和住宅小区，规划、设计、建设部门必须按照国家关于方便残疾人使用的城市道路和建筑物设计规范进行规划、设计、施工”。然而这些规定比较笼统，责任主体不明确，仅停留在“有关部门必须加强管理、保护和维修”的层面上，既未有明确的责任承担主体，也缺乏相应的奖惩机制和救济措施。

2. 规范与标准

从规范与标准角度而言，我国以《城市道路和建筑物无障碍设计规范》《公园设计规范》和《无障碍设计规范》等作为无障碍设计的标准，缺乏对住区环境等各种专类环境的无障碍规范要求。住区环境无障碍设计只能从中获取一些局部细节要求，而且三套规范在制定时间和内容上相对陈旧落后，不能满足当前社会发展的需要。无障碍设计与住区环境设计存在脱节，两者缺乏系统化统筹考虑。另外，在开展建设工作中，没有明确的设计标准，没有完善的设施管理工作机制，对于占用、损坏及建成后的无障碍设施缺乏后期管理维护问题上，至今没有专门的协调机构和督促、检查机构，没有解决这些问题相应具体的法规政策，没有给无障碍设施的建设发展提供一个无障碍的环境，当今政策的缺乏影响了无障碍建设工作有效、深入地开展。总而言之，设计规范的不系统、监督管理维护制度的不明确，使得城市尤其住区环境推进无障碍设计进程缓慢。

3. 教育与意识

公民和设计承担者同样具有不可推卸的社会责任。无障碍设计既不是技术难题，也不是加大投资的问题，主要是认识问题。作为专业设计部门，无障碍设施没有进行合理的规划，设计者没有切身为弱势群体考虑，没有让弱势群体参与设计讨论，很难完全依靠健全人的思维解决弱势群体的生理需求。从公民意识角度考量，社会对公众缺乏宣传教育，导致全体公民对无障碍事业关怀度低，对无障碍设施建设缺乏正面意义的深入了解，针对无障碍设施的破坏行为随处可见。只有全社会成员关注弱势群体的生活，平等地对待他们，才能在社会上形成良好的社会风气。只有加大宣传教育让民众参与关心无障碍设施的建设、使用和维护，才能真正保证无障碍设施的正常运行。

二、总体表现

1. 无障碍设计服务对象单一

"居住"是人类生活最基本的需求之一，人类生活多数时间是在居住区中度过的，因此住区环境好坏、方便舒适与否直接影响着人们的正常生活。当下背景，住区无障碍环境的服务对象是一个相对广义的范围，它不但重视各类弱势群体的需求，还应尽可能满足不同人群的生活游憩需求。但是目前住区环境中无障碍设施服务对象单一、协同利用率低，设计类别趋向于专用设施设计。"住区环境无障碍设计主要是针对各种特殊人群采取的特殊设计，它是为'障碍者'去除障碍，是'减法设计'。"这一定向概念也体现了服务对象单一化的问题。无障碍设计服务人群为儿童、老年人、残疾人等弱势群体，但这些群体又分为不同情况的单体，而现实设计中往往忽略了这些单体的特殊需求以及单体之间需求的共性，使得设计成为针对某类单体的专属设计，如常见的盲道、专用锻炼设施等均属于专用设施设计。这些专用设施设计对其他行动不便人群，如老年人、儿童和短时间受伤导致行动不便的人群缺乏充分的考虑。

2. 无障碍设计分类不全面

满足弱势群体的生理需求，是无障碍设计基础，也是最基本要求。生理需求是一切自我精神追求的基础，只有完成了低层次的生理需求，才有高层次自我价值的实现。无障碍设计最终的追求是空间环境能够体现和满足弱势群体的需求层次。从设计者角度，住区环境无障碍设计需求群体包括身体残障者（肢体残障者、视觉残障者、听觉与语言障碍者、重症病患者）、认知障碍者、多重残障者、老年人、婴幼儿与孕妇和其他（持重物者与康复病人）等多种类型弱势群体。各类型人群虽然生理需求相似，但存在的现实障碍类型有差异，应该有"辅助用品设计"和"易于接近（环境）设计"之差别。但是面对如此复杂的群体类别，目前设计部门没有根据障碍类型需求差异明确设计分类，例如盲道在设计中是作为视觉残障者行走活动的参照物，但是狭窄园路中的盲道设计却给肢体不便的残障人士或老年人、儿童在一定程度上带来了不便。再如住区外环境中的灯光安排有序合理，有助于视觉残障者与健全人类的行走游览安全，但缺少对于听觉障碍者的信号提示灯或指示符号。可以说对于只考虑部分残障群体的方便而忽略了其他人群需求的设计比比皆是。

3. 无障碍设计缺乏系统性

我国无障碍设计起步较晚，在制度、理论、实践方面相对落后，传统的无障碍设计概念相对狭隘，无障碍设施并没有进行适用对象系统性划分，只单纯强调了残疾人在社会生活中同健全人平等参与的重要性。此外，住区环境规划、设计、建设和管理等各个环境与弱势群体之间缺少互动，缺乏反映弱势群体真实需求的机制……多方面综合因素导致我国无障碍环境设计以及无障碍设施系统性差。以交通体系为例，住区环境中的交通系统与城市道路系统缺乏良好的衔接，没有形成一份责任合力，没有将无障碍设计贯穿始终。如一片新建区域内盲道往往考虑得比较仔细、规范，但由于缺乏系统性规划，一走出这片区域，盲道往往消失在车水马龙的街道中，这将给弱势群体带来极大的危险和不方便。

4. 无障碍设计缺乏安全性

既然住区环境在居者生活中扮演着非常重要的角色，住区无障碍环境的安全性就越发显得重要。但是案例调研结果显示：绝大多数住区无障碍环境存在着各种各样的安全隐患，如：场地平整度不达标带来的足下障碍等安全隐患；交通体系混乱带来的交通安全隐患；设施非人性化带来的行动不便和设施安全隐患；空间不通透带来的视线安全隐患；植物品种的错误使用带来的安全隐患……这是住区环境无障碍设计需要关注的重中之重。

除上述主要局限之外，目前住区环境中出现的无障碍设施过于形式主义，无障碍环境功能合理性低并缺乏人情味，住区环境景观风格与无障碍设施之间缺乏协调性……均是当前住区环境无障碍设计的缺陷和局限性的具体表现，在未来的住区环境规划设计和建设管理过程中理应同样给予重视。

第二节　住区环境应对使用者无障碍设计策略

住区环境的服务对象是使用者，根据住区环境无障碍设计概念，住区环境无障碍设计必须充分考虑弱势群体的需求，具体对象包括生理、心理、身体有障碍者（如残障人士）和不具备正常活动能力者（如老年人、儿童等）。除此之外，弱势群体还包括提重物者、肥胖者、孕妇、推婴儿车的人、外国人等。由于身体或年龄的特殊性，住区环境使用者中的弱势人群与正常成年人有着不同的行为方式和特征，对住区环境有着特殊的需求。但根据各类人群行为特征的共性，本节将住区环境使用者中的弱势群体主要划分为老年人、儿童及残障人士三类，并从环境使用主体的角度对住区环境无障碍设计展开相关讨论。

一、住区环境无障碍设计原则

基于通用设计七原则，结合住区环境弱势群体的行为特点、心理特征及环境需求，提出住区环境无障碍设计基本原则。

1. 安全性、无障碍性原则

安全性是住区无障碍环境设计中首要考虑的功能性问题。由于住区环境使用者中的弱势群体对环境的敏感度和发生危险时的应变能力较差，所以他们的安全感较一般人而言更易缺失。因此住区环境无障碍设计中要充分考虑他们较弱的环境感知力、对外界刺激反应不灵活等特征，设置相应的辅助性和保护性设施，从空间组合、铺地等设施方面进行综合、全面考虑，尽可能提供无障碍的、高水平的住区环境。

2. 弥补性、可识别性原则

部分弱势群体由于身心机能不健全或者衰退，特别是视力下降的老年人及有视觉障碍的残障人士，对无明显特征的环境很难识别。住区环境缺乏空间识别性会给该部分人群带来辨别方向、预感危险上的困难，引发日常生活的不便。因此住区无障碍环境尤其要强调空间的可识别性。住区无障碍环境设计可以借鉴身体现象学，利用弥补性原则，结合环境构成要素的材质、色彩、声响等方面合理进行空间序列组织，给予他们科学的提示和指引。

3. 通用性、融合性原则

住区环境无障碍设计不应只是对某些或某类有障碍人士的专属或者专用设施设计，而应遵循整体性设计理念和通用性、融合性原则，从使用者行为需求角度进行分析，尽可能满足各类人群的生活游憩需求，让不同年龄、身高、体形和行为能力的人均能公平、灵活使用空间、场地和设施。使弱势群体可以自然融入人群，住区中的各类群体相互融合，创造一个让所有居者既能安全生活又能心情舒畅的住区户外环境。同时，建议将住区无障碍环境系统与其他系统和现行住区规划及住区建筑设计作为一个整体统筹规划，做到体系化、系统化的全面无障碍。

4. 舒适性、可达性原则

“以人为本”是住区环境塑造需要秉持的基本理念，为住区所有居民提供一个舒适宜人的居住环境是住区环境无障碍设计所应追求的根本目标，而可达性则是住区外部空间舒适和能被充分利用的先决条件之一。因而，住区环境无障碍设计应注意舒适性和可达性，从人体工效学的角度出发，考虑大多数障碍人士的行为习惯，分析影响设计的人体尺寸特征以及环境塑造要素的性质，从空间、场地、设施等的尺度和要素特性上考虑行为弱势群体的使用方便性。如针对行动不便者，充分考虑各种因素、状况以保证住区户外环境及设施具有可接近性，使其能够自由地感知、到达、进入和使用各类场地、设施，并提供适合的空间尺度，使其能够在可到达和可使用的空间范围内自由行动，为他们提供参加各种活动的可能性。同时应科学、充分考虑其他环境要素在塑造健康、舒适、生态的居住环境方面发挥的作用。

二、住区环境无障碍设计策略

（一）设计策略制定依据

要提出适用于所有人的住区环境无障碍设计策略，必须了解住区环境使用者，尤其老年人、儿童及残障人士的环境行为特征及特殊需求。根据表

1-2-1 所示，不同人群的生理、心理状态差异导致其基本行为方式不同，因此针对不同人群的环境行为分析是住区环境无障碍设计策略制定的基本依据。

表 1-2-1　不同类型弱势群体行为特征及模式图

弱势群体	行为特征	行为模式图
健全人	可以很顺利地直线到达目的地，但手中持有行李时或饮酒后就不那么容易了。	
老年人 + 听觉障碍者 + 行动困难者	边观察周围的情况边行动，途中需要休息。	
轮椅使用者	习惯了的话，可以跑得比较快，不能拐小弯；如遇高差，则通行困难。	
视觉障碍者	盲人只能感觉到拐杖可及的范围，为了到达目的地要经过一番周折。	
儿童	随意地行动，跑、跳、钻等不停闲。	

（资料来源：根据《建筑设计资料集 1》制作）

（二）老年人行为特征及设计策略

1. 老年人生理特征

随着年龄增长，人体机制出现衰老迹象，身体会出现各种状况，使其活动不便，日常困难逐渐增多，生存空间日益缩小，接触外界的机会也日渐减少。在步入老年之后，人的身体机能各方面发生的变化主要表现为以下三个方面：

一是出现弯腰驼背的现象，平衡力变差、行动力下降，身体尺寸也会随之改变，出现肢体动作缓慢和肢体活动范围缩小的状况，可能会因为路面的小凸起而被绊倒。

二是器官功能降低，感觉器官机能衰退按照视觉、听觉、嗅觉和触觉顺序下降。伴随视力下滑、听力衰退，老年人对颜色和声音的识别能力衰退，对环境感知能力开始变弱，在暗光环境中难以看清事物，在明度不同环境过渡需要更长的适应时间。

三是神经系统反应力迟缓，中枢神经兴奋性降低，反应时间随着年龄增长而延长，对外界环境的反应慢，容易使其无法融入日常生活而产生孤独感。

2. 老年人行为特点

老年人在户外空间环境中的活动有一定规律性和特征性，见表 1–2–2，主要表现在三个方面：

一是聚集性：老年人休闲时间较多，大多喜欢聚集在一起进行棋牌、戏曲、乐器等娱乐活动，通常还会有很多老年人围观。

二是地域性：老年人认知力和记忆力逐渐减弱，他们习惯在特定区域和空间内开展活动，其主要活动方式为步行，且不会轻易改变在习惯性环境中活动的行为特点。

三是时域性：西班牙老年行为学家费罗利芒通过对多个国家地区老年人活动研究表明，老年人对阳光照射量有一定需求，倾向于天气允许情况下的白天户外活动。

表 1-2-2　不同年龄段老年人的活动能力及活动类型

年龄段	低龄老人 50—70 岁	中龄老年人 70—80 岁	高龄老人 80 岁以上
能力	自理，活动性强、行动方便、表现活跃。	半自理、半活动性以集体形式为主。	依赖性，有限的活动能力，需要健康护理。
活动类型	门球、网球、聚会、园艺，从娱乐、社交到健身、休闲等各种活动。	以自我或集体为中心，以静为主的社交活动和散步、静坐、打扑克、门球等。	更倾向于静坐、观赏、门前散步。

（资料来源：《中国园林·“接触自然、享受人生”——北京市老年社区一期园林环境设计》）

3. 应对老年人行为需求的无障碍设计策略

受自身生理、心理特征影响和限制，老年人通常会在天气情况允许的白天就近选择空间进行活动，如图 1–2–1。因此，从老年人行为需求出发，建议住区环境无障碍设计策略包含以下三方面：

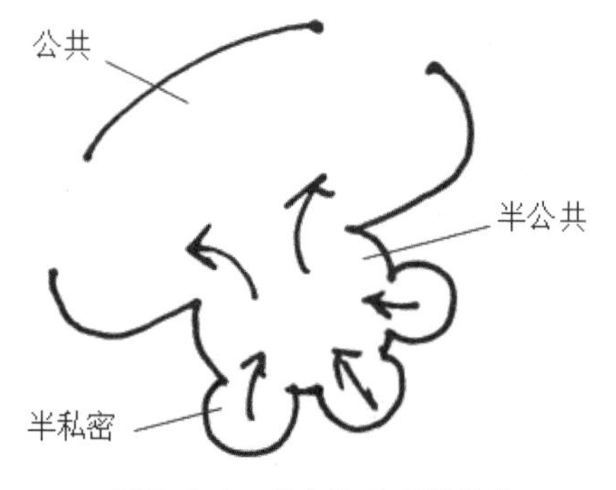

图 1–2–1　老人活动空间形式

一是安全舒适设计策略。在住区环境无障碍设计中，应当针对老年人将安全舒适放在首位，尽可能减少老年人在活动中可能遇到的不安全因素，创造无障碍且安全的生活环境，如降低道路坡度和台阶高度，在陡坡处设置扶手，多老年人聚集的活动场地尽量避开车行道，充分运用空间标识帮助老年人判别方位，减少安全隐患。

二是动静结合设计策略。根据老年人就近活动特征，在住区环境无障碍设计中，对组团和宅旁绿地的规划设计要特别注意，尽可能采用合理的空间布局使宅旁环境空间得到更有效的运用，为老年人提供更多的休憩和交往空间。同时要适当设置动静态活动空间，便于他们进行交流、健身等休闲活动的开展。动态活动区主要以健身活动为主，外围设置休憩设施及遮阴设备，便于老年人活动后休息。静态活动区主要供老年人下棋、聊天、晒太阳，可规划部分私密、半私密性小空间以增强空间的私密感和亲和感，并布置林荫、廊架等，保证有夏遮阴、冬有阳的舒适环境。

三是老幼结合设计策略。中国现今社会结构下，许多老年人需要照顾小孩，加上老人们本身对孩子们的喜爱，可以考虑将老年活动场地与儿童活动区域邻近，或在老年人活动场地内设置儿童活动设施，既有助于使老年人消除孤独感，又为老年人照看小孩带来便利。

（三）儿童行为特征及设计策略

1. 儿童心理与行为特点

住区中另外一个频繁使用户外环境的弱势群体是儿童。作为特定群体，儿童具有独特的生理及行为特征。住区环境无障碍设计也应以儿童行为特征及心理需求为基础，强调公共活动空间的安全性。儿童时期处在一个人生长发育的最旺盛阶段，行为需求也是由量变到质变的复杂过程，具有明显的阶段性和连续性。

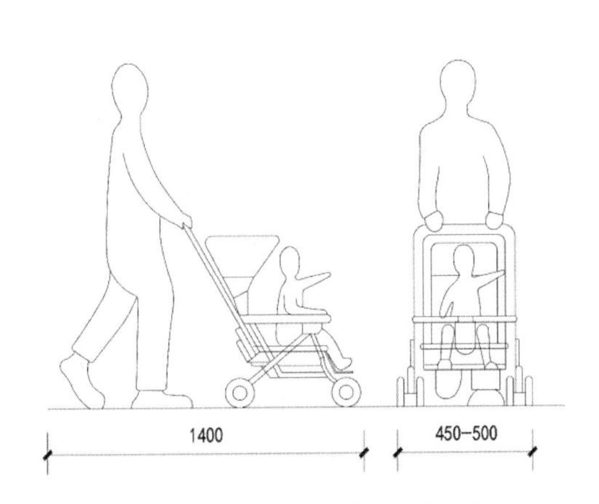

图 1-2-2　推婴儿车的人所需空间尺寸（单位：mm）
（资料来源：《国家建筑标准设计图集（12J926·替代 03J926）：无障碍设计》）

0—1 岁的儿童属于婴幼儿时期。这一时期的新生儿处于第一个生长高峰期，视觉、听觉、嗅觉、触觉等迅速发展。这个阶段的儿童只能通过怀抱或婴儿车，与父母、亲人一同出行，喜欢的户外活动多以各种感觉器官的刺激为主，如听大自然的声音、触摸各类物体等。

同时，他们对一些噪音也易表现出急躁和反感的情绪，如图 1–2–2。

1—3 岁的儿童正是蹒跚学步的阶段。这时期他们不能独立活动，需在家长保护下进行活动；心智发育尚不健全，判断力尚未成熟，对语言文字及部分警示图案无法理解，其智力处于识别和标记时期，思维能力开始迅速发展。户外活动偏重于手眼配合，对公共空间的安全性要求高。

3—7 岁的儿童有一定独立活动能力和思维能力。他们能自己使用一些变化多样的游戏设施，有目的、有针对性、有意识地进行感知和观察活动，户外活动注重情感认知和社交培养，但注意力容易转移，进行户外活动时喜欢东玩西跑，不能直线、顺利地到达目的地。

7—12 岁的儿童注意力、观察力、记忆力全面发展。他们喜欢各种体育运动，也喜欢能证明自身能力的复杂器械，又有着强烈的好奇心，其户外活动偏向一定的知识性、探秘性，加之身体重心偏高，容易在登高玩耍时掉落而发生危险；生活经验少，户外活动随意性大，喜欢边走路边玩耍，对潜在危险的预见性不强，发现危险时不能及时避免；喜欢成群结队地玩耍及分队组织有规则的游戏，常常表现出不注意周围环境的“自我中心”思维状态，容易在过马路时因嬉戏打闹而忽视危险。

其中，3—12 岁的儿童是住区环境儿童活动空间的主要服务对象。白天户外活动的儿童群体主要为学龄前儿童，而各年龄段的学龄儿童户外活动时间集中在放学后、午饭后及晚饭前后，节假日时儿童活动人数也明显增多，因此住区环境无障碍设计对儿童游戏场地及设施的安全性要求高。

2. 应对儿童行为需求的无障碍设计策略

鉴于上述分析，建议住区无障碍环境中以儿童为主用者的场地可根据不同年龄段儿童行为活动特点采取针对性设计策略：

针对 0—1 岁婴幼儿：该部分人群与父母出行需要借助婴儿车，因此要保证通行道路畅通且不存在高差，并在休憩场地和设施旁设置婴儿车停放空间。

针对 1—3 岁儿童：应对其蹒跚学步特点，避免在步行通道周围有凸起物，并考虑此阶段儿童体力欠缺，需要确保有足够的休息场所且相邻休息空间不可相距过远。

针对 4—6 岁儿童：应对该年龄段儿童的好奇心，注意对儿童活动空间尺寸的把握，采取空间限定方法限制儿童活动范围，以避免儿童无目的地活动时发生意外，如用低矮栅栏、石凳等围合空间，并结合覆盖型植物（避免带刺植物的应用）、小品设计为儿童提供包容性空间；采用下沉式活动空间，如沙坑、浅水池等，并在玩耍场所旁设计家长看护的休憩设施；另外，需要注意硬质场地与周边草坪衔接处无高差，降低被绊倒的可能，相关设施尽量避免出现尖角。

针对学龄儿童：应对其自我活动的需求宜设计小型运动场地和游戏设施，合理布局运动场地和嬉戏场所位置，科学安排周边交通，要尽可能方便婴儿车或轮椅进入。活动场地内也可以铺设草坪以起到缓冲作用，同时建议界定游戏区域的边界以避免外在危险的威胁。

（四）残障人士行为特征及设计策略

残障人士中，对外环境的障碍感知可分为行为障碍和定位障碍，其中行为障碍多为肢体残障者，定位障碍则包括视觉障碍者和听觉障碍者。

1. 肢体残障者行为特征及设计策略

肢体残障是指躯体或四肢受到损伤，对日常生活、行走产生影响。根据肢体残障者不同伤残情况可将其分为轮椅使用者、步行困难者及上肢残疾者。针对该部分使用者，住区环境地坪尽量避免有台阶及急坡，且地坪应选用有弹性、防滑、不易脱落损坏、易于清扫的材料。但地坪表面应保证一定粗糙度以使轮子、拐杖、助行器等能贴牢而不易于滑动，还应有良好的排水系统以免雨天打滑。

（1）轮椅使用者。

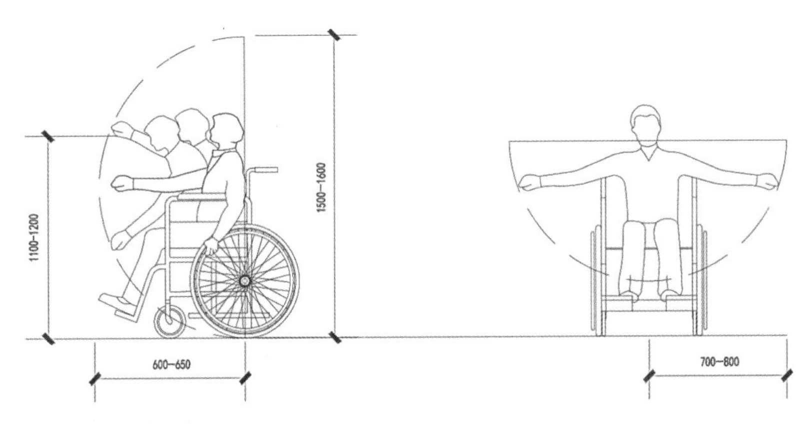

图 1-2-3　轮椅使用者的触及范围（单位：mm）
（资料来源：高桥仪平，陶新中译《无障碍建筑设计手册》）

轮椅使用者通常指完全或部分丧失行走能力的残障人士，但也包含部分阶段性使用轮椅人群，由于行走不便的限制，他们需要依靠轮椅为代步工具。由于需要长期保持坐姿，他们上肢触及的范围比健全人要小得多，视线高度也相对较低，同时由于轮椅本身具有一定宽度，因此对轮椅通道宽度具有相应要求，如图 1–2–3 所示：乘轮椅者手最低达到范围（肩不动，垂手握住东西的高度）距地面约 400mm，最高约 1500mm—1600mm，前方水平到达范围约 600mm—650mm。

轮椅使用者在行动时无法克服台阶和陡坡，行走呈现一定的曲线。因此要求道路能够全方位地为轮椅使用者提供通行上的便利，根据我国手动四轮轮椅标准规定的尺寸：总长≤ 1100mm，总宽≤ 650mm，总高≤ 1260mm，座面高≤ 520mm。常人行进时道路宽幅可为 500mm，而轮椅使用者在行进时需要双手操作轮椅，因此需要 700mm 宽幅通道，轮椅通行宽度至少需要 810mm。此外还需考虑轮椅使用者在行走时所需的旋转半径，轮椅可转动的最小旋转直径为 1500mm，而便于轮椅转动的尺寸需 1800mm，因此轮椅通行通道宽度至少为 900mm，两辆轮椅对行时应保证至少 1800mm。特别注意在住区及单元入口、园路、停车场位置都需考虑轮椅回旋半径，如图 1–2–4。

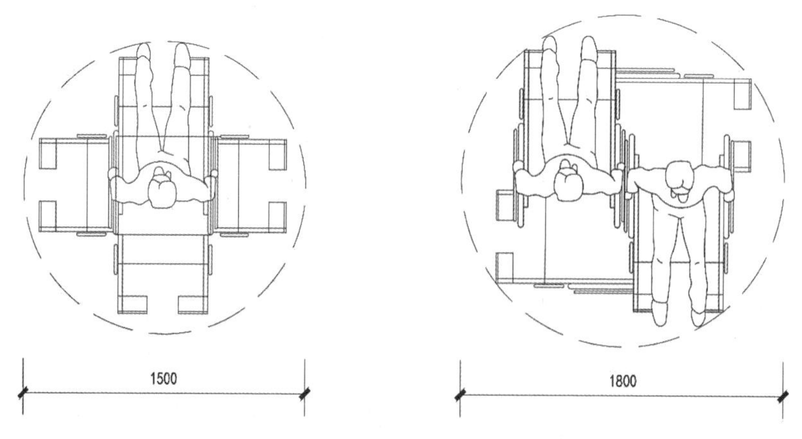

图 1–2–4　便于轮椅转动的尺寸（单位：mm）
（资料来源：高桥仪平，陶新中译《无障碍建筑设计手册》）

路面凹凸不平或有一定高差时会对轮椅通行造成障碍。一般轮椅使用者能自行越过 15mm 的高差，超过 25mm 则需他人帮助，因此轮椅通行道路应消除台阶使用坡道，坡道的坡度不宜大于 1∶12；轮椅在较长坡道通行时速度容易失控，因此最好将通道布置为蛇形或者之字形；轮椅在潮湿路面容易打滑，可采用防滑铺装材料。

（2）步行困难者。

步行困难者是指下肢受到伤害但没有丧失行走能力，而需要使用拐杖、假肢等助力设备的人群。这些人通常行走缓慢且身体浮动范围较大，因此他们的行走尺度也比健全人要宽，且所需最小通行宽度由于助力设备不同而变化，如图 1–2–5。

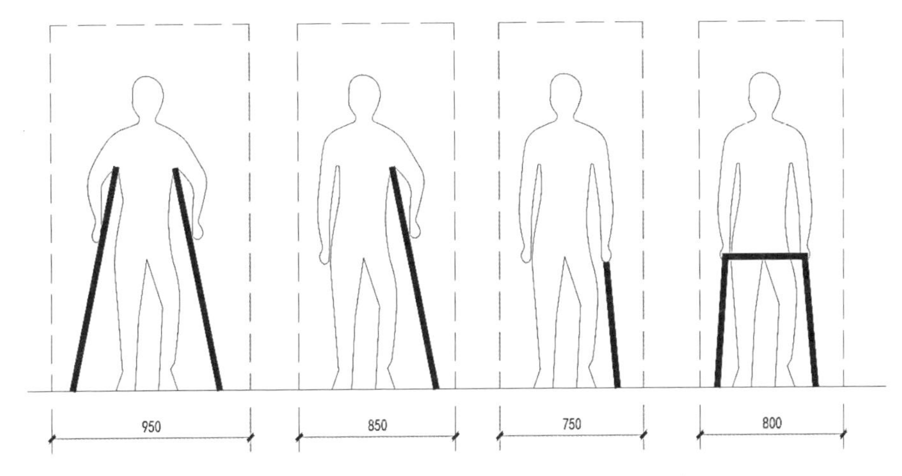

图 1–2–5 不同类型助力设备使用者的最小通行尺度（单位：mm）
（资料来源：《建筑设计资料集 1》）

步行困难者上下台阶和陡坡均有困难，常常需要借助扶手来保持平衡，因此在坡道、台阶等位置尽可能设置扶手。路面不平也会使其绊倒，应尽量消除高差，注意地面平坦、防滑、防绊挂，行动困难者在步行过程中也需要一定的休息空间，因此住区环境设计时需要考虑该部分空间的合理组织。

（3）上肢残疾者。

当人的上肢有残疾时，其活动距离会缩短，活动范围也相应减小。在住区环境的具体设计中，应同时考虑握力较小和持重物者。他们手臂的活动范围较小，通常难以完成双手并用的动作，且手臂力量和耐力不足，因而对使用设施的形状、大小及可操作性有较高要求，因此场地中应布置满足其康复锻炼需求的设施，这些设施应采用操作便捷、易学，且不易造成伤害型的。

2. 视觉障碍者行为特征及设计策略

不同于肢体残障的行动障碍，视、听残疾者在住区环境中主要是定位障碍，其中视觉障碍者是行走最为困难的群体之一。由于失去视觉辅助，该类人群在获取信息时会有很大障碍，他们往往通过盲杖的触觉、听觉或嗅觉对环境进行感知，所以活动范围较常人更大。

视觉障碍主要包括视力障碍（全盲）、视野障碍（弱视）、色觉障碍（色盲）等。而不论是全盲者、弱视者或是色盲，均无法对环境变化做出快速反应，他们在对方向和具体位置的辨别上存在障碍，因此地坪存在高差时通常不易发现。在住区环境无障碍设计中，从视觉障碍者的实际情况出发，考虑全盲、弱视、色盲者的不同情况，以尽可能多的方法和途径为其提供必要的信息。

（1）全盲者。

眼视力测定值未达 0.03 者称为全盲，他们或许仍有辨别光源存在的能力，但对事物的外形、轮廓、距离无法掌握，而视神经严重损伤者，甚至无法感受光源的存在。一般全盲者常依赖触觉、听觉、嗅觉感受外在环境，在行动时对方位掌握不易，需借助手杖、导盲犬的帮助，生活上因丧失视力，而失去主动操纵讯息和环境的能力，个性上趋于被动、不安。

对于依靠导盲犬或盲杖出行的全盲者，应注意与导盲犬通行所需道路宽度必须不小于 900mm，使用盲杖者所需道路宽度则不得小于 1200mm，道路范围内应避免凸出的障碍物、悬挂较低的障碍物及一切可能引起摔倒的危险因素。取成年女子身高和手臂为触摸范围上限，成年男子身高和手臂为触摸范围下限，在 700mm—1600mm 范围内，可布置为盲人设立的信号标志或设施，以便其触摸感知和使用。

基于此，住区环境设计中，应充分利用盲人各种感官的感知能力，用触觉设施（盲文、图案及质感不同的表面材料等）、听觉设施（音响、地面敲击声响等）、光照及气味等信息，构成综合信息系统，建立完备的导盲系统。同时借助其他方式增强全盲者的方向感和辨识能力，如在斑马线、拐弯等重要地段铺设表示道路方位的且符合规范要求宽度（不得小于 600mm）的导盲砖以引导盲人行走（避免影响其他人群行走等行为需求），也可借助于嗅觉器官的帮助配置花草树木（禁止使用具有针刺等能够引起环境使用者身体损伤的植物），以植物的气味、触感等增加盲者对环境和空间的感知。另外，在扶手、盲杖等导向用具、盲道以及其他设施配备能够感知使用者行为，并对其进行相关提示和解释的音响设施也应是住区环境设计过程给予考虑的举措。

（2）弱视者。

弱视者视力达不到正常范围标准，视敏度明显下降。由于失去双眼的视平衡，该部分人群看物体的立体感较差，常常在辨别物体位置时出现差错。一般弱视者对强光下的环境和色彩对比强烈的事物较容易把握，但识别明暗、颜色等的能力往往因人而异。调查表明：外文、数字以及汉字的字符高度、笔画数量、笔画粗细、字体风格、字高宽比及间距等都会直接影响弱势者的可辨认度。因此，考虑弱视者的住区环境无障碍设计中应充分考虑环境中照明强度、要素色彩的对比强度、文字标志位置的准确度和尺度等。

（3）色盲者。

色盲者本身视力不存在问题，但对颜色辨识度不高，对明度表现相对敏感。因此选用明度对比高的色彩组合进行标识对该部分人群的环境感知非常重要。所以在环境色彩选择时要有所考虑，尤其地坪盲道铺设时必须充分考虑与周围地坪表面材料在亮度与彩度上的合理搭配。

3. 听觉障碍者行为特征及设计策略

听觉障碍者是指完全失聪或因耳背等原因接受声音信息困难的人，一般无行动困难，但往往伴随着语言障碍。在医学上，听觉障碍者分为两类：一类是借助助听器可恢复听力者，另一类是无法恢复听力者。

重听及耳聋者需借助视觉信号及振动信号辨识环境，其形象思维非常发达，而逻辑思维和抽象思维就相对差些。一般听觉障碍者无法正确判断身后的危险，无法听到声音使他们产生心理障碍。因而住区环境无障碍设计时可在空间处理时科学运用警示灯光、助听设施等，通过强化视觉、嗅觉和触觉等信息环境，增强该类人群对环境的感知能力。

听觉较弱和聋哑人常伴随语言障碍，一般情况下寻路、交流等均不方便。因此，对他们来说，路标、指示牌、地图等标识物更重要，并且这些标识物的色彩明亮与和谐程度、适当部位的强化程度、图案和色彩的对比程度均应该以加强视觉信号刺激人的视觉感知为前提。

4. 智力障碍者行为特征及设计策略

智力障碍者是指大脑受到损害或脑部发育不完全而造成的认识活动障碍，这类人群往往智力水平明显低于一般人，在认知能力、方向辨别、信息接收及沟通交流方面存在障碍，对周围环境变化及复杂路线示意图等也很难理解。而且智力障碍者在通常情况下较一般人的学习、辨析能力以及抽象思维能力弱，行为不规律，适应能力差，交流能力弱，孤独感强。另外，此类人群在信息理解方面会存在与学龄前儿童类似的障碍，因此在住区环境无障碍设计中应避免使用过于复杂且不易理解的文字、符号等元素，尤其注意进行植物配置时必须禁止选用有毒有刺植物以避免智力障碍者因认知障碍而误碰、误食。

（五）孕妇行为特征及设计策略

孕妇作为住区内短期行动不便的弱势群体，具有与老年人、儿童等不同的特征及需求。孕妇妊娠期分为三个阶段：孕早期、孕中期及孕晚期。随着身体形态及体重的变化，各阶段孕妇心理及行为上产生的变化不同，随之对户外活动需求也不同。

（1）早期（1—12 周）。

孕妇通常于第九周出现腹部痉挛或瞬间剧痛，并伴随出现头部两侧或颈部后侧的压迫性疼痛或持续钝痛。因此针对孕早期的孕妇，需要确保住区环境内有足够的休息场所，相邻休息空间不可相距过远，且休憩设施倚靠部分要契合人体弧度，使孕妇能够放松头颈、双腿等部位，减轻疼痛。由于孕早期不稳定，住区环境内应选用无毒和无异味植物，休息区域相对隔音，避免噪音对孕妇产生影响。

（2）中期（13—27 周）。

孕中期的孕妇可进行适当的户外活动，出于母性会到住区环境内的儿童活动区域散步、休憩。因此，建议住区环境设计中在儿童活动区应设置方便孕妇休憩的设施，保证休息区周边通透性，尤其注意设置一定的防护设施，避免儿童嬉闹时冲撞。

（3）晚期（28—40 周）。

孕妇进入孕晚期，往往身体劳累、易宫缩，出现气短、缺氧等生理现象，不宜走太远路或长时间站立。因此住区环境应注意空气质量和道路平坦，休息区周边乔灌木合理搭配，营造良好的植物空间及区域气候，但要避免植物枝叶外延形成障碍。

（六）障碍类别、行为表现及场地设计策略总结

表 1-2-3　障碍类别、行为表现及场地设计策略

障碍类别			行为表现	场地设计策略
行动障碍	老人		身体机能衰变，肢体活动范围缩小，感官机能衰退，神经系统反应迟缓，行动不便，户外活动有聚集性、地域性、时域性特点。	①安全舒适。 ②动静结合。 ③老幼结合。
	儿童	0--1 岁	身心发育不完全，存在行动障碍及认知障碍，户外活动依靠婴儿车与家人同行。	保证地坪畅通且不存在高差，在休憩设施旁留有婴儿车停放空间。
		1—3 岁	蹒跚学步，不能独立活动，心智发育不健全，判断力不成熟，智力处于识别和标记时期，户外活动偏重于手眼配合。	对公共空间和植物配置安全性要求高，避免地坪凸起物，确保足够休息场所，相邻休息空间不可过远。
		3—7 岁	喜欢户外活动和集体游戏，对探索周围环境有兴趣，户外活动时喜欢无目的奔跑。	把握儿童活动尺度，采取空间限定方法限制儿童活动范围，以避免儿童无目的地活动时发生意外。
		7—12 岁	步行范围扩大，以粗壮有力的活动为主，有能力使用交通工具，喜欢各种体育运动，喜欢分队组织有规则的活动。	考虑运动场地和嬉戏场所的位置及周边交通情况，界定游戏区域边界，避免外在危险的威胁。
	孕妇	孕早期 1—12 周	易疲易困、排尿频繁，开始出现妊娠反应，腹部痉挛或瞬间剧痛，头颈疼痛。	需要确保住区内有足够休息场所，相邻休息空间不可相距过远，且休憩设施倚靠部分要契合人体弧度，休憩区域避免噪音和空气污染。
		孕中期 13—27 周	出于母性会到儿童活动区活动。	在儿童活动区设方便孕妇休憩的设施，保证通透性、舒适性及安全性。
		孕晚期 28—40 周	身体劳累、易宫缩，出现气短、缺氧，不宜走远路或长时间站立。	注意空气质量和道路平坦。
	行动障碍型残障人士	轮椅 使用者	行走不便，需要依靠轮椅，长期保持坐姿，上肢触及范围小，视线高度较低。	注意地坪标高变化，轮椅通行宽度，需消除台阶、使用坡道、路面防滑。
		步行 困难者	需使用助力设备，行走缓慢，肢体活动范围较大，行走尺寸较宽。	坡道、台阶等位置需借助扶手，地坪需消除高差且平坦、防滑、防绊挂，需要一定休息空间。
		上肢 残疾者	活动距离及活动范围缩小， 手臂力量不足，难完成双手并有动作。	对使用设施形状、大小及可操作性有较高要求，常用设备、机械采用操作便捷、易学型的。

续表

<table>
<tr><th colspan="3">障碍类别</th><th>行为表现</th><th>场地设计策略</th></tr>
<tr><td rowspan="5">定位障碍·信息障碍</td><td rowspan="3">视觉障碍者</td><td>全盲者</td><td>存在视觉、听觉障碍，
对环境中信息的获取力及感知力差。</td><td>要消除拐杖能探到的障碍物，
增设导盲信号、声音及盲文标志。</td></tr>
<tr><td>色盲者</td><td>对颜色辨识度不高，
对明度表现相对敏感。</td><td>空间、场地及设施选用明度对比高的色彩组合进行标识，充分考虑与周围地面材料搭配的亮度与彩度。</td></tr>
<tr><td>弱视者</td><td>视敏度明显下降，失去双眼视平衡，看物体立体感较差，辨别物体位置有差错。</td><td>对大型文字尺寸、色彩对比、照明使用等应加以注意，文字标志应满足一定可辨认度，需提示行进路线和所处位置。</td></tr>
<tr><td colspan="2">听觉障碍者</td><td>完全失聪或因耳背等原因接受声音信息困难，无法正确判断身后的危险，无法听到声音使他们产生心理障碍。</td><td>通过强化视觉、嗅觉和触觉等信息环境，采用相应的助听设施，通过灯光警示，增强他们对环境的感知。</td></tr>
<tr><td colspan="2">智力障碍者</td><td>智力水平低，认知能力、方向辨别、信息接收及沟通交流方面存在障碍，对周围环境变化及复杂路线示意图难理解。</td><td>避免使用过于复杂及不易理解文字、符号等元素，植物配置必须选用无毒无刺种类，避免被误碰误食。</td></tr>
</table>

第三节　住区环境各要素无障碍设计策略

住区环境使用者行为活动载体是物质层面的住区硬环境，主要包括单元入口空间、场地、地形、水景、道路、植物、小品以及其他服务设施等要素。硬环境的便捷性、安全性、舒适性以及通用性尤为重要，本节从住区环境硬环境要素展开住区环境无障碍设计策略讨论。

一、单元入口空间无障碍设计策略

（一）单元入口现有设计存在问题

住区建筑低层单元出入口是弱势群体进入住区外环境的第一道关口，是由住宅内走向住宅外的缓冲空间，是关键交通节点，也是邻里之间户外活动聚集第一个空间，其品质优劣涉及居民生活的方便程度和生活质量，对于整个住区环境品质更是至关重要。根据实际调研可知，从住区环境无障碍设计角度审视，如此重要的空间节点在满足使用者行为需求方面普遍存在以下问题：

（1）单元出入口空间的高差处理缺乏合理性。

通常情况下，单元出入口区与外部空间存在着一定高差，常用台阶、梯台、坡道三种连接方式。但是，前两个处理措施对于肢体不便需要乘坐轮椅的弱势群体以及推婴儿车、手推车的人群来说无法很好地满足行为需求，而即使采用坡道措施，多数情况下坡道也不符合安全规范标准。

（2）单元出入口空间的水平衔接不系统。

该问题集中反映在住区环境盲道系统中。人行道设计要求进行盲道系统化设计以保证盲道在住区内外环境中系统衔接。对于视觉障碍人士而言，住区出入口是进入外部不熟悉、不确定空间的重要节点，目前不少住区缺乏盲道设计，更难讨论盲道系统水平衔接之话题，使得所谓的住区环境人性化设计目标大打折扣。

（3）单元出入口空间的地坪材质运用不合理。

调查中发现不少住区为了追求高大上的环境形象，在该空间选择过于光滑不利于行走的建材。遇到雨雪天气路面湿滑时，无障碍者都难以完成正常行走行为，更何况平衡性较弱的行动障碍群体。

（4）单元出入口空间的集散场地面积过小。

住区单元出入口空间的集散场地是用于停留进出住宅的过渡空间，对于轮椅出行或者推手推车、婴儿车的居民来说需要有一定的进出回转半径。目前，多数住区该部分空间过于狭窄，过多考虑正常人尺度标准，忽略了轮椅使用者进行回转空间的最小尺度。

（5）单元出入口相似难以识别。

住区中的许多住宅建设在同一年代，并且多由单位统一规划建设，因此每栋住宅楼的单元出入口处具有很大的相似性。弱势群体不同于全人群，在视力、智力、记忆力等方面识别性差，容易因为住宅单元入口外观相似而辨识不清。

（二）单元入口空间无障碍设计策略

针对上述问题分析，提出住区环境单元入口空间无障碍设计策略如下。

1. 单元入口空间增加可识别性

针对相似的住宅建设和住宅单元出入口标示性不强的问题，可以在住宅

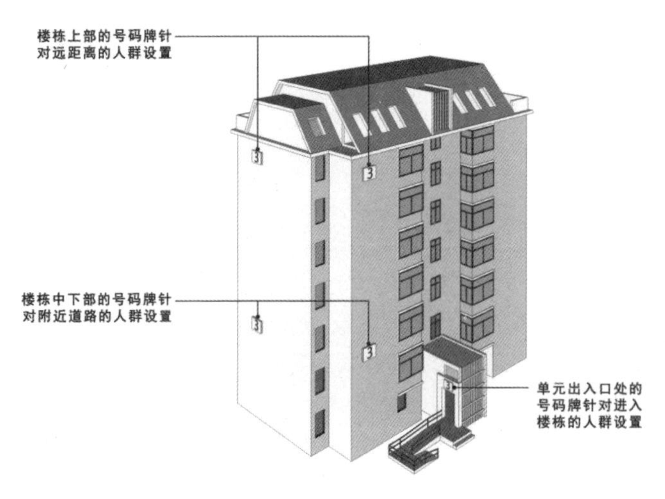

图 1-3-1 楼栋号码牌设计
（资料来源：周燕珉《老年住宅》）

楼的单元出入口处设置醒目的、易于辨识的门牌号。楼栋号码编排位置的选择也应确保弱势群体能够在远、中、近距离通过标识准确找到目的地。条件允许的情况下，设计师应在住区环境设计初期考虑到无障碍设计，在楼房造型或颜色上做出适当的区别与变化，增强其可识别性，如图 1-3-1。

2. 单元入口空间台阶与坡道并设

传统的住宅设计为了避免室外潮气进入，通常会将住宅室内地面抬高 0.3m—0.6m，这样就在单元出入口与室外路面之间形成了一定的高差。根据上述针对该高差处理措施产生问题的分析可以做出以下改变：

（1）对室内外高差采用坡道与台阶相结合的手法处理，如图 1-3-2。

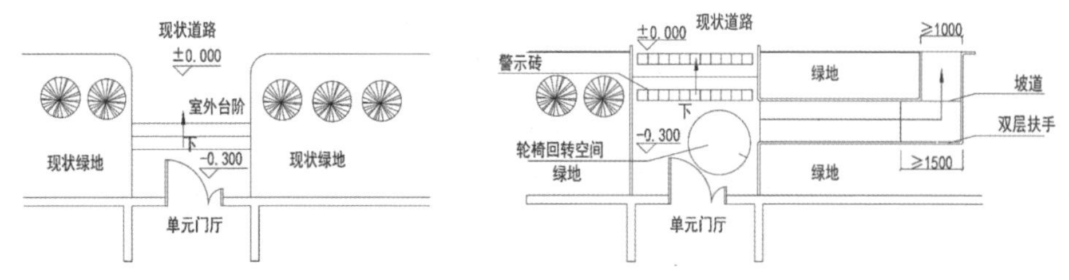

图 1-3-2 住宅单元出入口设计改造建议
（资料来源：周燕珉《老年住宅》）

（2）每组台阶踏步尽量少于两级，踏步尺度设计要合理。常采用踏步高度尺寸为 130mm—150mm，深度通常为 300mm。应该在台阶起点和终点设置警示砖提示高差变化。

（3）考虑在台阶合适的单侧位置设置合适尺寸的坡道。考虑到轮椅出入户的便捷性，建议坡道宽度应为 900mm—1200mm，并考虑坡道与台阶出入口衔接距离和防滑警示设计。坡道设计除了合理尺寸的长、宽、高以外还需注

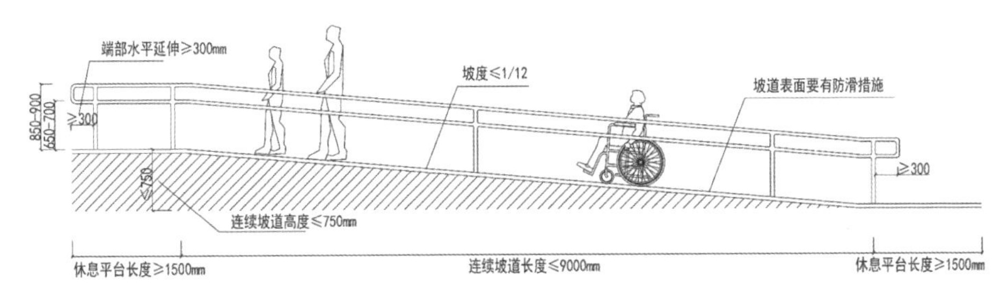

图 1-3-3　增设室外坡道的尺寸要求
（资料来源：《老年人居住建筑 04J923-1》（2013 年修编稿））

意在坡道的起点和终点的位置设计深度不小于 1.50m 的轮椅缓冲地带，如图 1-3-3，见表 1-3-1。坡道两侧应设计双层扶手，上层扶手高度约为 900mm，下层扶手高度约为 650mm。设计在坡道起点及终点处的扶手，应水平延伸 300mm 的扶手长度，所选材质不能过硬（建议以柔性材料为主），如图 1-3-4。为了全方位的安全考虑，当坡道侧面凌空时，在栏杆下端宜设高度不小于 50mm 的安全挡台，如图 1-3-5。在台阶和坡道两侧应该设置地灯，方便夜晚或光线不好时提供地面照明。

表 1-3-1　轮椅道坡坡度、最大高度和水平长度对应表

坡度	1：20	1：16	1：12	1：10	1：8
最大高度（m）	1.20	0.90	0.75	0.60	0.30
水平长度（m）	24.00	14.10	9.00	6.00	2.40

（资料来源：《无障碍设计规范（GB50763-2012）》）

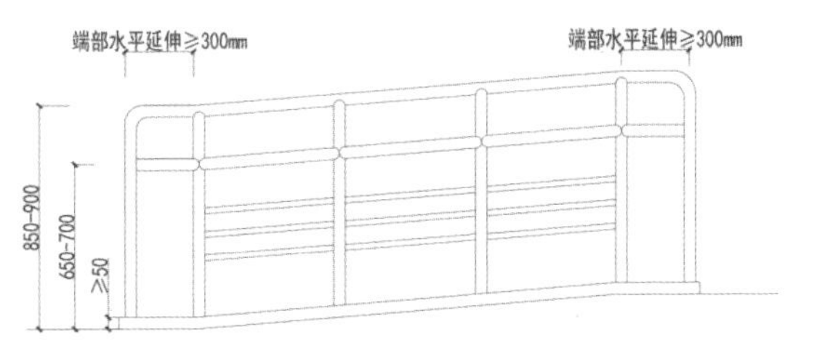

图 1-3-4　室外扶手的高度要求
（资料来源：《老年人居住建筑 04J923-1》（2013 年修编稿））

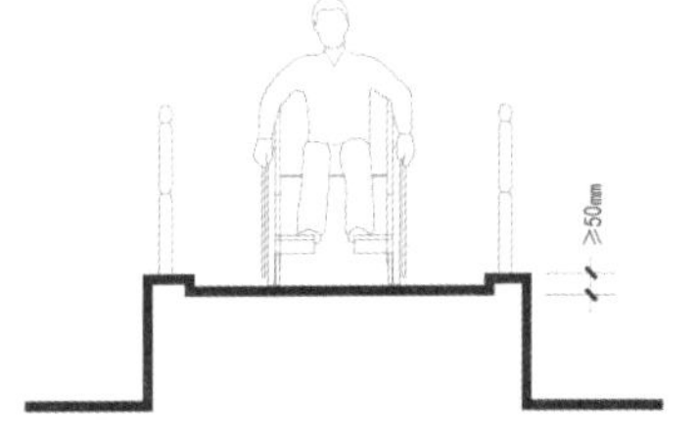

图 1-3-5　坡道安全挡台
（资料来源：根据《城市道路和建筑物无障碍设计规范（JGJ050-2001）》改绘）

当住区空间存在难以解决的地面高差问题时可利用升降平台化解难题。升降平台只能用于场地有限的改造工程中，分为斜向升降平台和垂直升降平

台两种。垂直升降平台的深度不应小于1.20m，宽度不应小于900mm，应该配设扶手、挡板及呼叫控制按钮。斜向升降平台宽度不应小于900mm，深度不应小于1.00m，也应设扶手和挡板。升降平台虽然方便地解决了高差问题，但设备安装要求高，并存在着一定资金输出和后期维护管理问题，如图1-3-6。

图1-3-6　升降平台
（资料来源：《国家建筑标准设计图集（12J926·替代03J926）：无障碍设计》）

3. 单元入口空间增加非机动停车位

住区弱势群体，尤其行动不便的老年人和幼龄儿童，在出行时可能会借助轮椅、自行车、购物小推车和儿童车。由于这类交通工具只在出门行动时具有较高的使用频率，而且这些车辆自重大不方便上楼。如果将这些交通工具停放位置设在地下空间，日常使用过程中也极可能不方便。所以应该在住宅底层单元出入口的室外空间设置这些交通工具的专用停车位，方便取用。

表1-3-2　住区环境单元入口存在问题与对策一览表

存在问题	解决策略
单元入口空间的高差处理缺乏合理性	①一层出入口地面的水平高度尽量与外部地面高度相同。 ②设计坡道时，其坡度、高度与长度需要按照规范严格合理设置。 ③坡道两侧需要增加护栏与扶手。 ④可利用升降平台来代替轮椅坡道。
单元入口空间的水平衔接不系统	①在临近出入口的地面铺设盲道提示砖。 ②出入口处一定要有明确的指示标识。
单元入口空间地坪材质运用不合理	①保持地面平坦、无障碍。 ②增大一定程度摩擦力，选择防滑材质，增加防滑槽。 ③坡道上方加装雨棚，在坡道两侧设置排水系统加快积水排除。
单元入口空间停留场地面积过小	①扩大入口门前空间。 ②留足能够满足轮椅回旋的安全距离。 ③尽量选择易开关的开平门。
单元出入口相似难以识别	①在明显位置标明楼牌号。 ②用强烈的色彩区分单元入口加强识别性。

二、休闲场地无障碍设计策略

1. 当前住区休闲场地存在问题

住区环境中的各种休闲场地是肢体残障者进行康复治疗的良好场所，更是他们除了锻炼以外良好的交往交流场所，所以从场地整体布局到细节处理都应当体现平等参与、和谐共处的共同愿望。各种休闲场地应有方便的交通、适当的设施来保证残疾人方便且安全使用，但目前住区环境中的休闲场地设计存在以下问题：

（1）组团休闲场地与建筑间的可达性问题。当代住区往往是高层与多层住宅建筑混合模式，主休闲场地主要集中在组团及以上等级空间，其与居住住宅建筑出入口空间距离偏大，超出老年人等行动不便者自身的承受能力。对于渴望交流的老年人等弱势群体来说，过远的休闲场地，在某种程度上阻碍了其与他人的交流。

（2）各休闲场地内部环境及设施的合理性和舒适性问题。对于老年人偏好交往和聚集的行为特征，场地需要使其产生强烈的归属感；对于残障人士生理缺陷导致心理产生自卑情绪的特征，场地需要一定的私密性供其开展较为私密的交流；对于儿童好动的特性，场地需要一定敞开性及安全性。由于现行住区环境设计没有真正考虑到各个层面的需求，场地缺少动、静分区，缺少人性化设施等，致使人与人之间的平等交流受到干扰。

（3）各场地内休憩设施可参与性问题。休憩设施可采用性弱这是目前多数已建成住区环境的通病，如休闲场地内亭子、游廊等休憩设施多以台阶与地面相接，其上升台阶不方便轮椅使用者进入，且内部空间局促，无轮椅使用者停留空间，不利于轮椅使用者休憩。

2. 住区环境中休闲场地无障碍设计策略

贴近大自然是行动不便的残障人士、老年人及孕妇的身心需要，滑梯、秋千等游乐设施对儿童具有很大吸引力，因此住区环境中的休闲场地应充分考虑弱势人群身心需求，创造一个能够共同参与户外活动的环境。

（1）休闲场地入口。

休闲场地出入口宽度应在1200mm以上，若有坡道则坡度应在1∶12以下，并采用防滑材质铺设。不得已情况下必须设置高差时，高度应在20mm

图 1-3-7　居住区绿地入口设置
（资料来源：张智《居住区无障碍设计研究》）

以下，并在适当位置设置坡道。如若不得已设置挡车栏杆或隔离墩等，栏杆或者隔离墩标准间隔以 900mm 为宜，并在前后设置 1500mm 水平面，以便轮椅等通行，如图 1-3-7。此外，入口处应设有明确的标识，以引导新入人群和障碍人士进入和使用设施，并应具有盲文说明。要注意标志牌等不应对使用者造成妨碍，并便于各类人群辨识。

（2）中心广场。

居民户外活动大部分集中在住区环境中的各类广场空间，中心广场是位于住区中心绿地位置的广场空间，这类广场不仅作为居民外部活动的主要空间，还起到一定分流作用，其无障碍设计策略要点如下：

面积根据住区规模确定，一般在 $400m^2$—$800m^2$ 范围内，边长在 20m—30m 之间。尽量选择各类步行者容易到达的位置；通过结合绿地和公共设施来提高使用率，保证中心广场大部分区域有充足的日照；入口应设计路障避免机动车误入，且需要与机动车道保持一定的距离（参照休闲场地入口），从而保证广场的安全性。

中心广场根据功能常划分为活动区和观看区。活动区常是居民进行群体活动的场地，该场地在设计上需要考虑色彩搭配和铺装形式，尽量保持与周边环境一致，此外，场地的平整性和防滑性也是需要考虑的重点。观看区常为居民进行静态活动的场地，应在场地中设置休息座椅和相关辅助设施等。

另外，可设置专用活动广场为老年人等健身、跳舞、打牌提供场地。活动广场可划分为活动区和休闲区：活动区以中心场地为主，开展相应活动；休息区可围绕活动区布置在边缘地带，方便使用者休息和放置物品，休息区内可放置不妨碍行为的坐具，并适当种植遮阳植物。

（3）组团休闲场地。

组团休闲场地应地面平整，可供拄拐者和轮椅使用者独自出行，每次往返距离宜在 300m 以内，既不超出自身承受能力，也利于家人联络照顾。此外一定要保证组团休闲场地的易达性，位置宜偏于组团中部，来往便利，步行往返距离 200m—300m 为宜；近旁可靠停社区交通车；组团各户可通过窗口或门口显示屏看到此范围，最好可在此通话，以便对弱势人群展开更好的照顾；夜晚要有良好照明；入口与通路及休憩场地铺装应平整、防滑、不积水，可满足小型活动、锻炼需要。地面有高差时，应设轮椅坡道和扶手。

图 1-3-8　轮椅停留空间
（资料来源：根据《城市道路和建筑物无障碍设计规范（JGJ050-2001）》改绘）

（4）室外休息座区。

室外休息座区对老年居民、肢体残障者及孕妇出行至关重要，让需求者可以随时得到体力上的恢复和精神上的愉悦。在选择地点和进行设施布置方面既要注意使用便利又要注意安全防范。设计策略关键要点：休息座区要布置在居民集中停留的地方或在来往频繁的步行道沿线，要选择明显易见、不受遮挡、靠近路灯或其他照明的位置，尽量避免不良小气候影响；沿道路布置的休息座各组之间距离不宜太大，但每组规模可有差别，这样安排对行动困难者及孕妇帮助最大，在同一路线中可及时休息又能灵活选择；使用范围较大的休息座区扶手椅要满足一定尺寸要求，座面高度为 420mm—450mm，扶手高 180mm—220mm。另外，适合短时间停留的没有扶手的凳座面高度宜为 460mm，容易老化变形或断裂的材料不能作为休息座椅选材。休息座椅旁应设轮椅及婴儿车停留位置，如图 1-3-8。

（5）儿童活动场。

场地内应平整、无高差，避免周围有凸起物，较多采用如绿坪等软质铺装，同时硬质场地与周边草坪衔接处无高差，降低儿童被绊倒概率，避免出现尖角设施等；

采取空间限定方法限制儿童活动范围，如用柔性栅栏、石凳、植物等围合空间，以避免儿童无目的地活动时发生意外，并结合柔性材料为儿童提供包容性空间；

儿童活动场入口设置提示盲道，并设置防护栏避免车辆进入，但同时要能方便轮椅及婴儿车进入，防护栏宽度以 900mm 为宜，同时要保证道路畅通且不存在高差，并在休憩设施旁留有可供婴儿车及轮椅停放的空间；

儿童活动场周围应设置家长看护休息区，并结合老年人活动场地进行设计，尽量避免两类场地之间有着较大的分隔，避免阻碍儿童看护视线；

考虑到孕妇母性情怀（孕中后期女性常喜欢到儿童活动场看儿童玩耍），因此在儿童活动区要考虑到孕妇休息区域及设施的安排；

球场等青少年活动场所应与儿童活动区域相隔开，进行适当围合，避免意外砸伤等情况发生。

三、道路无障碍设计策略

道路是住区环境重要组成部分，是居者活动最基本载体，是住区人流、车流组织的重要通道，一般情况下有什么样水准的道路就会有什么样的居住水平，因此道路相关无障碍设计策略至关重要。

住区环境道路和铺地无障碍设计总则可以归纳为：可达性原则，障碍人群能借助道路与铺地提供的无障碍设施顺利到达目的地；安全性原则，障碍人群能安全使用道路与铺地提供的无障碍设施安全到达目的地；人性化原则，所有无障碍设施充分考虑障碍人群使用需求，并尽可能给其他人提供方便。另外根据住区环境中道路与铺地的无障碍设计缺陷与不足，结合无障碍设计新理念及障碍人群的不同需求，应对盲道、坡道、信号系统、交通标志、梯道、台阶、公交系统等进行优化以达到住区环境使用无障碍的目的。

（一）道路体系分类及无障碍设计策略

与一般城市道路相比较，住区道路不仅具有交通功能、划分住区用地、确定住区规划布局的作用，还对居住环境的安全监控、空间的区域划分、促进邻里交往有一定的影响。住区道路是居住区外环境构成的骨架和基础，为住区景观提供了观赏的路线。住区道路系统设计合理有序则能创造住区丰富、生动的空间环境和多变的空间序列，为烘托住区内的自然居住氛围提供有利条件。

1. 住区道路体系无障碍设计策略

住区环境的道路按使用功能分为居住区级道路、居住小区级道路、居住组团级道路和宅间小路四级，各级道路有机联系构建起层次清晰的道路体系。居住区道路的规划和设计直接影响到老年人、残疾人、儿童乃至所有居民的出行方便和安全。因此，要求居住区道路既要平坦顺畅、无高低差，要内外联系通而不畅，防止过境车辆穿行，同时又要避免内部交通的往返迂回，具体无障碍设计策略如下：

（1）居住区级道路无障碍设计策略。

居住区级道路是整个住区的主要干道，连接着住区与城市道路系统，常安排有机动车道、非机动车道和步行道。城市公共交通工具可在居住区级道路上通行，但是应配置一定宽度的用以分隔机动车道与非机动车道的绿化隔离带。以此类推，参照路面各种组成部分的合理宽度要求，居住区级道路宽度不宜小于 20m，有条件的住区（一般指超大型住区）可采用 30m 宽路面，其中人行道宽度建议采用 2m—4m 尺寸以满足轮椅使用者及视觉障碍者并行的要求。人行道上需铺设盲道，宽度一般为 40cm—50cm，距行道树为 25cm—30cm。盲道应铺设至居住区的公共建筑、服务设施和公共汽车站，并在建筑入口设置盲文指南，在公共汽车站设置盲文站牌。人行道的起终点、人行横道的两端以及居住区路的交会处应设置可供轮椅通行的缘石坡道，与人行横道相对正，如图 1-3-9。

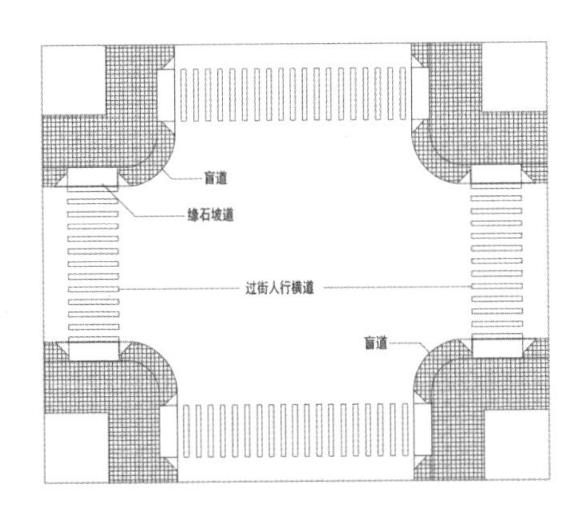

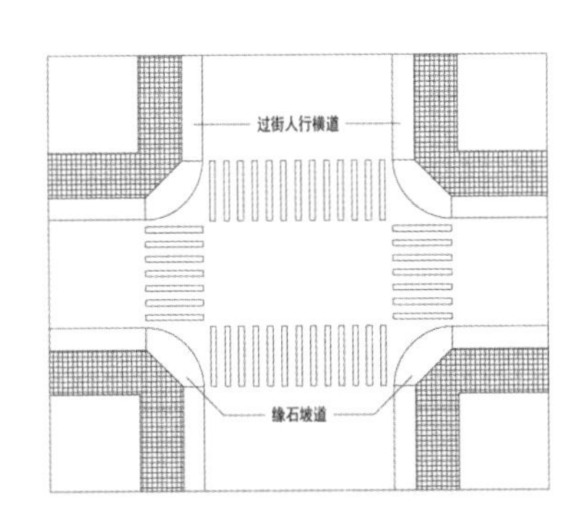

图 1-3-9　交叉路口平面图
（资料来源：《道路和建筑无障碍设计图说》）

（2）居住小区级道路无障碍设计策略。

住区小区级道路一般宽为 6m—9m，不能通行城市公共交通。路面以区内居民的机动车、非机动车及人行道为主。小区路两侧主要的人行步道设盲道（相关尺度参照居住区级道路相关设定）。在人行道的起始点、终点及各路口的高差处必须要设缘石坡道，如图 1-3-10。

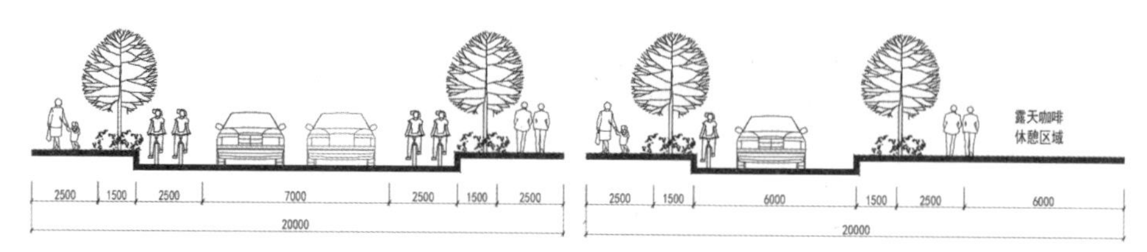

图 1-3-10　慢行主导路断面调整示意（单位：mm）
（资料来源：根据章燕、陈宗军、夏胜国《居住区“人车分流”交通组织模式探讨》改绘）

（3）居住组团级道路无障碍设计策略。

居住组团道路宽度常为 4m—6m，是进出居住组团的主要道路，常人车混行。以住户机动车和非机动车及人行道为主，为了安全，建议在组团路的一侧或两侧设置人行道，人行道上可以不铺设盲道，但在人行道起始点、终点及路口的高差处必须要设置缘石坡道，以方便轮椅通行。

（4）宅间小路无障碍设计策略。

宅间小路路面宽度一般为 3m—4m，是居民出入住宅的主要道路，以供非机动车及居民通行为主，但需要满足垃圾清理、轮椅、消防、救护和搬运等机动车同行需求，不需单置人行道，但要安排好住宅底层单元入口空间的坡道与宅间小路的衔接关系。

以上住区环境中的四级道路人行道路面有高差需要设台阶时必须同时设坡道，并要求在一侧或两侧设扶手。

2. 针对人车关系的无障碍设计策略

住区环境内应特别重视人车分流的必要性，避免车流对弱势群体产生干扰。

通常在以高层住宅为主的住区中，一般都有大型地下人防设施作为地下停车场，减少了地面停车的压力，规划中尽可能采用人车分流的方式，沿小区周边设汽车环路，中间为景观步道，这样就很好地解决了人车关系中产生的矛盾。

而以多层为主的住区中，多采用路边停车和宅间停车方式，很难彻底实现人车分流。为了确保车道的宽度往往将电线杆、标志牌、邮筒信箱、交通标志等设置在人行道上。有时违章停车的车辆也停在人行道上，这样不仅轮椅的通行会有困难，婴儿车也难以通行。因此，以管理措施处理好人车关系是住区外环境关注的重点。

住区内人车分流主要为平面分流形式，机动车道路和慢行主导道路在断面设置上需体现差异化，突出其主导功能。在断面设置上，应以两车道和单行道为宜，且单条机动车道不超过 3m，剩余道路空间可改造为慢行休憩区，利于居民活动交往。

（二）道路路面类型及无障碍设计策略

根据路面承担的交通形式常将住区道路路面划分为车行道和人行道两大类型。

1. 车行道无障碍设计策略

住区环境车行道若采用机动车与非机动车混行方式，则居住区级车行道不宜小于 9m，当通行公交车时应增加至 10m—14m，并在车道两旁各设 2m—3m 宽人行道，如图 1–3–11；居住小区级车行道一般为 7m—9m，如图 1–3–12；组团级道路需满足消防车通行要求，车行道宽度一般为 5m—7m，如图 1–3–13；宅间小路路面宽度一般为 2.5m—3m，不宜小于 2.5m，货车及消防车通过时两边应留出不小于 1m 的宽度，如图 1–3–14。同时机动车道应按需设置减速带和手控红绿灯。局部出现步行人流高峰时，机动车可改线行驶；全区保留消防车、救护车通道，以便弱势群体或出现意外时通行。

2. 步行道无障碍设计策略

住区环境步行道常是包括弱势群体在内的所有住区居民出行、散步的主要载体，主要分为专属人行道、人车并用道和绿地道三类，并涉及道路路面、出入口、坡道、台阶和盲道五部分，相应无障碍设计策略如下，如图 1–3–15、图 1–3–16，见表 1–3–3、表 1–3–4、表 1–3–5。

（1）道路路面无障碍设计策略。

①步行道纵坡设计策略：组团路中的步行道及宅间小路要满足行动最困难者在住宅单元出口附近的短程出行，所以它的纵坡应控制在 0.3%—2.5% 范围，最佳坡度为 0.3%—1.0%；其他附设于居住区道路、小区路的步行道纵坡宜在 0.3%—0.8% 范围内，但超过 2.5% 时不适合轮椅远行，超过 4.0% 时需要借助扶手。当高差变化较大、1 : 20 的纵坡坡度无法满足、必须设台阶的情况下，应妥善设计坡道，使坡道通行长度尽量短，方便残障人士使用。

②步行道宽度设计策略：居住区中步行道的人车流量在不同位置和不同时间上有明显差别，所以可根据位置不同适当增减道路宽度，参考尺寸见图表。

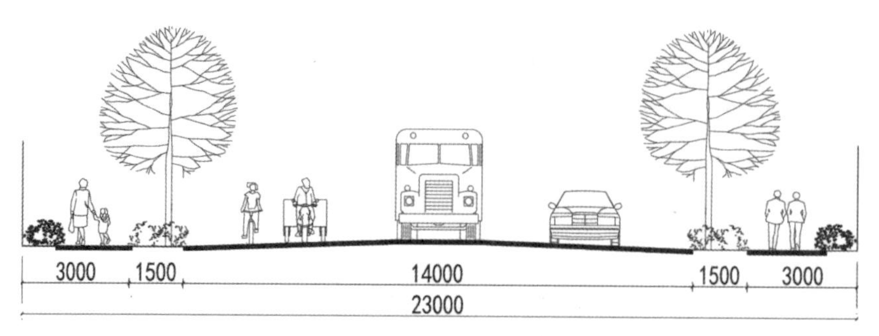

图 1-3-11　居住区级道路（单位：mm）

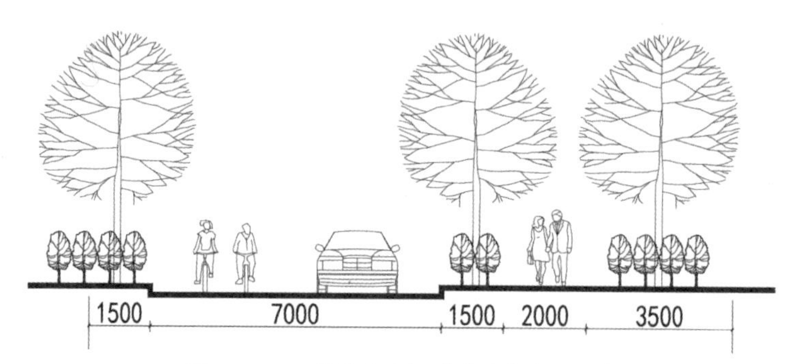

图 1-3-12　居住小区级道路（单位：mm）

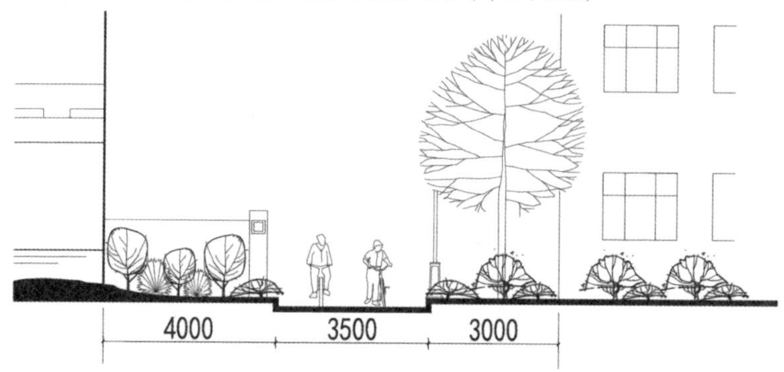

图 1-3-13　居住组团级道路（单位：mm）

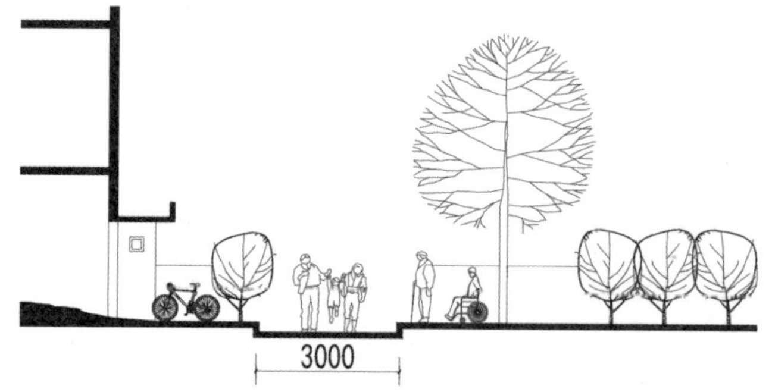

图 1-3-14　宅间小路（单位：mm）

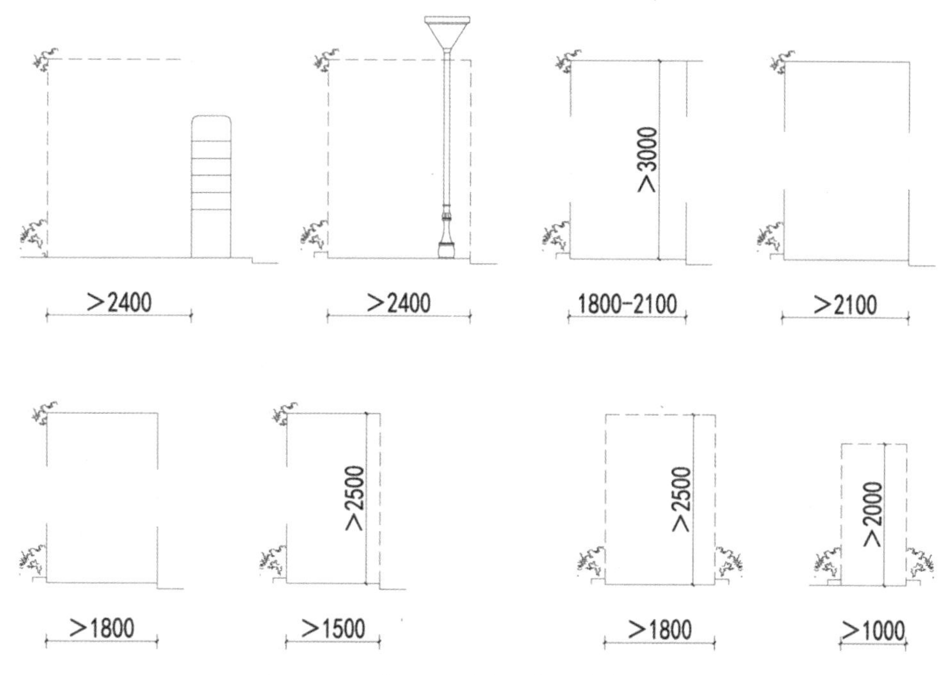

图 1-3-15 步行道的宽度和高度（单位：mm）
（资料来源：李启珍《居住区室外环境无障碍设计研究》）

③步行道枝下高度设计策略：自步行道路面向上的限定范围内应保持有效空间，此范围内不允许树木枝叶、电线杆及其附属物和广告牌伸入。参考尺寸见图表。

表 1-3-3 步行道宽度与高度对应表

—	宽度（单位：m）		枝下高度（单位：m）
	高人流量	一般人流量	
居住区路	≥ 2.4	1.8–2.1	≥ 3.0
小区路	≥ 2.1	1.5–1.8	≥ 2.5
组团路	—	≥ 1.5	≥ 2.5

（注：a. 此范围不包括树池、休息座及垃圾箱，如设置灯杆应靠近路缘一侧。b. 如通向社区活动中心区路段）

（资料来源：李启珍《居住区室外环境无障碍设计研究》）

④步行道有效宽度无障碍设计策略：步行道需考虑各类居民通行的需求，其中以轮椅使用者所需宽度为最大值。

轮椅直行时，两侧要考虑设有约 300mm 的安全宽敞空间。

轮椅使用者与步行者错身行驶时，道路宽度最小需要 1350mm；

轮椅与婴儿车错身行驶时，需要 1650mm—1800mm；

同时应根据具体情况考虑其他条件，来确定有效宽度。

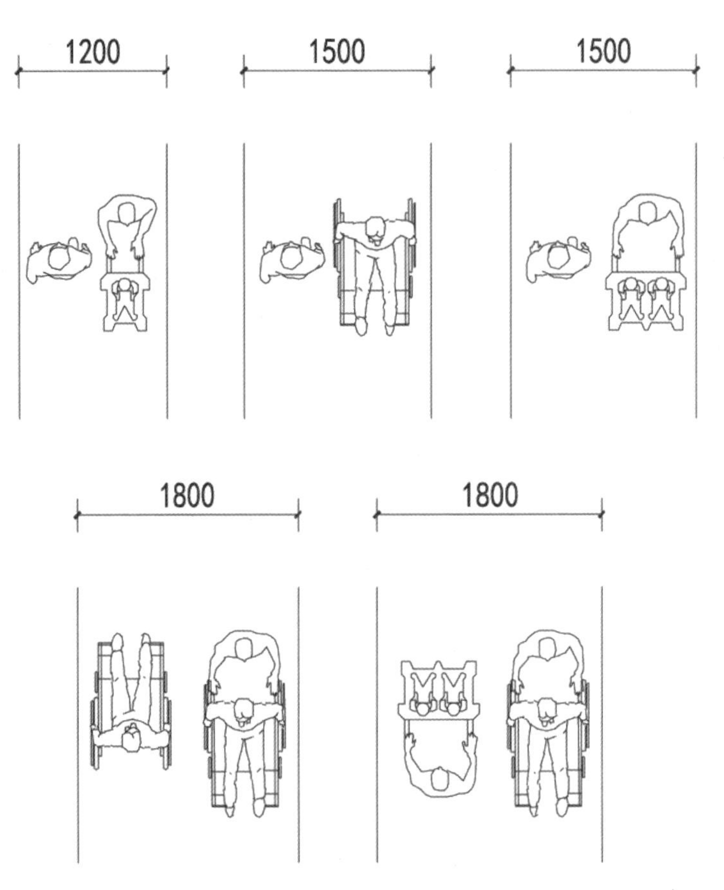

图 1-3-16　步行道的通过空间（单位：mm）
（资料来源：张智《居住区无障碍设计研究》）

（2）出入口无障碍设计策略。

住区环境中所有通往主要出入口及无障碍出入口的人行道，都需要为视觉及肢体残障人士提供一个安全、直接、平整的无障碍通道。入口或无障碍出入口的无障碍通道，推荐路宽为 1800mm，最小值为 1200mm，由防滑材料构成；无障碍通道路线设计应简洁，避免与车行路线交叉；无障碍通道路线与车行路线交叉的情况下，应控制合适的坡道坡度，并且须设置显著色彩或特殊铺装加以提示；人行道的纵坡坡度不应超过 1∶20（5%）。当地形陡峭必须设台阶时，附近应设坡道，如图 1–3–17。

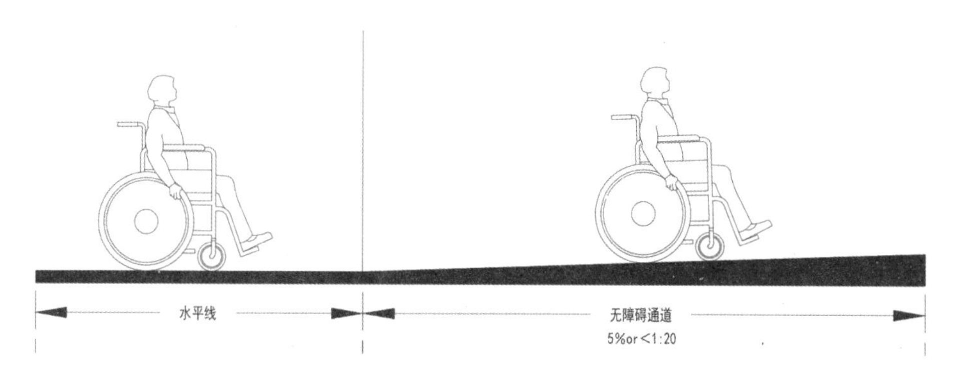

图 1–3–17　无障碍通道坡度
（资料来源：根据《城市道路和建筑物无障碍设计规范（JGJ050–2001）》改绘）

表 1–3–4　不同位置坡道的坡度和宽度对应关系一览表

位置	坡度	宽度
室外通路	1∶20	≥ 1.50
困难地段	1∶10	≥ 1.20

（资料来源：根据《城市道路和建筑物无障碍设计规范（JGJ050–2001）》制作）

表 1–3–5　不同坡度的情况下坡道的高度和水平长度对应关系一览表

坡度	1∶20	1∶16	1∶12	1∶10	1∶8
最大高度（m）	1.50	1.00	0.75	0.60	0.35
水平长度（m）	30.00	16.00	9.00	6.00	2.80

（资料来源：根据《城市道路和建筑物无障碍设计规范（JGJ050–2001）》制作）

（3）坡道无障碍设计策略。

住区环境人行道涉及的坡道根据类型、位置应有不同的设计规定。通常情况下，常规的人行道坡道设计规定如下：

①缘石坡道设计策略。

缘石坡道是道路、停车区域、轮椅通道和人行道之间的过渡，应以允许使用轮椅者和其他行动不便的人在步行通道上保持无障碍为原则。但是，实际使用中多数轮椅乘坐者对缘石坡道和车道间的交界处不太满意，觉得太高，上起来很吃力，尤其是独自乘轮椅的人士。根据问题产生的原因提出如下建议。

1° 缘石坡道可将坡道下口高出车行道地面的高度限定在 15mm 以内，并以斜面过渡，如图 1–3–18、图 1–3–19。同时道路需开设一处宽度至少为 1200mm 的缘石坡道，路缘石可采用车道分界道牙砖、步行道边坡专用砖、L 形边沟等成品。

2° 缘石坡道的坡面应平整、防滑，坡口与车行道之间宜无高差，当有高差时高出车行道的地面应不大于 10mm。

3° 缘石坡道宜优先选用全宽式单面坡缘石坡道。全宽式单面坡缘石坡道坡度不应大于 1∶20，宽度应与人行道宽度相同；三面坡缘石坡道正面及侧面的坡度不应大于 1∶12，正面坡道宽度应不小于 1.2m ；其他形式的缘石坡道的坡度均应不大于 1∶12，坡口宽度均不应小于 1.5m。

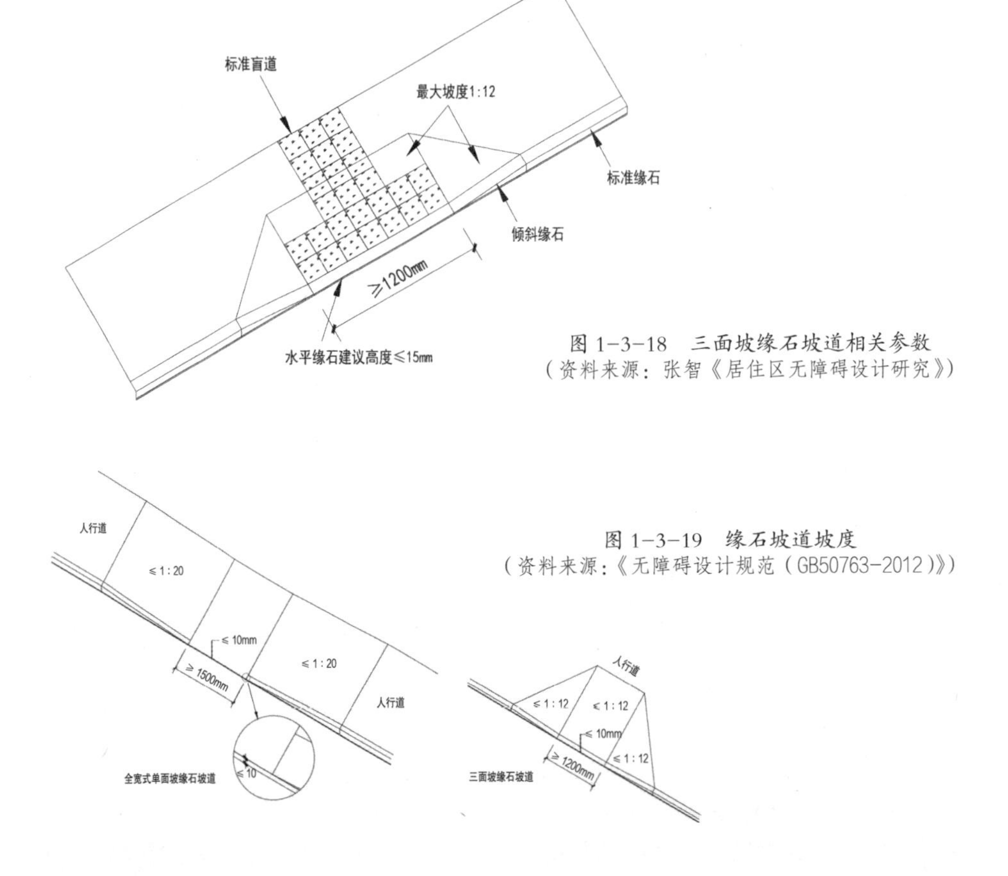

图 1–3–18　三面坡缘石坡道相关参数
（资料来源：张智《居住区无障碍设计研究》）

图 1–3–19　缘石坡道坡度
（资料来源：《无障碍设计规范（GB50763–2012）》）

②轮椅坡道无障碍设计策略。

轮椅坡道是指在坡度、宽度、高度、地面材质、扶手形式等方面方便轮椅使用者通行的坡道。轮椅坡道宜设计成直线形、直角形或折线形。一般而言室外轮椅坡道最小宽度必须以我国国家规定的标准手动四轮轮椅最大外形尺寸及乘坐者自行操作所需空间尺度为参考。但需要注意的轮椅坡道净宽度不应小于 1000mm，无障碍出入口的轮椅坡道净宽度不应小于 1200mm。假如根据需要设计，要另加身边护理所需空间，那么坡道宽度不应小于 2500mm。

另外，为保证安全及残疾人上下坡道的方便，应在坡道两侧增设扶手，起止步应设 300mm 长水平扶手。为避免轮椅撞击墙面及栏杆，应在扶手下设置不小于 50mm 高的安全挡台。坡道平台尺寸：中间平台最小深度要在 1200mm 以上，转弯和端部平台深度则不能小于 1500mm。路面即使存在 20mm 的高差也应对其做相应的处理，如图 1-3-20、图 1-3-21。轮椅坡道的

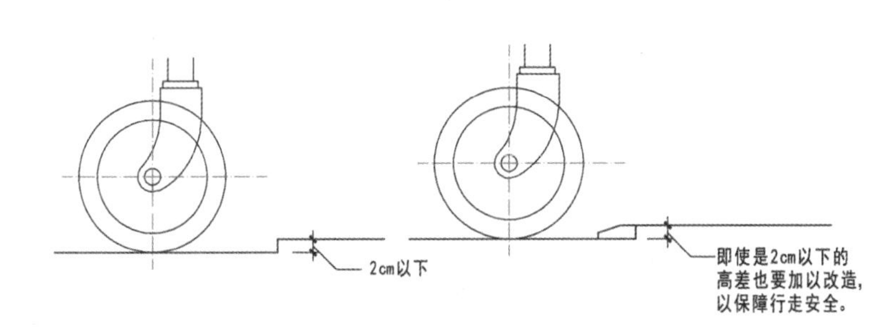

图 1-3-20　小高差处理示意图
（资料来源：高桥仪平，陶新中译《无障碍建筑设计手册》）

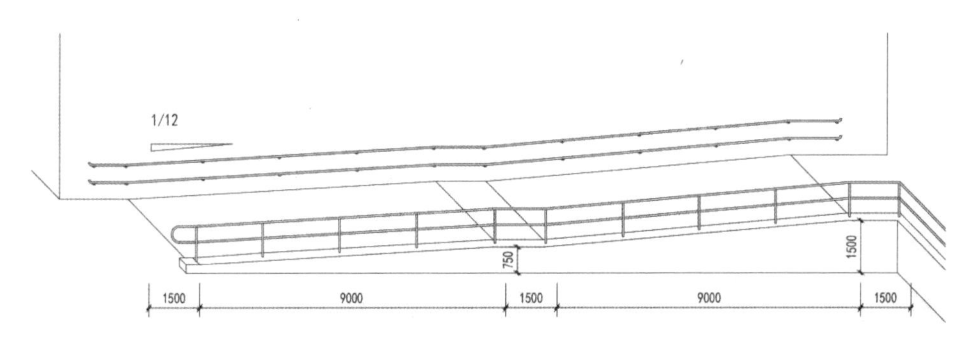

图 1-3-21　1∶12 坡度轮椅坡道的高度及长度（单位：mm）
（资料来源：根据《城市道路和建筑物无障碍设计规范(JGJ050-2001)》改绘）

最大高度和水平长度应符合相关规定，见表 1–3–6。

表 1-3-6　轮椅坡道的最大高度和水平长度对应关系表

坡度	1：20	1：16	1：12	1：10	1：8
最大高度（m）	1.20	0.90	0.75	0.60	0.30
水平长度（m）	24.00	14.40	9.00	6.00	2.40

（资料来源：《无障碍设计规范（GB50763-2012）》）

③坡道休息平台无障碍设计策略。

坡道上下端通向步行道部位或上下两个梯段之间应设长度为 1200mm—1500mm 的平台，如图 1–3–22。与坡道相连的步行道路面纵坡超过 10% 时应做防滑路面和扶手。

轮椅坡道起点、终点和中间休息平台的水平长度不应小于 1500mm，坡道两侧应设高 0.65m 和 0.85m 两道扶手，同时休息平台与坡道的扶手应保持连贯。坡道侧面凌空时，在扶手栏杆下端宜设高不小于 50mm 的坡道安全挡台，如图 1–3–23。

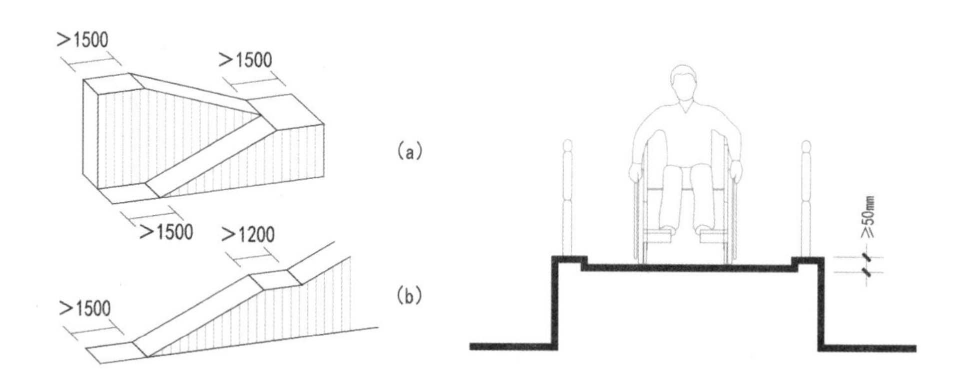

图 1–3–22　两梯段之间平台的长度（单位：mm）　　图 1–3–23　坡道安全挡台高度

（资料来源：根据《城市道路和建筑物无障碍设计规范（JGJ050-2001）》改绘）

当通往主入口或无障碍入口的坡道长度大于 30m 时，建议每 30m 设置一休息平台。休息平台应设于无障碍通道的一侧，不能影响正常通行，平台面积不少于 1200mm × 1200mm，其中包括座凳和轮椅停放的空间。

（4）台阶无障碍设计策略。

无障碍楼梯与台阶设计要求应符合相关规定与设计要求，见表 1–3–7。

表 1-3-7　无障碍楼梯与台阶设计要求

类别	设计要求
楼梯	• 宜采用直线形楼梯，如图 1-3-24； • 公共建筑楼梯的踏步宽度不应小于 280mm，踏步高度不应大于 160mm； • 不应采用无踢面和直角形突缘的踏步，如图 1-3-25； • 宜在两侧均做扶手； • 如采用栏杆式楼梯，在栏杆下方宜设置安全阻挡措施，如图 1-3-26； • 踏面应平整防滑或在踏面前缘设防滑条； • 距踏步起点和终点 250mm—300mm 宜设提示盲道，如图 1-3-27； • 踏面和踢面的颜色宜有区分和对比； • 楼梯上行及下行的第一阶宜在颜色或材质上与平台有明显区别。
台阶	• 公共建筑的室内外台阶踏步宽度不宜小于 300mm，踏步高度不宜大于 150mm，并不应小于 100mm； • 踏步应防滑； • 三级及三级以上的台阶应在两侧设置扶手； • 台阶上行及下行的第一阶宜在颜色或材质上与其他阶有明显区别。

（资料来源：根据《无障碍设计规范（GB50763-2012）》制作）

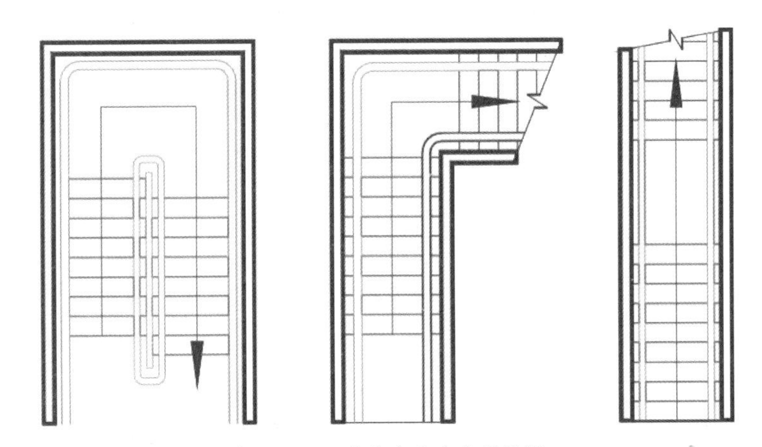

图 1-3-24　有休息平台直形楼梯
（资料来源：根据《城市道路和建筑物无障碍设计规范（JGJ050-2001）》改绘）

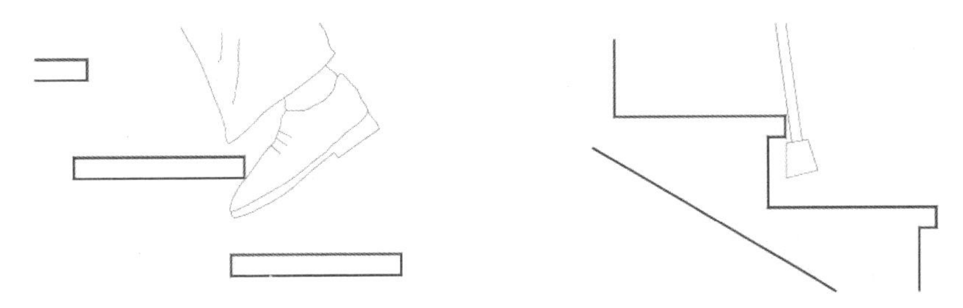

图 1-3-25　无踢面踏步和突缘直角形踏步
（资料来源：根据《城市道路和建筑物无障碍设计规范（JGJ050-2001）》改绘）

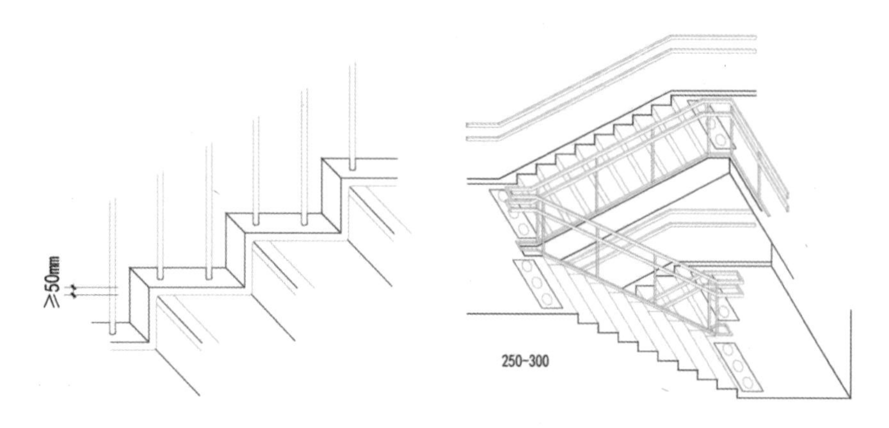

图 1-3-26 踏步安全挡台图　　图 1-3-27 楼梯盲道位置

（资料来源：根据《城市道路和建筑物无障碍设计规范（JGJ050-2001）》改绘）

（5）盲道无障碍设计策略。

一般来说，盲人是依靠触觉、听觉及光感等取得信息而进行活动的，因此需要在盲人活动地段的主要道路及其交叉路口、尽端以及建筑入口等部位设置盲人引导设施，这样才能够为盲人的行进与活动传递更多的有效信息。

盲道是在人行道上或其他场所铺设的一种固定形态的地面砖，使视觉障碍者产生盲杖触觉及脚感，引导视觉障碍者向前行走和辨别方向以到达目的地的通道。盲道按其使用功能可分为行进盲道、提示盲道两种基本类型。

①行进盲道设计策略。

行进盲道是指表面呈条状形，使视觉障碍者通过盲杖触觉及脚感，指引

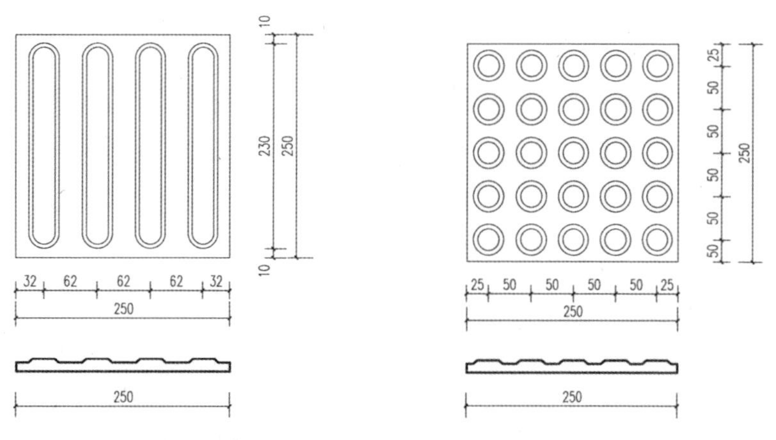

图 1-3-28 行进盲道（单位：mm）　　图 1-3-29 提示盲道（单位：mm）

（资料来源：《无障碍设计规范（GB50763-2012）》）

视觉障碍者可直接向正前方继续行走的盲道。行进盲道设计需要满足视觉障碍者便捷、安全通行的需求。1° 行进盲道应与人行道的走向一致，避免距离绕远或变化过多，宽度宜为 250mm—500mm，可通过设置弧形盲道缩短行进距离。2° 行进盲道宜在距围墙、花台、树池、绿化带 250mm—500mm 处设置；如无树池，当行进盲道与路缘石上沿在同一水平面时，距路缘石不应小于 500mm；当行进盲道比路缘石上沿低时，距路缘石不应小于 250mm；盲道应避开非机动车停放位置。3° 行进盲道的触感条规格应符合表 1-3-8 的相关规定，如图 1-3-28，见表 1-3-8。

表 1-3-8　行进盲道触感条规格一览表

部位	尺寸要求（mm）
面宽	25
底宽	35
高度	4
中心距	62—75

（资料来源：《无障碍设计规范（GB50763-2012）》）

②提示盲道设计策略。

提示盲道是表面呈圆点形，用在盲道的起点处、拐弯处、终点处和表示服务设施的位置以及提示视觉障碍者前方将有不安全或危险状态等，具有提醒注意作用的盲道。提示盲道通过改变走向的地面提示块材布置。1° 行进盲道一般辅以“行进块材”，在起点、终点、转弯处、十字路口及有需要处应设提示盲道，改铺“停步块材”，当盲道的宽度不大于 300mm 时，提示盲道的宽度应大于行进盲道的宽度。2° 提示盲道的触感圆点规格应符合表 1-3-9 相关规定，如图 1-3-29，见表 1-3-9。

表 1-3-9　提示盲道触感圆点规格

部位	尺寸要求（mm）
表面直径	25
底面直径	35
圆点高度	4
圆点中心距	50

（资料来源：《无障碍设计规范（GB50763-2012）》）

③感知盲道理念的应用。

感知盲道是利用现有盲道路砖表面条形和圆点形特征区别反映不同信息的特点制作提供信息的盲道砖块：有指示北特征标记的盲道北向砖，有表示指向医院、厕所、商场等方位特征标记的方位定位砖，以及指向“盲文交通导盲路牌”的特征标记的导盲路牌与指示砖。它能改善现有导盲技术的不足，较好地为盲人导盲并使其顺利到达目的地，且极易实施普及，使用简单，是当前较为理想的一种新盲道。

盲道北向砖用来指示地理北方向，可以设置在行进盲道和提示盲道之间，也可以设置在较长的行进盲道的某一位置。盲道北向砖由外侧轮廓砖和内侧圆形砖组成，外侧轮廓砖是在普通方形路砖面上中心挖出一个适当直径且垂向贯通的圆孔而成，内侧圆形砖半径比轮廓砖圆孔略小，在圆形路砖面上制有如“八”字形尖头燕尾样的特征标记，该标记平卧于圆形路砖面上，且从燕尾部由低向尖头部徐高，徐高的尖头部表示指北向。将有指北标记的圆形路砖平卧于方形路砖的圆孔中，该两者合为“盲道指向砖”。圆形路砖卧于方形路砖面上圆孔中，便于转动圆形路砖调整其面上指北标记的指向，又不影响方形路砖的四边与相邻路砖的紧密衔接，在调整好北向后，用的水泥固定，盲道北向砖具体尺寸如图 1-3-30 所示。

图 1-3-30　盲道北向砖（单位：mm）
（资料来源：根据《城市道路和建筑物无障碍设计规范（JGJ050-2001）》改绘）

将盲道北向砖铺于行进盲道，并随其走向转动、固定圆形路砖使其指北标记指向。这样，盲道北向砖与现有盲道路砖有明显的触感特征区别，通过有关部门及盲校将道理告知盲人。当盲人踏上盲道指北砖时便能通过足感辨明方向从而不会走错路。此外，感知盲道还能帮助其他人群清晰地辨别方向。

（三）道路辅助设施及无障碍设计策略

住区环境道路辅助设施主要由安全设施和标识设施两部分组成。

1. 安全设施无障碍设计策略

无障碍住区环境内，保障障碍人群的安全尤为重要，住区环境人行道安全设施主要包括挡墙、扶手等。

（1）无障碍单层扶手的高度应为 850mm—900mm，无障碍双层扶手的上层扶手高度应为 850mm—900mm，下层扶手高度应为 650mm—700mm，如图 1-3-31。

（2）扶手应保持连贯，靠墙面的扶手的起点和终点处应水平延伸不小于 300mm 的长度，且楼梯梯段扶手起点应在踏步前 1 个 G 处（G 为踏步宽），如图 1-3-32。扶手末端应向内拐到墙面或向下延伸不小于 100mm，栏杆式扶手应向下成弧形或延伸到地面上固定。

（3）扶手内侧与墙面的距离不应小于 40mm。扶手应安装坚固，形状易于抓握。圆形扶手的直径应为 35mm—50mm，矩形扶手的截面尺寸应为 35mm—50mm。

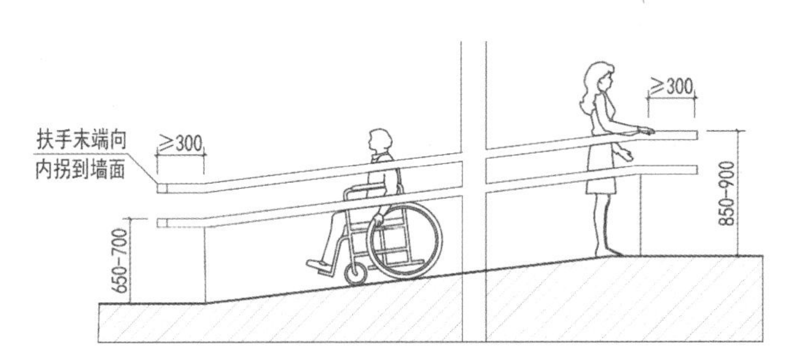

图 1-3-31　无障碍楼梯扶手高度（单位：mm）
（资料来源：根据《国家建筑标准设计图集（12J926·替代 03J926）：无障碍设计》改绘）

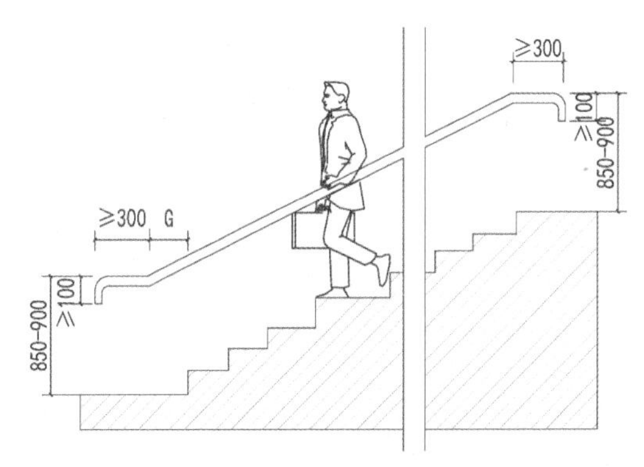

图 1-3-32　台阶两侧连续扶手水平外伸尺寸（单位：mm）
（资料来源：根据《国家建筑标准设计图集（12J926·替代 03J926）：无障碍设计》改绘）

（4）扶手材质宜选用防滑、热惰性指标好的材料。

2. 标识设施无障碍设计策略

在居住环境中，标识系统理应是提示初来人群进入空间的导向系统，更应是老年人、残障人士等关注环境信息的提示系统，优质的标识系统可以弥补行动弱势群体无法快速感知环境的先天性生理缺陷。但目前住区环境中的道路标识系统多为机动车和多数健全人士服务，基本忽视弱势群体的出行障碍。建议增设盲道和盲文指示牌，在触觉上通过凹凸的形状和与路面不同的材质引导以视觉残障者为主的人群行进；增加色彩标识的运用，道路的走向及铺装布置不应只是仅仅考虑平面构图的需要，要充分运用组成要素，通过地面铺装形式的改变使人辨别不同的路面，同时需要不同材质不同色彩的铺装对比区分，如在人行道台阶处涂刷与地面形成强烈对比的色彩为弱视者提供方便，同时也解决了正常人不注意被台阶绊倒的困扰；增加声音信号设置，如在路面下埋设传感器，当感知到盲杖中的磁片时，会自动播放声音说明；为视障者设计的文字标志应位置准确、尺度适宜，并与背景之间形成对比。

（四）住区环境铺装无障碍设计策略

住区环境内道路、活动场地等地面铺装的表面纹理、质感以及色彩等均可能对住区居民的室外活动造成不便或障碍。

1. 铺装材料

步行者对道路路面铺装非常敏感。铺地一定要平坦且坚韧，可供童车、婴儿车以及轮椅的通行。大多数情况下，卵石、碎石以及其他材质的铺面易产生凹凸不平的效果，尤其对于行走本身就存在困难的人来讲极易产生障碍，造成伤害，因此选材时应该尽可能避免。

住区中使用混凝土地面尽量避免强烈阳光地段，如建筑和步行道间易产生眩光地段。老年人大多对眩光很敏感，因此步行道和休息座椅的地面可以使用平整的混凝土砌砖或柏油铺地。老年人以及一些行动障碍者通常都会把大部分的注意力集中在脚下，有些甚至忽视周围的事物，因此除眩光外大部分老年人也不喜欢反光较强的浅色路面。

步行道表面应尽可能做到材质一致且防滑，还应避免路面反光。同时路面必须平整，避免不规整铺装材料的使用以减少明显的接缝及突起物的出现概率。建议可采用表面平整、防滑且方便行进的铺装材料，接缝宽不超过

5mm，板缝竖向高差不超过 2mm，以减小绊倒危险，使残障人士行进顺畅，如图 1–3–33。

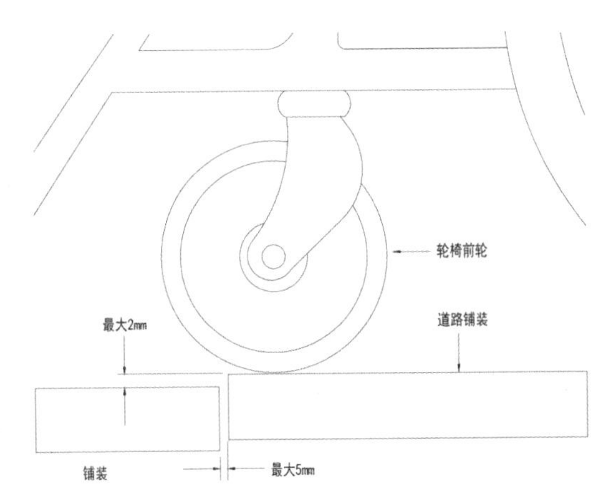

图 1–3–33　轮椅轮子与铺装缝和地面高差关系示意图

2. 铺装色彩

住区环境空间组织建议发挥不同颜色、材质铺地的提示作用以确保步行者在行进中的安全性。避免使用巨大且过多重复的图案以免误导使用者产生视觉错觉。增加路面与相接界面的色彩对比，避免弱视者将各界面混淆发生不必要危险，如图 1–3–34。

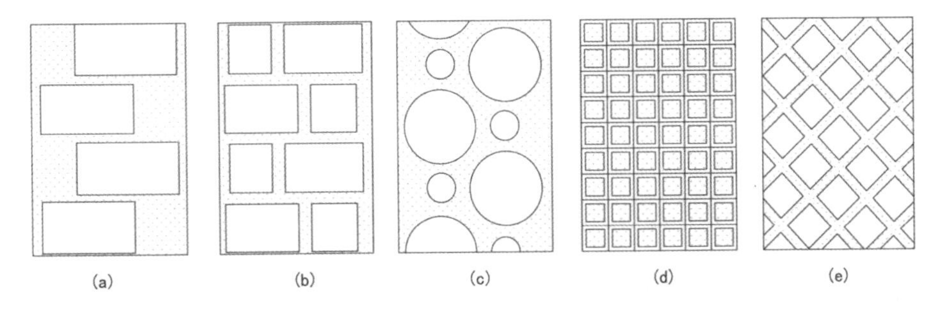

（以上五种铺地形式的通用性较差，图中 a，b，c 三种铺地形式在限制行人的步距的同时成为轮椅使用者通行的障碍，d 铺地形式很容易使杖类陷入其中。）

图 1–3–34　铺地在功能上不可忽视行动不便者的需求
（资料来源：高宝真、黄南翼《老龄社会住宅设计》）

3. 铺装排水

住区环境中所有铺装都应易于排水。排水明沟应远离道路及活动场所，若距离较近，应在明显处设警示标识。覆有水箅的排水沟，水箅铺盖应平整，衔接缝宽度不得超过 13mm，且开口方向应与行进方向垂直。排水箅子应设于人行道的一侧，箅子方向应与行进方向垂直，并且开口宽度不得超过 13mm，如图 1-3-35。

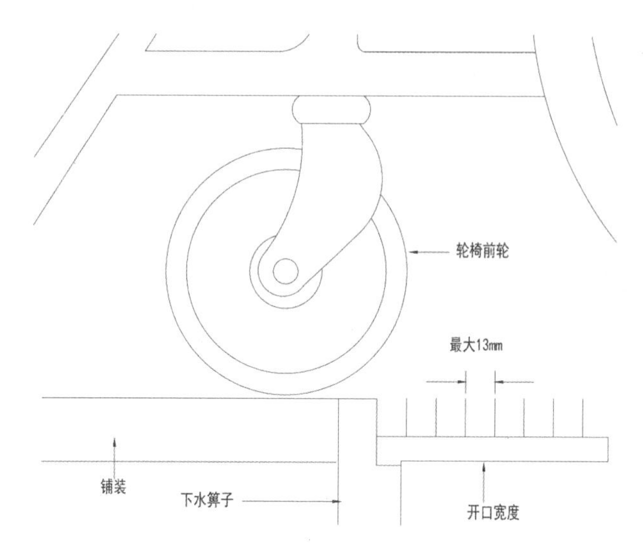

图 1-3-35　轮椅轮子与地面排水箅子之间尺寸关系示意图

四、植物配置无障碍设计策略

（一）植物配置与无障碍设计

住区环境中的植物要素不仅能改善住区绿化空间和环境质量，还可以为居者提供休闲娱乐的场所，最为重要的是部分植物天然健身益体的功效，是住区环境无障碍设计重点考虑的设计要素之一。相关专家通过实验分析得出保健植物对于人体具有不同的疗养功效，主要分为调节神经类、杀菌抑菌类、调温降噪类和辅助心血管类四种类型，见表 1-3-10。

表 1-3-10　植物医疗保健功能一览表

功效类别	主要功能	代表植物
调节神经类	清新空气，提神醒脑，消除神经紧张和视觉疲劳，加快人体血液循环，放松缓解心情。	梅花、白玉兰、绿萝、水仙等。
杀菌抑菌类	吸附尘埃使细菌失去滋生场所， 释放能够杀死细菌真菌的气体。	文竹、常青藤、秋海棠、丁香、天竺葵、松柏类植物等。
调温降噪类	光合作用降低温度、减弱噪音。	槐树、梧桐、常春藤、鹅掌楸、女贞等。
辅助心血管类	释放能够被人体吸收的保健成分物质， 释放大量有益的负离子，促进新陈代谢。	菊花、金银花、白兰等。

对于住区弱势群体和其他健全人而言植物配置的功能是共享通用的，不应存在只针对某类人群有利而忽略了，甚至伤害到其他群体的现象。因此，在住区环境无障碍设计中应该结合运用保健植物的特性及适宜群体进行合理活动的植物配置，以便充分发挥保健植物在住区环境中的作用，提高住区绿化环境的综合功能。

（二）植物配置无障碍设计策略

在住区环境无障碍设计中，设计者可以通过对于各种感官（视觉、听觉、触觉、嗅觉、味觉等）的刺激来尽可能满足人群需求，最大限度地挖掘观赏者，这是无障碍设计延伸出来的一种新的设计策略，称为无障碍感官设计。这种策略的意图是将设计的服务人群尽可能扩大化，将设计重心放到有不同特殊需求的弱势群体身上，以达到全面调动人体的各项身体机能和心理机能的目的，实现住区环境中植物配置的无障碍化。以落实无障碍感官设计理念的植物配置无障碍设计策略可以综合如下：

1. 利用保健植物营造康复疗养空间

住区环境是弱势群体重要的活动空间，除了一般的无障碍设施设计之外，植物在现代康复疗养型环境设计中担任着重要角色，在设计中应充分考虑选择具有保健康复作用的树种材料，从而通过发挥植物在视觉、听觉、嗅觉及触觉多种感官方面的综合作用以更好地营造有益人们身心健康的住区环境。

（1）营造高质量的健身活动空间。建议住区环境各类活动场地及周边进行植物配置时，在植物种类上尽量选择调节神经类保健植物，如松柏类、樟树等能释放出具有提神醒脑功效有益成分植物，以保障健身活动范围的清新空气和优美视觉环境。也可以充分利用水生植物营造良好的水景以提高空气中的负离子净化空气环境。

（2）营造不同色彩配置的观赏空间。绿色是植物的常见色彩，研究表明如果绿色在人的视野中占 25% 则能够消除眼睛和心理疲劳，对人的健康有很大帮助。此外不同色彩会产生不同治疗作用，不仅视觉上色彩丰富而且针对某些疾病有着一定的疗效。在进行视觉类保健植物群落设计时，要多选择观赏价值高、功能多样的园林植物，运用美学及色彩心理学原理进行科学设计、合理布局，达到四时有景的景观效果之同时形成有针对性的康复保健植物群落，见表1-3-11。

表1-3-11　不同色彩的保健疗效

植物颜色	康复疗养人群
红色	忧郁症患者
黄色	神经障碍患者
绿色	高血压、感冒、烧伤患者
橙黄	咽喉、脾脏患者、老年体弱者
蓝色	肺炎、神经错乱患者
紫色	失眠、神经衰弱患者
粉红	整体唤起病人希望

2. 感官区域与植物配置策略

根据住区不同人群需求可将住区绿化环境划为五大感官区域，从人的视觉、听觉、嗅觉、味觉和触觉来创造相对自然的人工环境，尽可能让所有人享受住区环境的自然氛围，感受户外环境的魅力。以下是五感官区域的具体植物配置策略。

（1）视觉区植物配置策略。

视觉，是人们的首要感觉器官，也是对外部环境的第一印象来源。环境中的各种变化直接影响视觉上的感受，上述举例了不同颜色对于人身心的影响和康复疗效情况。所以，植物配置时应该注重彩色植物的运用。对植物而言，其本身的干、叶、花、果会随着时间和空间的变化而变化，不但会产生形态、色彩与季相的变化形成不同的景观效果，而且伴随着环境的偶然性住区环境可以产生独一无二的视觉景观。

（2）听觉区植物配置策略。

听觉作为人类对于环境感知的第二印象门户，在人们对环境的欣赏感受中同样占据重要的位置。听觉区的植物配置应选择叶片可以随风雨发出声响的树种，利用潺潺流水、鸟鸣声、风声、雨声与植物搭配创造声音的自然韵律，也可设置风铃等人工设施增加声音的趣味性。

（3）触觉区植物配置策略。

植物具有可触摸性，观赏者可通过触摸不同的植物或者材质判断自己身处方位，通过触摸感受植物花、茎、枝、叶的不同质感和形状，获得大自然的气息，增加人与自然的亲近感，尤其有助于视觉残障人士融入大自然中，但要注意在住区环境中杜绝使用具有伤害作用的多刺、有毒植物。

（4）味觉区植物配置策略。

味觉的选择主要建立在对植物的选择上，一般多为可使用的蔬菜瓜果，规划增加一定的可品尝性的植物，在一定程度上可以满足观赏者对田园生活追求，同时可以增添住区环境生活趣味性。

（5）嗅觉区植物配置策略。

不同植物具有自己独特的气味特点，部分气味有助于提高人体机能。对于弱势群体来说，利用感官配合植物的挥发作用是很有意义的配置方式，见表 1-3-12。

无障碍感官设计可以创造同一种环境下的不同感知体验方式，具有一定的身心愉悦功能。针对居者不同感官需求的设计可以满足不同人群的自我选择权利，同时既增加了住区环境锻炼康复功能，又促进了住区居者的社会交往，对住区环境无障碍设计起到了很好的促进作用。

表 1-3-12　园林植物气体发挥保健作用及其含量表（%）

植物种类	类似水果清香	类似花清香	类似调节精神保健药成分	类似心血管保健药成分	杀菌、抑菌物质
桃树	3.3	44.24	2.37	15.67	42.64
爬山虎	9.01	30.93	9.89	7.91	44.61
水杉	3.54	35.35	15.10	8.19	45.79
香樟	15.54	27.97	17.76	6.70	33.19
狭叶十大功劳	13.64	30.15	12.62	11.17	39.55
结香	9.76	44.41	3.97	7.24	33.17
银杏	9.69	45.61	4.02	13.72	35.01
蔓长春花	17.59	35.19	12.31	9.14	30.73
瓜子黄杨	3.21	36.15	7.41	12.17	39.83
鸡爪槭	8.30	43.45	11.11	18.57	42.47
臭椿	4.95	32.29	10.98	11.18	52.15

续表

植物种类	类似水果清香	类似花清香	类似调节精神保健药成分	类似心血管保健药成分	杀菌、抑菌物质
石榴	6.38	26.04	12.19	5.87	39.47
枇杷	11.88	25.41	13.02	6.08	33.99
猕猴桃	15.05	39.96	7.08	10.03	28.49
铁树	15.05	38.97	7.74	8.28	28.41
无患子	3.88	37.60	10.26	12.79	36.28
八角金盘	13.19	32.60	8.20	7.85	37.68
杜仲	4.92	53.67	7.16	4.56	28.37
罗汉松	8.46	26.15	26.36	6.16	38.01
意大利杨	14.36	48.02	4.73	11.60	27.31
鸢尾	16.08	31.72	12.26	6.25	36.93
大叶黄杨	11.11	32.73	12.93	6.37	37.27
棕榈	19.11	25.73	9.87	6.86	39.85
紫薇	15.46	25.54	17.10	9.72	36.05
凤尾兰	17.29	33.88	11.16	9.03	34.20
女贞	11.53	31.32	10.20	9.85	38.63
桃叶珊瑚	7.75	20.16	12.39	5.97	48.78
扶芳藤	14.07	30.90	14.03	5.44	33.61
野蔷薇	12.88	40.39	8.65	10.41	37.10
珊瑚树	23.11	31.81	10.45	7.90	28.32
夹竹桃	12.11	40.03	9.53	13.41	37.39
广玉兰	14.40	31.77	12.52	8.39	40.11
龙柏	14.90	27.43	30.55	5.40	42.76
海桐	12.56	23.69	23.44	8.44	46.35
常春藤	2.67	27.15	27.10	11.67	56.49
孝顺竹	13.01	41.15	9.73	6.07	27.94
杜鹃	10.69	36.31	12.38	11.62	36.63
柳树	5.08	38.26	8.09	16.60	40.87

续表

植物种类	类似水果清香	类似花清香	类似调节精神保健药成分	类似心血管保健药成分	杀菌、抑菌物质
月季	10.76	36.35	6.11	12.53	41.22
香石竹	19.78	32.10	14.09	8.41	28.17
乌桕	18.93	34.81	8.22	9.11	33.21
喜树	20.86	31.93	8.95	7.95	32.61
雪松	10.32	25.27	39.91	7.45	45.93
白玉兰	10.02	41.97	11.19	16.52	40.64
兰桉	12.61	23.08	25.90	8.00	45.01
悬铃木	7.09	25.46	8.83	5.50	39.18
桂花	9.14	38.13	10.21	9.60	36.53

（资料来源：《“原居安老”——新型养老社区户外环境设计研究》）

五、地形无障碍设计策略

住区居民在休闲活动时所需的个人领域以及交往空间一般是在一种“微观尺度”范围内进行。具体范围是从人的触觉感受范围到普通人辨别人脸部表情的最远距离，即为25m左右的室外空间模数距离。在该范围之外常会有起伏地形的塑造增加场地的层次和丰富性，因此住区环境微地形创造也是无障碍设计需要关注的对象之一。

1. 住区环境地形塑造的作用

（1）住区开敞空间并不一定是完全平坦的地形，多样的、趣味性起伏地形可以使公共空间更具有人情味，更好地拉近人与人之间距离，满足人们多样环境体验需求。

（2）住区环境内适当的起伏地形可以让行走期间的使用者逐渐放缓脚步，无意识中感受到地形起伏带来的美妙体验，并有效减缓步行者的疲劳感。

（3）住区环境中地形与其他景观要素的综合运用，可以使空间具有很强的识别性，因为变平面为立体的景观很容易被人记忆和感知。因此，住区环境无障碍设计中通过有节奏变化的地形构建居民易识别的标志以增强居民的归属感，从而进一步提升居民对住区环境的主动使用频率。

（4）住区环境内通过适当的地形塑造可以削弱不利环境要素的影响，并为使用者提供一定领域性和私密性空间，甚至带来一定的安全性。如在小区临近城市干道的绿化带内，适当设计地形能有效改善交通干道噪音对住区环境的影响，还能形成视觉屏障，阻碍外界因素对私密性空间所形成的干扰。

（5）居住区环境中合理的地形设计与植物配置结合起来则能获得更为明显的环境改善效果。

2. 住区环境中地形无障碍设计策略

（1）住区环境内，在以居民日常户外活动使用为目的而进行的硬质地形设计尺度应尽量控制在约 25m 范围内，活动范围内的竖向设计尽量“平易近人”，避免起伏多变引发的行动障碍。

（2）住区环境内儿童活动场地和专门为老年人提供的活动场地，可在周围适度设计地形，一定程度地减少外界干扰，提高儿童活动区的安全保障范围。而对于看护孩子的老人，错落的地形会使其在活动时体验到交往空间的自然氛围，当然，地形不能遮挡其观察儿童活动区域的视线。

（3）地形的存在会改变人的行动距离和方向，因此不适合行动困难者进入的有起伏地形的地段宜将外围留出位置供行动障碍者使用，并配套设施与景观。若想通过地形来改变居民的行动距离和方向，可以参考表 2–3 相关数据。比如至少在住区内上下班的这一小段路途上应尽量保持畅通地形，且让出行道路成为下坡地势则更为便捷。又如表中成年人散步的距离要求一般在 1500m 左右，而多数的小区并没有足够面积游园，那么可通过适当的地形布置以曲折蜿蜒手法延长步道距离，见表 1–3–13。

表 1–3–13　居住区不同功能步行道路的适宜步行距离

	老年人与儿童	青少年	成年人
上下班（学）通勤的步行距离 （居民住宅与城市公交系统的连接距离）		300m—500m	300m—400m
生活性通勤的步行距离 （居民住宅与居住区公共服务部门的连接距离）	300m—500m	300m—500m	400m—600m
散步等活动的步行距离 （居民生理与心理的满足）	500m—1000m	600m—1200m	1000m—1500m

（资料来源：《居住区步行道路现状问题分析及其解决方法研究——以北京市定慧寺居住区步行道路为例》）

另外从不同使用人群的角度出发，住区环境中地形设计应考虑使用者的年龄层次和行动障碍的实际情况。行动障碍者经常使用且穿越起伏的地面道路需要设计专用坡道，坡度范围应在 1/20—1/12 之间。若坡道单边地面有超过 0.5m 高差时，应考虑设置扶手、护栏或者挡墙。

六、水体无障碍设计策略

（一）住区室外环境中水体作用

水景是现代住区环境中不可或缺的要素。相较于城市广场、城市公园和街旁绿地中的水景设计，住区环境水景设计应更加亲人、细致和多样。在住区环境中适当引入水景，不仅可以使人们得到感官上的享受，达到活跃景观气氛的作用，并且还能在一定程度上改善住区环境质量，维持住区生态系统多样性，主要作用概括如下：

1. 消除噪音和净化空气

住区环境可以通过悦耳水声减弱住区外部各种嘈杂之声，一定程度改善住区环境质量。各种水景带来的细小水珠在空气中运动，不仅能够增加住区空气环境的湿度，吸附空气中的尘埃，而且在水珠与空气分子发生碰撞时还能产生大量的对人体有益的负氧离子，因此被誉为“空气长寿素”。

2. 调节住区环境的气温

水是气温稳定的重要因素，对改善住区环境的小气候有明显成效。由于水的质量热容大，升温不易，降温亦难；水冻结时放出热量，冻结的水融化时吸收热量，尤其是在蒸发情况下，水体能吸收大量的热。根据相关研究，如若住区环境中有水景，住区环境气温较周边区域气温平均低 0.5℃—0.7℃。

（二）住区环境中水体无障碍设计策略

（1）住区环境亲水驳岸处应尽可能设置围栏、扶手等安全设施，以保护行人及轮椅使用者安全。安全设施设计尽可能考虑轮椅使用者低矮视线，以及视觉障碍者在行走过程中使用盲杖卡进栏杆的可能性，设置合理的高度和栏杆间距。另外可以运用自然岩石与小灌木结合的形式作驳岸，通过小灌木的生长阻挡人们过于接近水域。

（2）住区环境水景附近安置适当的文字标识。公共绿地空间中类似亲水环境的场所很多，在较为复杂的情况下必须设置标识系统以协助弱视者感知环境、辨识方向和位置。图文标志的亮度、对比度要适当，建议多采用亮图文标志或暗背景的图文组合方式，亮度越大，易识性越好。最终根据不同的亮度水平选择不同的色彩组合。

（3）住区环境水体周边景观建筑必须仔细经营位置，亭子与水榭至少一面要以坡道与园路相接，满足轮椅进出；游廊两端均以坡道与园路相接，游廊一侧应设扶手。

（4）住区环境中经过水面的桥体不应以不规则、不连贯物体代替整体桥面；对于行动障碍者而言，桥体形状选择方面，平桥优于拱桥，直桥优于曲桥；桥面全程应做防滑处理且不应设梯级；桥下水面深度超过 300mm 时应设护栏；夜间水景周边照面应当充分无眩光。

（5）若场地中心内设置旱喷，应注意喷泉与人之间保持适当的距离，地面应设置标识系统提醒肢体残疾者与喷泉的距离以起警示作用。喷水前宜有音响或灯光提示，喷泉的水柱宜由低到高缓慢加大。地面铺装材料要求遇水不滑。

七、景观小品无障碍设计策略

景观小品是住区环境重要的组成部分，充实了住区环境的内容，反映了住区环境的整体形象和住区特有的景观面貌、人文风采。住区环境中的景观小品泛指住区外环境中一切具有一定美感，为居民文化、休憩、娱乐等提供方便的人为构筑物。

1. 景观小品分类及现状分析

根据景观小品形式可概括为艺术类景观小品和功能性景观小品（合并到具体设施环节加以分析）两大类。此处主要分析的是艺术类景观小品，主要包括雕塑、喷泉、水池、花坛等。该类景观小品的作用是通过自身美感艺术性激发人视觉感官的美的感受和美的联想，并将环境衬托得更加丰富、和谐。其中景观雕塑可以进一步细分为纪念性景观雕塑、装饰性景观雕塑、主题性景观雕塑和陈列景观雕塑四类。

目前，由于一些开发商仓促追求眼前经济利益，住区环境设计和建设过程出现盲目跟从流行元素而忽视本土文化的现象，住区环境中的景观小品设计模式随之出现大相径庭、粗暴简单、毫无内涵深意的现象，并与周围景观环境严重脱节，也间接造成了住区整体环境和文化底蕴落后的局面。另外住区景观小品在尺度、位置经营、细节处理等方面往往忽略弱势群体的行为需求和其本身与居民之间的互通渠道，缺少人情味与人文关怀。

2. 景观小品无障碍设计策略

基于上述分析住区环境中景观小品设计在遵循通用性、安全性、可识别性原则的前提下，应考虑以下无障碍设计策略：

策略一：景观小品设计综合考虑满足各人群的行为和心理需求。景观小品直接服务于使用人群，人是环境的主体，而每个人因各自喜好习惯决定了对空间的选择，所以景观小品的设计应从“以人为本”的角度出发，综合考虑所有住区人群如儿童、老年人、残障人士等，以合理的尺度、优美的造型、协调的色彩、恰当的比例、舒适的材料质感来满足人们的活动需求。儿童活动区域的景观小品应符合儿童行为心理特性，在色彩运用上鲜艳亮丽，形状特征上以充满童趣、童真符合孩子们心理喜好为宜，材质的运用上要合理安全，不能够出现过尖、过硬等不安全因素。老年人活动区域的景观小品应尽可能考虑老年人心理和行为特征，力求创造一个自然、轻松、温馨、舒适的体验环境。由于年龄较大，老年人对危险的感知能力变差，走路平衡力较弱，所以景观小品尽可能增加栏杆、扶手等，并应在景观小品附近设置一定数量的休息桌椅，尺度应符合老年人的人体工程学要求。对于残障人士而言，又分为视觉残障、听觉残障、肢体残障和智力残障等，应综合分析各类人士行为需求设计更科学、趣味、多样和富有人情味的景观小品。

策略二：景观小品应考虑易识别性特征。对于老年人和残障人士而言，身体机能衰减以及视力、听力水平的下降使其对空间方位的判断力减弱。所以应增加景观小品的方向识别性能、造型的独特性和创意性、布设位置的合理性以及色彩使用的对比协调性，能为弱势群体提供方向性的引导和依靠。

策略三：增加景观小品的生态性价值和新材料的创新使用。生态文明的今天提倡绿色发展，应该借助新的发展观和新的思维方式开展相关设计。在住区景观小品设计中加入生态功能，让小品不只是用来欣赏休憩，还能够提供环境变化提示，成为住区环境生态因子（如设计中可以与康体植物相结合形成一个很好的绿化载体），一举多得的设计方式使其实用性提高不再是千篇一律的“住区环境道具”。从景观小品创新性的设计角度考虑，形式创新的同时应当进行材料与技术的创新，结合地域文化和小区的整体设计风格，给予景观小品一个新的设计定位。

八、坐憩设施无障碍设计策略

住区环境中坐憩设施不可或缺，该部分设施主要是能够提供坐憩服务。根据“以人为本”的环境设计思想，单纯普通坐憩设施已不是居民所追求的，安全舒适符合各类人群使用的坐憩设施应是现代设计关注的重点。

（一）基于使用者的坐憩设施无障碍设计策略

根据不同人群的使用需求，住区环境中的坐憩设施可分为普通坐憩设施、老年人坐憩设施、孕妇专用坐憩设施、儿童坐憩设施、短时停留坐憩设施和轮椅位。

普通坐憩设施。服务对象为住区所有使用者，具有通用性。建议该类设施在住区环境中广布，以安全便捷为主。

老年人专用坐憩设施。老年人最突出的问题在于行动不便，常有拄拐现象。因此老年人专用坐憩设施高度不宜过低，材质不宜过硬，并在旁边配置拐杖安放设施。肢体残疾中的拄拐者和短时间需要拄拐出行者可以借用各类专用坐憩设施。

孕妇专用坐憩设施。在住区环境的休憩场地应设有孕妇专用休憩设施，该类设施最好有舒适的靠背，长度和宽度适当放大，可以考虑在设施两侧安放扶手，该类设施同样适用于肥胖者。最新的研究表明，我国肥胖症患者占总人口的比例越来越多，肥胖症患者的增多也使得该类设施成为住区环境的必需品。

儿童坐憩设施。应儿童活泼好动、探索求知的天性，住区环境适当设置儿童坐憩设施，尤其是儿童活动区。该类设施尺度适当放小，最易和各类小品相结合，形态圆润，可以方便儿童攀爬，甚至移动。

短时停留坐憩设施。该类设施可以结合靠椅，或者其他设施安置，占地未必大，数量未必多，但是可以为孕妇、残疾人、老年人甚至是正常人突然感到不舒服需要短暂休息停留提供服务，并可以在一定程度上充当防护设施，但避免硬物和尖角。

轮椅位。在住区环境休闲交流场地尽量留有轮椅位，婴幼儿车位也可以共用轮椅位，这些位置最好设置在普通坐憩设施旁以方便看护者照料。

（二）基于感受需求的坐憩设施无障碍设计策略

“以人为本”的坐憩设施在无障碍设计过程中应充分满足使用者，尤其是行为弱势者对于坐憩设施在满足交流感、安全感、舒适感方面的基本需求。

1. 满足使用者交流感需求的坐憩设施无障碍设计策略

人们在住区内的休闲活动目的可以概括为两个：一是利用住区内各种设施达到自己的目的，如使用健身器材达到强身健体的目的，使用游乐设施达到游玩娱乐的目的等；二是利用休闲活动的机会实现人际交往、语言交流的目的，如儿童们成群结伴玩耍，家长们家长里短，老年人一起打牌跳舞等。因此为人们休闲活动提供休憩服务的坐憩设施在满足住区环境使用者交流需求方面扮演着重要角色，是创造和睦融洽邻里关系的重要途径，基于此住区环境的坐憩设施无障碍设计要注意：

（1）各场地尽量多地布置坐憩设施。除主要交通干路、车行道以及有危险的设施周围外，住区环境其余场地均应考虑配有坐憩设施，尤其是休闲活动场地、游乐休闲设施、休闲步道等人流相对比较集中的场地周边。

（2）各场地的坐憩设施尽量集中安置。鉴于交流需求住区环境中的各场地内坐憩设施应成组设置，多组坐憩设施之间需要有一定的呼应关系，可供人并排或面对面进行两人及两人以上的交流，且要安置无障碍座椅或轮椅、推车等停留位置。

（3）各场地的坐憩设施尽量与其他设施产生关联。如儿童活动相对比较集中的场地周边，家长的坐憩设施应尽可能安置在可观察到儿童行为的位置，并能为家长之间进行交流提供条件，尽量避免视线盲区。健身活动场地周边，坐憩设施的安置可以考虑面对健身器材，为健身器材使用者和休憩者之间提供交流、互动的渠道。

2. 满足使用者安全感需求的坐憩设施无障碍设计策略

满足使用者的安全感需求是坐憩设施无障碍设计的第一要义。坐憩设施与景观小品不同，它与铺地一样是住区居者肢体接触最为亲密的设施，对残疾人、老年人、儿童、孕妇、负重者、康养者等缺乏安全感的行为弱势群体而言，坐憩设施本身传达的安全信息非常重要，因此对于休憩设施安全感设计策略应注意以下几点：

（1）坐憩设施边缘以弧代替角。研究表明，在心理暗示上，弧状形体更能激发使用者的亲近心理，而角状形体则易唤起使用者的抗拒心理；在实际使用中，角状物体给使用者带来受伤的可能性远远大于弧状形体，并且较弧状形体的舒适度要更弱一些。因此建议坐憩设施无障碍设计尽量在形体上多采用弧形元素。

（2）坐憩设施材料以厚代替薄。坐憩设施材料厚度会给使用者带来设施牢固程度不同的心理暗示。如厚木板可能不如薄钢板牢固，但在心理学中，厚带给人的感受是坚固牢靠，相反薄带给人的感受是易损，因此为了提高住区环境中坐憩设施的有效利用度，建议坐憩设施在材料选择上尽量采用相对厚实的材质。

3. 满足使用者舒适感需求的坐憩设施无障碍设计策略

住区环境中坐憩设施的舒适程度不仅可以提高设施的使用频度，同时可以增加使用者的乐趣。因此为了满足坐憩设施的舒适感，建议坐憩设施进行无障碍设计时关注两点：建议在坐憩设施的扶手、靠背、坐凳等处加入海绵、皮质、布类等软质材料，让使用者在生理及心理上产生舒适感；建议坐憩设施尺度符合人体工程学，在尺度和种类考虑各类人群所需合理配备。

九、标识设施无障碍设计策略

（一）标识设施无障碍设计基本要点

住区环境的标识系统是为居民及访客提供住区方向指示的行动指示。目前多数住区环境功能复合，高楼林立且趋同，交通路线纵横交错，能够清晰、准确、可及时传递指示性信息的标识尤为关键，如图 1-3-36。

（1）标识具有导向性、系统性：住区环境中的标识应具备有效引导居民进行各类活动的功能，并且各类标识相互之间具有完整的系统性。各类标识可多层次、连续设置，为使用者提供多重提示，保证有效及时地发挥功能。

（2）标识各项尺度合理设计：文字类标识的内容应简明、清晰、易懂，符号类标识应尽量使用国际通用符号，最好二者结合使用。标识设施的底色与图案应有较大反差，文字必须尺度合适且清晰，针对弱势群体应配有相关声音提示设施，夜晚要有柔和的照明设施进行引导。

（3）标识的安放位置应安全且不被遮挡：标识应安装牢固，定期检查，避免伤人或对使用者错误引导，特别是标识牌应避免伤害老人、弱势群体、残疾人、孕妇等。标识位置必须明显，易被人看到，周围植物不能遮挡标识视线（要对造成视线遮挡的植被进行定期修剪）。

（4）标识易操作且与环境相协调：很多标识不仅需要易于观察，还有一些是具有操作性质的，比如有些火警报警装置需要手动操作，就需要放置于合适的位置，既需要避免幼童因玩闹而触碰，也需要在危险发生时，使成年人易操作而达到预警的目的。从美学角度考虑，一个优秀的景观设计是具有整体性的，标识的外观和摆放位置应与外部环境相协调，在造型和色彩运用上应与整体建筑风格相一致。

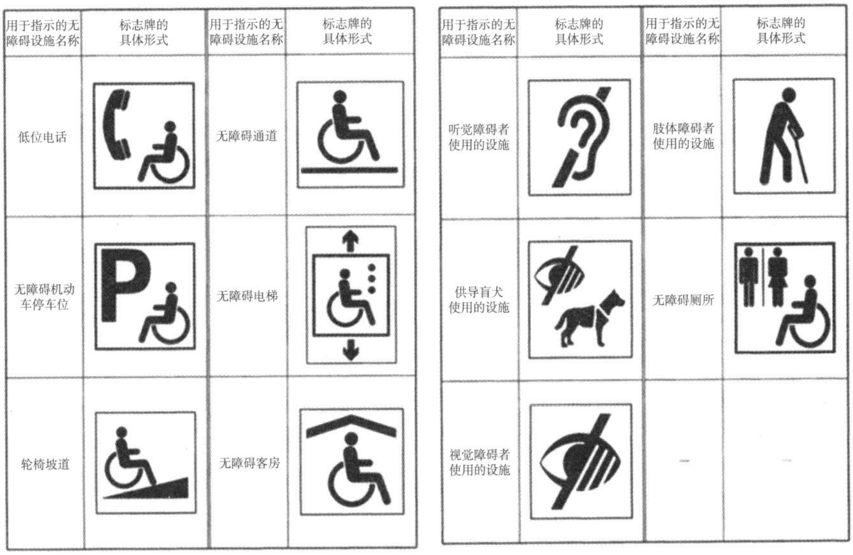

用于指示的无障碍设施名称	标志牌的具体形式	用于指示的无障碍设施名称	标志牌的具体形式	用于指示的无障碍设施名称	标志牌的具体形式	用于指示的无障碍设施名称	标志牌的具体形式
低位电话		无障碍通道		听觉障碍者使用的设施		肢体障碍者使用的设施	
无障碍机动车停车位		无障碍电梯		供导盲犬使用的设施		无障碍厕所	
轮椅坡道		无障碍客房		视觉障碍者使用的设施		—	—

图 1-3-36　无障碍标识牌举例（部分）
（资料来源：《无障碍设计规范（GB50763-2012）》）

（二）基于分类的标识设施无障碍设计策略

根据标识设施在住区环境中发挥的功能可以概括为识别类、警示类和说明类三大基本类型。

（1）识别类标识设施。

识别类标识起到导向和识别的作用，引导人们到达预期的目标。住区外环境标识设施包括：住区环境地图、住区名称标识、楼栋位置示意图、楼栋号码牌、（地下 / 露天）停车场指示牌、公共设施指示牌、室外无障碍设计指示标识等。各个出入口均应设计位置合理、尺度和色彩合理的住区名称和环境地图标识，尤其大型住区还应分层次配备环境地图标识设施。楼栋位置示意图和楼栋号码牌必须要清晰醒目，而且要定期检查维护，另外建议楼栋号的编码遵循人们的认知规律以方便使用者快速定位。其他设施的设计安置必须以方便使用者阅读、查询信息和安全性为前提，同时要注意与社区环境的协调。

（2）警示类标识。

这类标识主要用于提示住区环境中存在的不安全因素，从而最大限度地避免危险发生，主要包括水边安全警示牌、强弱电箱警示牌、小心地滑警示牌、机动车限速标志牌、禁止鸣笛警示牌等。这类警示标识必须设置于显眼的地方，应采用鲜艳的色彩、通用符号以及文字标注，在一些重要的区域应配有声音提示，保证各类人群的安全。

（3）说明类标识。

这类标识主要用于居住区的宣传栏及布告栏，布告通知或设备使用说明等，这类标识若不涉及安全问题可不设置声音提示，最好有光源可在夜晚照明，并配有盲文满足不同人群的需要。主要包括：宣传栏海报、设备使用说明牌、各种温馨提示牌等。

（4）标识设施的设计形式及要求。

根据住区环境标识设施的设计形式可以概括为文字类、图形类和图文类三大基本类型。

文字标识。文字标识主要为视弱群体及老年人服务，在幼儿游乐设施内必要的话应有拼音标注，如有条件应在标识下配有相应的盲文为视力残疾者提供服务。文字标识设计需注意字符高度、字体标准、字体高宽比及字间距、语言简练准确。字符高度，基于 Peters & Adams 公式，当满足 $H=0.0022D+0.335$（H 为字符高度，D 为认视距离）时，有利于弱视者辨认。字体标准，标识的字体应采用通用字体，中文字体采用黑体，英文字体采用 Times New Roman，字体的笔画粗细适宜。字体高宽比及字间距，根据调查研究发现，对外文和数字采用 3/2 至 5/3 的高宽比，汉字采用 4/3 至 3/2 的高宽比；外文和数字的字距采用 $1.2d$~$1.4d$（d 为笔画宽度），词语间距大于 $3.0d$，行距大于 $1/3h$（h 为字高）；汉字的字距采用 $0.25h$~$0.30h$（h 为字高），词语间隙采用 $0.75d$~$1d$，行距大于 $1/3h$。

图形标识。该类标识主要为弱视者、老年人、儿童设计，增加他们正确获取信息的机会。清晰醒目的图形标识可以增强视觉冲击力，比起单纯的文字标识更能引人注意，并且一些国际通用的图形标识比文字描述得更为准确。图形标识的设计应符合以下几项规则：图形颜色与底板颜色有较大的反差，背景有明确的界限，具有警示功能的标识应有红色或黄色等视觉冲击力强的色彩存在，颜色应在 3 种以内；图形应简洁明了，构图尽量采用正规的几何图形，尽量避免曲折单一的线，如有国际通用符号应优先考虑使用；图形应与表达含义相一致，并且只能表达一种含义，不产生疑义。摆放的位置应特别注意，应有一定的指向性。

图文标识。这类标识是现代社会中普遍采用的，能更加清楚地达到标识设计的目的，除了世界通用符号以及国家规范设计的符号外，其余标识应图文共存。这类标识往往缺少设计规范，因此设计中应提高图文的亮度或增强背景的暗度产生明显的对比，增强其辨识度。

十、照明设施无障碍设计策略

住区环境照明设施不可或缺，阴雨天气以及夜晚住区照明设施是眼睛，是方向。

（一）住区环境照明设施存在问题

根据长安大学教授霍小平等相关研究，目前住区环境照明设施在实际运用中存在以下问题：

首先，由于缺乏住区环境照明设施相关深度研究，对室内外照明设施差异化缺乏了解，出现将室内照明标准运用到室外，设计中只注重灯具选择而忽视光源特性，照明设施的形式美和技术手段分离等系列问题。

其次，当前住区环境中照明设施设计多注重灯具造型、光源高度与距高，而且相关选择往往习惯依据经验，缺乏对具体环境的照明需要的充分考虑，使得建成使用的照明设施投光方式容易带来光污染，而且照明效能不能得到充分利用。

再次，目前多数住区环境中的照明设施的设计缺乏系统性和层次性，尤其对绿色照明层次理解肤浅，往往将绿色照明局限为节能灯的使用，而不能充分体现保护环境、控制污染、节能减耗、提高效率、有益健康、舒适安全、营造氛围、彰显文明的理念。

最后，部分住区环境照明设施缺乏与地域气候条件和地理环境之间的呼应，另外部分社区在该方面缺乏结合空间要素与时间变化进行照明设计的现象导致光照不能展现建筑空间和环境景观风貌。甚至个别住区缺乏照明设施的日常维护，常可以看到有些照明工作失常、污染严重及损坏失修的灯具，一定程度上存在安全隐患。

（二）住区环境照明设施无障碍设计策略

根据上述问题分析建议住区环境照明设施无障碍设计采取系统化分层次设计理念，具体策略如下。

1. 道路照明无障碍设计策略

在住区环境中大于 10m 的干道具有最强的功能性，是城市机动车交通干道和住区的联系纽带，是城市级道路和住区的中介。这种过渡性角色的职能要求该类道路照明须以城市道路照明作为引导，同时又须具有住区照明的亲切尺度和标识性。光源一般可选用高压钠灯、荧光高压汞灯或者金属卤化物灯，在人流量大的道路宜考虑选用显色性好的金卤灯。杆柱式照明的灯具安装高度可以介于 6m—10m，杆间距最好小于所选灯具高度的 4—6 倍。

住区环境中 3m—10m 的区域性道路主要以行人为主，实际使用中常有机动车通过，或被用于泊车。该级别道路照明 LED 灯是较理想的光源，也宜选用显色性好的低色温光源，如小功率的高压钠灯和汞灯，或者白炽灯或金卤灯。照明方式需要综合考虑功能与景观两方面的因素。另外，因区域道路的照明贴近住宅，必须严格地控制眩光，以避免眩光对住户的干扰，必要时须采用遮光板或遮光格栅等设施以遮光。区域道路的照明灯具布置可以是单排路灯、步道灯和庭院灯等，个别地方可根据环境特点采用地灯、草坪灯、低杆灯等较为新颖的灯具布置形式，以增加环境的景观性和趣味性。区域道路照明灯具的安装高度可在 4m—8m，间距在 15m—30m 之间以使路灯与小区内的绿化既可以彼此遮挡又可以彼此借用。

2. 景观照明无障碍设计策略

中心绿地是住区的公共活动中心，通常由景观建筑、水景、小品、广场等景观要素组成。各种照明方式往往交织在该区域，而成为光环境的重心，适当选择高亮度和多色彩照明设施。

花坛及其他绿地的植物种类较为丰富，建议根据环境选择照明设施，如花卉为主的环境照明光源可以强调显色性，草坪可多用冷色光源的草坪灯点缀，单株特色树木的照明可考虑下方或侧方投光。植物照明一般均使用投光灯，但是确定配光和布置时要确保光源的高亮度不干扰观看者。植物和灯具之间应该留有一定间距，以避免对植物的炙烤。

水景在照明中具有独特的效果，灯光与景物在水中的倒影在水面的波动和光色的变化下会产生变幻莫测的影像。因此，要考虑水体的流、叠、喷、涌、静等不同形态，巧妙选配灯光，同时应结合声音效果组织多种色光，以营造美妙的视觉氛围。

3. 住区环境照明设施设计一定要防止光污染

住区中的光污染主要是由道路照明或景观照明所产生的眩光。眩光与光源的亮度、面积、高度对比、视线角度等因素有关。采取以下措施可减少眩光：改变光源的照射角度，增大视线与光源之间的角度；调整光源的悬挂高度；适当降低光源和照明器的表面亮度；适当考虑增加背景亮度；采用漫射玻璃或格栅等遮光设施；尽量采用截光型灯具。

4. 住区室外照明还须特别注意

照明设施的光线不得射入住宅室内，在住宅窗户上产生的垂直照度不得超过 4Lx；住宅楼景观立面照明不允许使用投光灯；住区内不允许装设霓虹灯广告；禁止住宅附近玻璃幕墙和白色墙面反射光射入室内。

十一、其他设施无障碍设计策略

（一）住区公厕无障碍设计策略

无障碍公共厕所通常是小型的或无性别的无障碍厕所，设置了无障碍洗手盆、厕位、小便器等配套设施。在大型住区的公共厕所中不应只简单满足“无障碍设计规范”的要求，“人性化”要求是根本，应该充分考虑老年人、儿童、急救等需求。根据“无障碍设计规范”的基本要求，住区公共厕所设计需注意三点：安全性、使用性、尺度性。

1. 安全性

对住区弱势群体而言，任何情况下，安全是第一位的。出入口应该是无障碍出入口，若公共厕所为两层，无障碍厕位应设计在一层。地面应采用防

图 1-3-37　无障碍座便器
（资料来源：http: //m.chinawj.com.cn/products/5774905.html）

滑、平整的材料铺装，扶手应防滑、粗细合适、没有棱角，如图 1-3-37。

2. 使用性

使用性的实质是让使用者更加便捷使用设施。有条件情况下，公共厕所旁另设 1 处无障碍厕所、1 处母婴室、1 处急救室，方便不同性别的亲友进行照顾。如果没有条件，女厕所无障碍设施应包括至少 1 个无障碍厕位、1 个无障碍洗手盆和 1 个母婴卫生设备；男厕所无障碍设施包括至少 1 个无障碍厕位、1 个无障碍小便器和 1 个无障碍洗手盆。

3. 尺度性

残疾人每日需多次进出卫生间，因此在满足方便、安全、舒适的要求上，各部分的设计考虑如下尺度，如图 1-3-38、图 1-3-39。

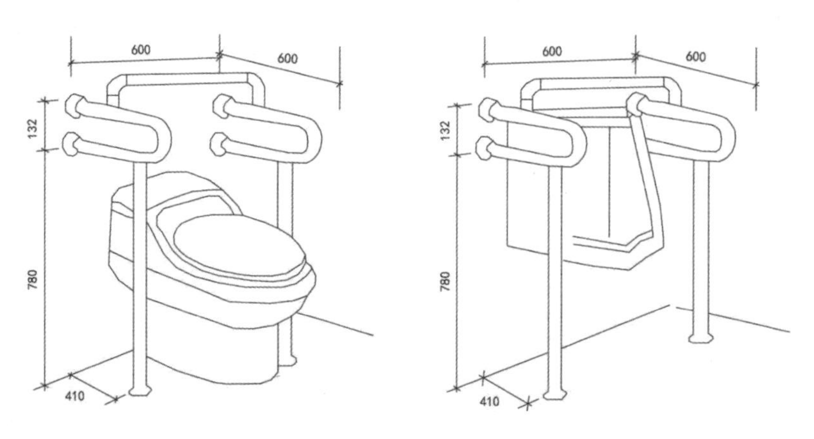

图 1-3-38　无障碍卫生间设施尺寸（单位：mm）
（资料来源：http：//www.51bsjj.com/UploadFiles/Others/20140317145347437 5346.jpg）

男女分用式公共卫生间：公共卫生间的残疾人厕位应留有 1.50m × 1.50m 轮椅回转面积；隔间的门向外开时，隔间内的轮椅面积不得小于 1.20m × 1.20m ；男女卫生间都有设置残疾人坐便器的同时男卫生间还应设残疾人小便器；在大便器和小便器邻近的墙上，安装能承受 200kg 以上的安全抓杆，抓杆的直径为 30mm—40mm。

男女兼用独立式残疾人卫生间：男女兼用独立式卫生间应设洗手盆和安全抓杆，可不设小便器；隔间的门向外开时，隔间内的轮椅面积不得小于 1.20m × 1.20m ；卫生间门向内开时，卫生间应留有 1.50m × 1.50m 轮椅回转面积。

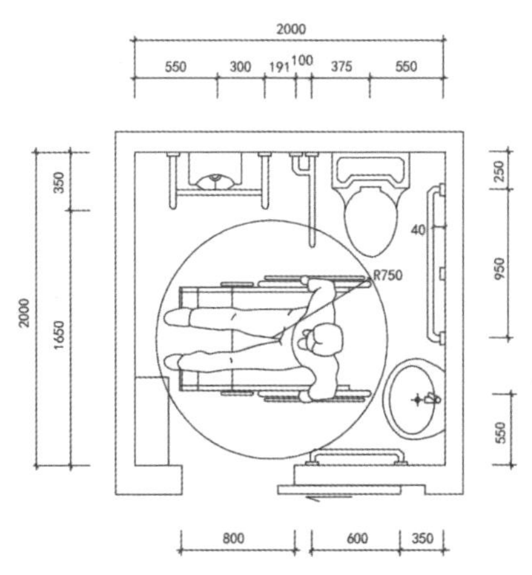

图 1-3-39　无障碍公共卫生间尺寸（单位：mm）
（资料来源：https: //www.justeasy.cn/news/8709.html）

（二）住区无障碍电梯设计策略

最新的《住宅设计规范》和《无障碍设计规范》规定：7 层及 7 层以上的住宅要设计电梯，并且要求设置电梯的每个单元至少有一部无障碍电梯。电梯是居住环境中最便利的垂直交通方式，目前的中层、中高层、高层及高档住宅区的低层建筑都有配备电梯，但是在无障碍使用方面缺乏考虑以至于轮椅乘坐者、视力残疾者、用担架紧急求救的重病患者等在使用时发生困难。

图 1-3-40　无障碍候梯厅
（资料来源：http ://news.cri.cn/zaker/20170927/5b4b1cfa-cd2f-a638-d582-ac552a0fc62d.html

无障碍电梯使用不足之处目前分别体现在候梯厅以及轿厢设计。前者主要问题在于家门口至电梯门之间的路线上存在高差，后者主要问题是由于轿厢深度不足满足不了特殊情况下正常使用，如图 1-3-40、图 1-3-41。

1. 候梯厅无障碍设计要点

图 1-3-41　无障碍电梯按钮
（资料来源：http ://www.nipic.com/detail/huitu/20140325/132957779200.html）

入户门与电梯门之间不宜有高差，若有高差应用坡道连接；候梯厅的深度要不小于 1.5m，满足轮椅乘坐者转换位置和等候；若有条件应适当放宽，可同时兼顾到多人等候和搬运救护担架的情况；候梯厅周围通常设有电力设备室、热力管道室、消火栓或消防设备室等，设计时应暗装，注意门的位置和宽度，避免突出占用通行空间阻碍轮椅和担架通行；电梯按钮高度宜安置于距地面高 0.9m—1.1m 的电梯门旁，按钮上设置盲文，并配有相应的显示装置和音响设备；入户门与电梯门之间设有提示盲道或相关提示信息。

2. 轿厢无障碍设计要点

电梯轿厢的尺寸必须满足轮椅乘坐者使用需求；小型的电梯轿厢深度不小于 1.4m，宽度不小于 1.1m，这样的轿厢没有轮椅回转空间，只能正面进入，倒退而出；中型的电梯轿厢规格深度不小于 1.6m，宽度不小于 1.4m，这样的电梯在轮椅乘坐者进入后可调整方向，从正面驶出。如果有条件，最好设置一部大型的电梯，能够容纳救护担架床。所有的电梯轿厢门的净宽度应大于 800mm，这是能够保证轮椅通行的最小宽度。轿厢内部除了设置正常高度的操作面板，还应在距地面 0.9m—1.1m 之间设计轮椅乘坐者操作面板，面板按钮上都应设置盲文，轿厢内部有运行显示设备和音响设备预报楼层。轿厢内部至少在一面墙壁上设置扶手，最好三面墙壁都有，高度距地面 0.85m—0.9m。轿厢门对面的墙壁上应配有距地面高 0.9m、一直到电梯顶部的镜子，以方便轮椅乘坐者出入时观察后方。

（三）露天停车场无障碍设计策略

停车场是住宅区必不可少的重要组成部分，对于停车场的无障碍设计应充分保证使用者的安全和便捷，如图 1-3-42。

图 1-3-42　无障碍露天停车位
（资料来源：ttps：//xm.news.fang.com/2015-09-26/17505863.htm）

1. 停车场各尺度大小

主要是针对轮椅乘坐者的通行考虑，我国对于此项要求为车位一侧需留出 1.2m 的轮椅通道，两个车位直接可共同使用一个通道。平行式停车车道应另外设有进入车辆后部通道，因为轮椅通常放在车辆后部，所以面积应为 6.60m（长）×2.40m（宽）（宽度达到 3.30m 为最佳）。若残疾人想直接上人行道，则 2.40m 宽的车位可以满足，另外停车场地面应平整、防滑、不积水，地面坡度不应大于 1∶50，如图 1-3-43。

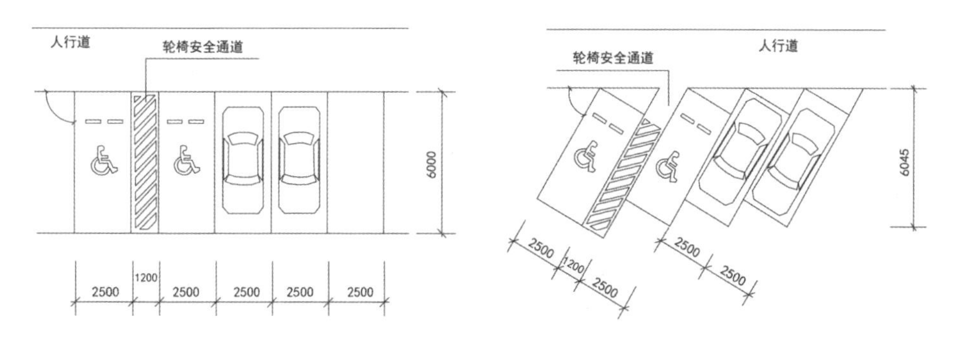

图 1-3-43　无障碍停车场尺寸（单位：mm）
（资料来源：《国家建筑标准设计图集（12J926·替代 03J926）：无障碍设计》）

2. 出入口及步道无障碍设计

出入口。目前一般的露天停车场人车交通常混在一起，对于无障碍停车位的要求则是需要人车分流。并且考虑到此类人士行动不便的特征，因此建议无障碍停车位设置应尽量靠近出入口。另外，当前很多地方在无障碍停车位的设计上只满足了基础的设计规范，真正的使用率并不高，突出的问题是并没有醒目的提示，因此在出入口设置明显的标识牌、引导牌便极为关键。

步道。基于视觉残疾的人通常都会有人陪伴，所以在设计过程中没有必要考虑盲道的设计，重点考虑人群还是针对拄拐人士和轮椅乘坐者。步道表面应平整、防滑、无反光，并且在步道上若有滤水箅子，其空洞宽度不应大于 15mm。

3. 无障碍停车泊位配置比

鉴于中国国情，2012 年 9 月 1 日开始实施的《无障碍设计规范》（GB50763-2012）明确规定：城市广场和公园绿地应设置不少于 2% 的无障碍停车位，公共建筑设置不少于 1% 的无障碍停车位，居住区设置不少于 0.5% 无障碍停车位，居住区内若设有多处停车场，应尽量每处设置至少 1 个无障碍停车位，其余公共场所多数为不少于 1 个无障碍停车位。随着弱势群体出行频率增高和户外休闲娱乐需求额增加，建议各种场地和空间的无障碍停车泊位配置比应该适当高于规范要求。

（四）升降平台无障碍设计策略

楼梯作为建筑中重要的垂直交通方式是每个居民都必须使用的，肢体障碍者和老人平时要利用楼梯，抬担架急救护和紧急疏散也是要利用楼梯。特

图 1-3-44　无障碍升降平台
（资料来源：https：//cn.ttnet.net/products/jh3wn3bzjiujhrmwjh6a.html）

别是在无电梯的低层住宅以及低层公共建筑中，楼梯作为唯一的上下楼交通方式，要为轮椅乘坐者考虑出行问题，升降平台是很好的选择。目前，我国住区及公共建筑中升降平台设施并不普遍，升降平台虽会占用一定空间但会很好地解决轮椅乘坐者垂直或斜向通行。升降平台主要有垂直升降平台、斜向升降平台、电动扶梯等三种形式，无论采用哪种形式都需注意的是：只有同时设有台阶和升降平台出入口的是无障碍出入口，如图 1-3-44。

（五）住区垃圾设施无障碍设计策略

通常情况下住区的垃圾箱往往使用社会上环卫站统一的产品，这类垃圾箱易搬运，容量大，但是存在不方便弱势群体使用的情况。为了方便弱势群体使用，无障碍垃圾箱应放置于住区各个角落，由工作人员进行统一的管理。无障碍垃圾桶的设计应注意不要过高，方便儿童及坐轮椅的人士使用，垃圾桶口应大。垃圾桶不要影响行进路线，并给轮椅乘坐者留有回转的空间。在一些高端住区可建立地下垃圾场由垃圾道链接，这样可以减少人工使用。

（六）低位服务设施无障碍设计策略

在住区内，包括低位饮水器、低位门铃报警器、低位垃圾箱等，服务设施的旁边应同时设有低位服务设施，能够给轮椅乘坐者提供方便，这些设施在设置上要确保高度合适，留有轮椅回转空间等。

（七）屏幕信息服务设施无障碍策略

网络时代大背景下电脑科技越来越发达，带有屏幕信息服务的设备越来越普及，比如带有液晶显示屏的可视通话门铃、可操作的居住区导向图等。当设有屏幕信息服务设施时，宜同时提供触摸及音响一体化信息服务、屏幕手语服务、文字提示信息服务等。

第二章

住区公共建筑无障碍设计

在城市中住宅建筑相对集中的地区，简称居区。在住区的基本结构中配套设施是不可或缺的，这种“住宅＋配套”的住区规划模式比较适合现阶段人类社会的基本结构，将在很长的时间内一直是设计的主流模式。当代住区规划设计规范中明确要求根据不同的生活圈范围对一定规模的小区配备相应的不同功能配套设施，主要包括基层公共管理与公共服务设施、商业服务业设施、市政公用设施、交通场站以及托幼、社区服务、文体活动、卫生服务、养老助残、商业服务等公共配套社区服务设施和物业管理、便利店、活动场地、生活垃圾收集点、停车场地等便民服务设施。这些设施绝大部分是设置在公共建筑内的，配套公共建筑是实现这些设施功能的主要载体。

近年来随着社会的进步，居民对生活品质的要求越来越高，除了住宅居住质量本身以外，生活的周边环境是否方便、是否完善、是否全面，进而能不能满足居住者更高层面的精神需求，已逐渐成为人们衡量小区优劣时越来越关心的因素。党的十九大报告指出，中国特色社会主义进入新时代，我国社会主要矛盾已经转化为人民日益增长的美好生活需要和不平衡不充分的发展之间的矛盾。因此，作为与人民生活相关度极高的住区建设，应努力减小这一矛盾，致力于建设全覆盖型无障碍住区，为老年人、儿童和其他无障碍需求人士的正常生活需要和社会活动提供便利条件和场所，是设计中不可或缺的重要一环，小区中配套设施的公共建筑部分尤其是直接面向居民功能空间的无障碍设计，在整个全覆盖型无障碍住区环境系统中是非常重要的部分。

第一节 当前我国住区公共建筑无障碍设计的现状

一个居住区公共建筑的建筑单体或是建筑群乃至整个居住区，建立起全方位的无障碍环境，不仅是满足残疾人、老年人等行为障碍人群的要求和惠及全社区的做法，也是衡量整个社会文明程度的重要内容。

一、住区公共建筑无障碍环境设计特点

城市居民在一生中，大约会花费三分之二的时间在住区内度过，居住区的配套公共建筑是除了住宅单元以外与居住者关系最为密切的功能性建筑，人们在这些建筑中处理生活事务、购买生活需求品、进行邻里交往、培养爱好、获得乐趣，这里就是生活小舞台的建筑载体。不管是基本的建筑设计还是无障碍建筑环境设计，都要遵循以人为本的原则。

1. 住区公共建筑的类型较多

住区的配套公建包括教育、医疗卫生、文化体育、商业服务、金融邮电、社区服务、市政公用和行政管理及其他八类设施。其中每一类里还包含若干种类，如居委会、物业管理、会所、社区服务中心、日间照料中心等都属于社区服务类的配套公建。不管住区的规模大小，都需要不同程度地按照指标配建公共建筑，多则数十种少则十几种。

这些配套公建都无一例外地需要进行无障碍设计，其中《无障碍设计规范》（GB50763-2012）中明确规定的是居委会、卫生站、健身房、物业管理、会所、社区中心、商业、公共厕所、停车场停车库和所有设有电梯的公共建筑等必须进行无障碍设计，而其他功能特殊、有明确的服务人群的公共建筑，如幼儿园、老年日间照料中心、老年活动中心等建筑更是需要进行专业的无障碍设计。

2. 住区公共建筑的规模较小

虽然种类很多，但是在居住区规划的总体指标中，所有种类的公共建筑总面积控制在 3000m^2—21000m^2 之间，住区人数越少，配套公建总建筑面积越小，种类越少，人数越多，配套公建总建筑面积越大，但相应的种类越多。这样把面积再分配到公共建筑单体中，每个建筑的规模都比较小。如小型的社区服务中心的建筑面积大约在 200 平方米左右，仅相当于一套较大的商品住宅的面积。

在单体建筑本身总面积较为紧张的前提下，要满足无障碍的设计要求，即使是按照规范的最低要求设计，也会占用较多的功能面积，降低建筑面积的日常利用效率。

3. 住区公共建筑的位置分散

住区内的配套公建是为不同年龄、不同职业、不同条件的居民服务的，为了满足居住者的生活便利和均衡使用的要求，同时为了保证建筑自身的经济性要求，公共建筑的规划都有不同的服务半径来控制，比如小型商超的服务半径大约在 300m—500m，综合超市、服务中心的服务半径大约在 800m—1000m。

配套公建的布局是住区各个规划要素之间反复调整、相互协调的结果，这样必定会出现位置较为分散的情况，也造成了建筑配套的无障碍建设的重复率的增高，在一定程度上不利于经济的节约和资源的整合。

4. 营造住区公共建筑总体无障碍环境

由于住区配套公共建筑存在种类多、规模小、位置分散等特点，对于营造整体的无障碍环境造成了一定的困难，要适当利用设计手段加以解决。

在规划设计中配套公建的总体布局应将互利经营且互不干扰的有关公建类目相对集中，形成不同规模的公共活动中心，如可将商店、超市、餐厅等商业服务项目与邮电、快递、银行等金融邮电项目就近布置，形成互利共生局面。将关系密切的卫生所和老年日间照料中心邻近或合并配建，共享公共设施，提高资源利用效率。

在集中分布的配套公建中尽量选取适中的位置布置无障碍设施，可以几个小型的公建共用一套设施，如无障碍坡道、台阶、扶手、停车位等。

二、住区公共建筑无障碍设计存在的问题

目前，在我们的城市生活中已经有不少无障碍设施投入使用，如各大商

业场所中的卫生间都提供了方便残障人士以及母婴使用的设备；火车站、地铁、飞机场中也设置了方便轮椅的通道和设施；在很多社区内，无障碍坡道已经成为了必备的硬件设施。但从整体来看，我们的城市无障碍化建设程度还未达到国际大都市的要求。在许多大型的公共空间内，还没有一套完整的、整体化的、以人为本的无障碍化环境的建设解决方案。

1. 被动的无障碍设计意识

由于国内普遍将老人、残疾人划归到弱势的、非主流群体的行列，而许多城市基础设施的建设服务的目标群体是主流的、健康的、没有障碍的人群，使得我们营造出的这些生存环境不适合有障碍群体的生存，人为造成了他们平等参与社会生活的障碍。

住宅的商品化使开发者们更多地去追求经济利益，国内大部分居住区建设以快速完工为目标，不管是投资方还是设计人员大都理所当然地对无障碍的需求“视而不见”，缺乏主动建设和主动设计的意识，只是消极地满足规范的最基本要求。

2. 粗放的无障碍设计模式

随着我国国力的强盛和人民生活水平的提高，建筑行业的发展已经开始逐渐从粗放型向精细型方向过渡，住区公共建筑的无障碍建设现阶段也存在着从粗放向精细过渡的问题。

原来的国家规范对无障碍设计的要求较为笼统，设计人员在设计阶段往往缺乏对规范的理解和深入的学习，造成设计阶段的不合理，为后续的建设带来隐患。这种情况在2012年新版《无障碍设计规范》实施以来，已经逐步得到改善，但是大批设计和建成的公共建筑中的无障碍设施都存在千篇一律、缺乏个性和设计感的现象。现阶段在设计阶段还不能像防火和节能一样形成从方案到施工图的专项设计，因此各专业之间、各部门之间、各领域之间缺乏系统性的组织，造成设计脱节和边造边改等问题。最后，对细部构造的粗放设计甚至是缺乏设计，造成许多无障碍设施变成中看不中用的“摆设”，不能为真正需要的人提供服务，有时还会形成安全隐患。

3. 贫乏的无障碍配套产品

我国的无障碍环境建设发展到今天，已经取得了很多可观的成绩，在建筑、辅具、信息等方面的无障碍配套产品也得到了很大的进步，但就适合使用在居住区公共建筑中的无障碍配套产品而言，种类偏少，产品开发力度较小。

无障碍配套产品的开发更多地倾向于自用的、工艺复杂、使用功能齐全、相对成本较高的或是针对某一类障碍专用的方面，缺少对于公用的、工艺简单、成本较低的通用型无障碍配套产品开发，现阶段适合投入到居住区公共建筑中的也只有普通轮椅、拐杖、老花镜、放大镜之类的寥寥几种无障碍配套产品。

4. 薄弱的管理力度

施工质量是影响无障碍设计实际使用效果的重要因素，而在住区公共建筑中无障碍设施的后期维护和管理更是关系到无障碍建设是否真正能够让使用者受益的关键。

当前主要存在的问题是施工质量粗糙，不注意细节，后期维护不当，缺乏管理，损坏不修或将无障碍设施改作他用。虽然在 2011 年实施了《无障碍设施施工验收及维护规范》，但是由于人为因素的存在，在实际的执行过程中会出现一些偏差。

三、提高住区公共建筑无障碍环境策略

公共建筑是居住区的重要组成部分，要满足人们的基本生活需求，也要满足人们精神的需求，设计工作者应致力于利用工程技术和艺术手段，利用现代科学条件和多学科的协作，创造适宜的无障碍的空间环境。无障碍建筑设计的实施对确保残疾人、老年人、儿童及行走不便者使用公用设施的权利，起到了非常重要的保障作用，是城市文明进步的标志。城市无障碍化环境的建设是残障人士、老年人、妇幼、伤病等相对弱势人群充分参与社会生活的前提和基础，是方便他们日常生活的重要条件，也从一个侧面反映了一个社会的文明进步水平，是物质文明和精神文明的集中体现，对提高人们的素质，培养全民公共道德意识，推动和谐社会的建设具有重要的作用。这些无障碍设施的设计，目的是让这些特殊人群更好地参与到正常的社会生活中来。

1. 加强无障碍设计意识

实际上，我们现实生活中遇到的许许多多、各种各样的无障碍的问题，归根到底是全社会的整体意识水平不够的问题，住区公共建筑无障碍问题只

是其中的一小部分。我们国家早在多年前就认识到了这些问题，努力发展残疾人康复、教育工作、就业保障、无障碍建设，但是由于社会文明程度的制约，要达到全民意识水平的提高还需要一个较长的过程。

在建筑设计中首先要加强无障碍设计意识，提高关注度，积极主动地进行无障碍设计，并将其纳入到整个建筑艺术的有机组成部分，设计出更美观、更通用、更高效的建筑作品。

2. 整合精细化的无障碍设计模式

建设的每个阶段都有自己与社会经济发展水平相当的特点，解决了当时的社会问题，虽然现在看来会存在这样那样的不足，但是不能否认粗放型的建设模式确实在较短的时间内解决了大部分人们的基本民生问题，快速地推动了国民经济的发展。从粗放型到精细型的转化是一个循序渐进的过程，需要经过一个较长的阶段，这个阶段是不可跨越的。

精细化的无障碍设计要求相关国家规范、地方规范、行业标准的进一步完善；要求设计人员发挥主观能动性，在满足标准化的基础上创造出更具个性化的无障碍设计；要求自上而下地形成无障碍专项设计，从专项审查到施工图无障碍设计专篇到方案设计阶段，形成各专业各部门各领域之间系统配合的设计文件；要求设计人员提高对无障碍设施细部构造的精细化设计，首先做到“能用”，然后追求“实用”，最后达到“好用”。

3. 提倡无障碍产品的开发

无障碍配套产品作为一种商品必然受到市场因素的影响，如果单纯依靠市场的需求进行产品的开发，单纯追求产品的经济利益，就会使更多的社会资源投入到自用的、工艺复杂、使用功能齐全、相对成本较高的或是针对某一类障碍专用的利润较高的产品开发方面，而公用的、工艺简单、成本较低的通用型的利润较低的产品开发则会无人问津。国家应该通过调控手段协调无障碍配套产品开发的整体结构，合理分配社会资源，通过政策鼓励、经济奖励等方法影响无障碍配套产品的设计研究。

成功的产品开发小则惠泽大众，中则影响社会分工的重新分布，大则甚至能够影响整个人类社会的发展。大力提倡无障碍配套产品开发能够促进可持续发展，营造出安全、便利、舒适的公共环境。

4. 规范施工和管理

应加强对施工质量的控制，加大监管和验收的力度，不能达到标准的工程应给予合理的处罚措施。后期管理形成服务体系和巡查制度，对于居住区公共建筑的无障碍设施应由物业公司主导，协调租户和承包商共同维护无障碍设施的使用，不破坏不占用。同时由上一级的居委会或街道办事处为主体形成监管制度，定时检查和抽查无障碍设施情况，形成责任人和一定的奖惩制度。

在建设无障碍环境时出现了这样那样的各种问题，要想解决它们，归根到底是要解决“人”的问题，只有全体社会成员的整体认知提高了，将无障碍的生存环境当做文明必备的基本属性，像阳光一样必不可少时，人们会主动去营造和维护这样的生存环境，那么我们现在认为是问题的这些现象都会迎刃而解。

第二节　建筑单体无障碍设计导引

一、一般设计原则和要求

住区里的公共建筑，在总平面设计时应尽量靠近住区中心位置，且应尽量集中，如果设计有特殊要求或场地条件限制的时候，也应布置在交通方便、场地宽敞、方便多种交通工具到达的位置。小区配套服务功能应尽量设在建筑首层，不宜将居民使用率高的公共建筑布置在地下或高楼层，如果条件允许时应设置符合无障碍规范要求的无障碍楼梯或电梯。

1. 一般设计原则

住区公共建筑的无障碍设计，最终目的是要实现所有使用者对公共资源的平等利用，因此在设计中要重点把握安全性、适用性、可及性、通用性和开放性原则。

（1）安全性原则：保证无障碍设计的安全性是必须遵守的首要原则，不能出现危害使用者安全的问题。该设扶手的不设扶手，该防滑的反而更滑，该固定的不牢固，该畅通的不畅通，该传达到的信息传达不到，甚至给使用者造成二次伤害等情况是应该绝对避免的。

（2）可及性原则：使用者应能够很方便地感知、到达和使用无障碍建筑环境，完成对相应建筑功能的利用，这是公共建筑的无障碍设计最基本的原则。这就要求设计中对标识、提示、助行设施、空间尺度、材料、施工和细节的整体控制。

（3）适用性原则：如果能够确定使用人群的需求特点，进行有针对性的设计，会使无障碍设计有的放矢，具有更强的适用性，提高设施使用效率。

（4）通用性原则：住区公共建筑是人们共同利用的建筑空间，不管什么样身体状况的使用者均可以享受无障碍设计提供的便利，不能过分追求“专用”，而应更加强调通用性的原则，尽可能兼顾多种人群的需求，提高利用率。

（5）开放性原则：住区公共建筑的无障碍设计并不是独立于其他功能之外的独立的建筑体系，而是在空间和功能上与各种设计要素融合在一起，是影响建筑设计质量的重要条件之一。公共建筑设计没有必要将无障碍设施和空间划分出专门的区域，更不必与正常空间区别对待，而应通过设计手段巧妙地将无障碍功能“隐藏”起来，提供多元的建筑空间，打造一个积极的人际互动交往平台，使人们能够平等地在公共活动中获得更多交流的机会。

2. 基本标配要求

《无障碍设计规范》（GB50763-2012）中第7.3节，专门列出了对居住区配套公共设施的要求：

“7.3.1 居住区内的居委会、卫生站、健身房、物业管理、会所、社区中心、商业等为居民服务的建筑应设置无障碍出入口。设有电梯的建筑至少应设置1部无障碍电梯；未设有电梯的多层建筑，应至少设置1部无障碍楼梯。”如图2-2-1。设置无障碍电梯是为无障碍需求人士在日常生活中能够方便到达住区公共建筑各楼层，设置无障碍楼梯不仅考虑到日常使用，而且在发生危险时，如发生火灾，无障碍需求人士可以顺利逃生。

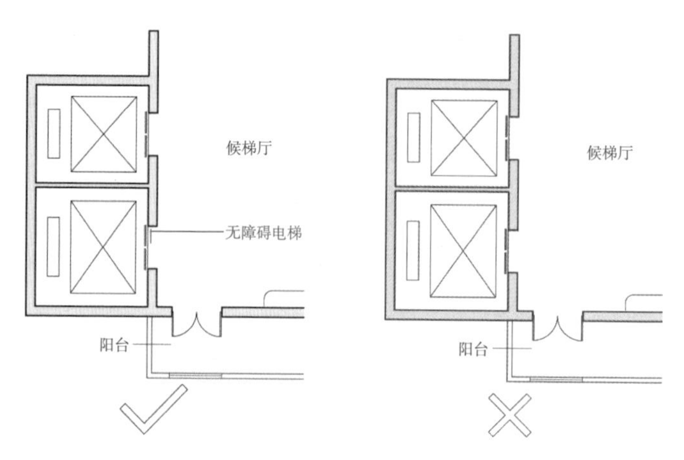

图 2-2-1　设电梯的建筑至少设置 1 部无障碍电梯

“7.3.2 供居民使用的公共厕所应满足本规范第 8.13 节的有关规定。

7.3.3 停车场和车库应符合下列规定：

1 居住区停车场和车库的总停车位应设置不少于 0.5% 的无障碍机动车停车位；若设有多个停车场和车库，宜每处设置不少于 1 个无障碍机动车停车位；如图 2-2-2。

2 地面停车场的无障碍机动车停车位宜靠近停车场的出入口设置。有条件的居住区宜靠近住宅出入口设置无障碍机动车停车位；

3 车库的人行出入口应为无障碍出入口。设置在非首层的车库应设无障碍通道与无障碍电梯或无障碍楼梯连通，直达首层。”如图 2-2-3。

图 2-2-2
车库设置无障碍机动车停车位

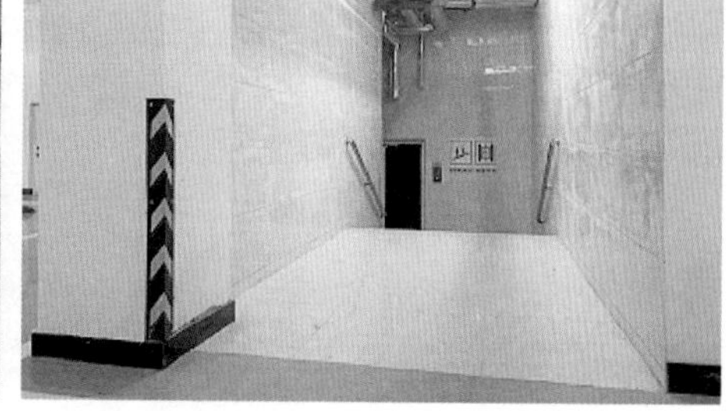

图 2-2-3
连接无障碍楼梯的无障碍通道

由此可见，对于配套公共设施的无障碍设计，规范中仅对居民服务、公共厕所、停车场和车库等建筑的无障碍出入口、电梯、楼梯和停车位等位置、距离和数量等做出基本规定，而针对无障碍设施的人性化和通用化设计未给予相关规定。

3. 升级选配要素

以上只是规范提出的最低要求，不同的设计项目，由于开发者对无障碍建设标准有不同级别的追求，除了满足规范外，还可以选择性地有意识有目的地将无障碍设计标准升级，为住区居民提供更高质量的生活环境。

建筑空间升级：无障碍设施的设计应与建筑空间紧密结合并随着建筑空间的设计而实现无障碍设施与建筑空间的一体化设计。无障碍设施的位置应紧邻建筑主入口和门厅空间，并与垂直方向的中庭空间相结合而成为建筑空间过渡的主导要素，同时其尺度设计应与建筑空间尺度相协调，从而形成尺度适宜的建筑空间要素，如图 2-2-4。

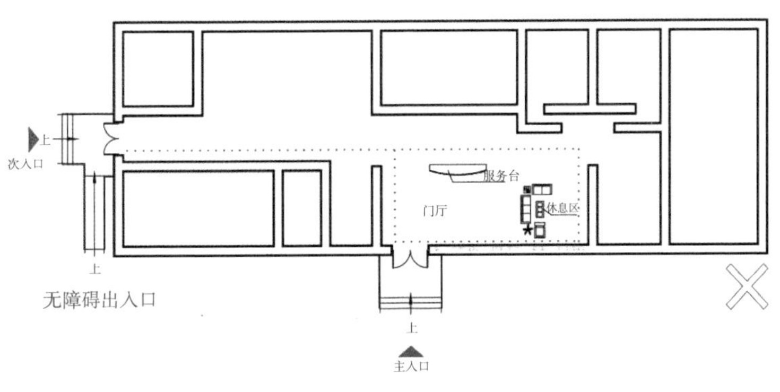

A：无障碍出入口邻近次入口，位置偏僻，无门厅，与建筑结合不密切，空间分散、利用率低。

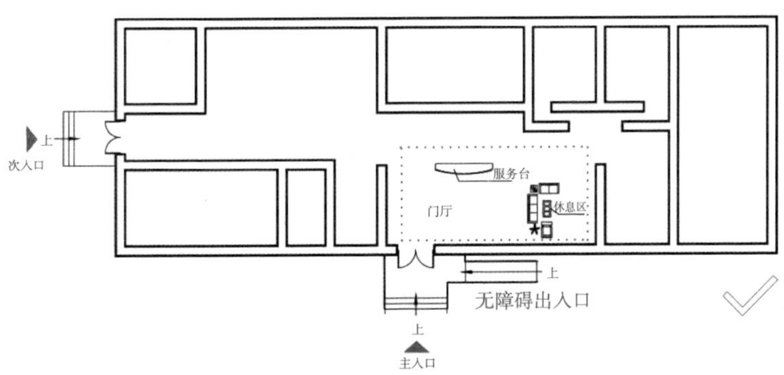

B：无障碍出入口紧邻建筑主入口和门厅空间，主要功能集中，利用率高。

图 2-2-4　无障碍设施与建筑空间结合设计

材料升级：材料应根据无障碍群体的需求从“以人为本”的人性化角度出发充分考虑其触觉和视觉等进行无障碍设施的材料升级选用和设计。其中，无障碍设施的地面材料应以混凝土、石材、地砖等防滑和防水材料为主。混凝土表面应较为光滑、无毛刺、无突出物、防水性能良好；石材防水性能良好、表面应防滑，不可过度光滑，如大理石材质的表面太过光滑，雨雪天气容易使人滑倒产生危险，见表 2-2-1、表 2-2-2。

表 2-2-1　室外不同地面材料比较

室外常用地面材料	常见做法	优点	缺点	示例
混凝土	整浇压缝	防腐蚀，对地基无要求，高抗压	混凝土铺设不平整或返碱粉化后，容易使人绊倒	表面凹凸不平的混凝土地面 光滑混凝土地面
石材	块石整铺、碎石拼接，水刷石	石材不起尘、易清洁、耐磨	石材硬度较高，摔倒时容易受伤	石材地面
地砖	平铺擦缝	结实耐用，造价低	块材较小，接缝多，抗压较差	不防滑地砖
木材	粘贴、实铺、架空	易清洁、表面光滑、有弹性	易受潮腐烂、怕腐蚀，不耐高温，需要经常维护，寿命短	室外防腐木

表 2-2-2　室内不同地面材质比较

室内常见地面材料	常见做法	优点	缺点	示例
水泥	自流平	结实耐用，有足够强度和耐磨性，易修补	价格较高，不耐刮，易起灰	水泥地面
石材	块石整铺，石材拼花，水刷石	可防止静电、不易发生火花，满足空气清洁的要求	高档石材价格昂贵、数量较少	花岗石地面
瓷砖	平铺	表面光亮洁净，易打理，样式多，寿命长	抛光砖等地砖不防滑，卫生间、浴室等建筑空间不适合使用	瓷砖地面
木材	粘贴、实铺、架空	自然美观，弹性好，保温、隔热、隔音效果好	造价较高、成本昂贵	木地面
合成材料	涂敷、直接铺设	PVC 地胶、地毯等合成材料均吸音防噪、防滑	地胶耐磨性较差，地毯防水性能较差	地毯

扶手、栏杆或栏板则宜选用天然木材或实木颗粒板等触感较强的材料，不宜选用不锈钢等热惰性指标较差的材料，若选用可在外圈附加尼龙面层，如图 2-2-5。建筑的坡道扶手、楼梯扶手、落地窗扶手、卫生间和浴室安全抓

图 2-2-5
不锈钢楼梯扶手附加尼龙面层

杆可以选择不同材料，见表 2-2-3。其中高分子树脂面材作为一种新型材料，面材中添加了阻燃剂、防老剂和各种细菌抑制剂，手感舒适，外形美观大方。

表 2-2-3 建筑不同部位的扶手材质

制品	主要材质	适用范围
坡道栏杆扶手	铝合金骨架、高分子树脂面材、喷塑碳钢立柱	建筑入口坡道
坡道双层扶手	铝合金骨架、高分子树脂面材	室内有关部位
落地窗护栏	铝合金骨架、高分子树脂面材、喷塑碳钢立柱	室内有关部位
楼梯扶手		楼梯、楼梯间有关部位
安全抓杆	铝合金骨架、高分子树脂或尼龙面材	坐便器、小便器、洗手盆、淋浴等有关部位

提示标识升级：无障碍标识系统应进行升级完善，从而形成视觉、听觉和触觉“全覆盖”的综合提示标识系统。视觉引导标识应借助于色彩、材质、灯光或符号等要素进行视觉引导标识系统的设计；声音提示应借助于易辨识且清晰悦耳的提示音、语音或音乐进行声音提示系统的设计；触觉引导则以天然或人工木材等触感较为舒适温暖的材料为主做好触觉引导系统设计，如图 2-2-6。

视觉无障碍标识

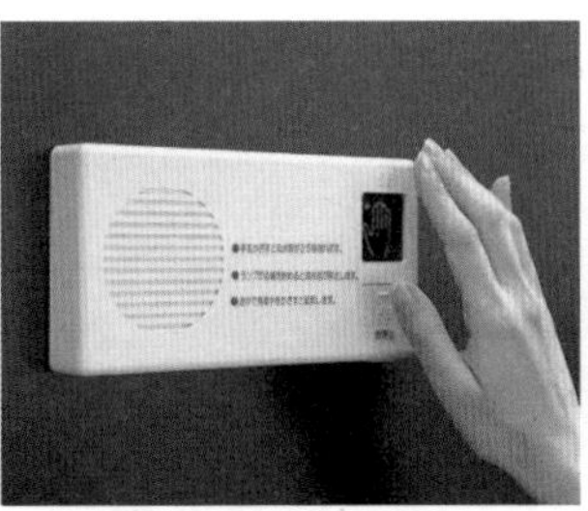

听觉无障碍引导

触觉无障碍引导

图 2-2-6 综合无障碍标识系统

设备综合升级：无障碍设施应完善无障碍设备的升级换代，提升无障碍服务的功效。其中应重点选用较为常用的设备并进行助行、盥洗、灯光及其他无障碍设备的升级设计。

细部构造和施工升级：无障碍设施应注重人性化关怀，在设施建造过程中应采用防滑、防绊、防积水等更合理的细部构造做法，针对不同无障碍人群进行特殊细部构造的定制设计，同时应提高相应的细部构造的施工质量以保证细部构造的实用性和美观性，如图 2–2–7。

智能升级：无障碍设施应与智能化系统相结合，构建智慧型无障碍设施系统，从无障碍需求人士的医疗护理和生活护理出发，针对不同无障碍需求人士的需要制定相应的信息化智能系统，从而营造舒适度较高的无障碍环境，如图 2–2–8。

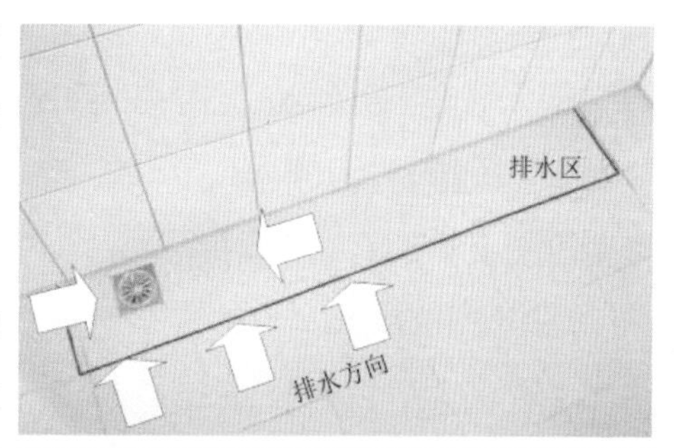

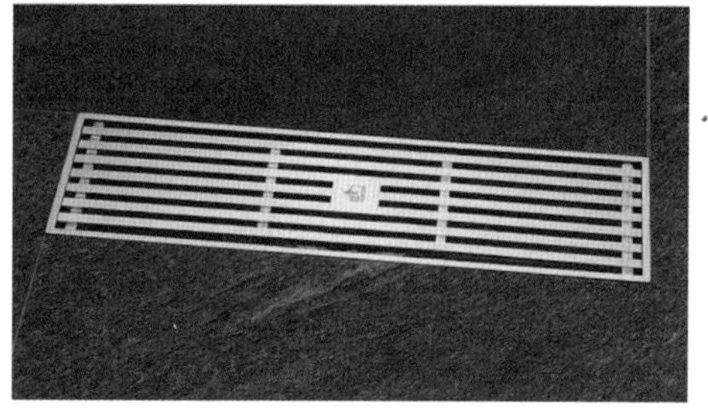

图 2–2–7
防积水做法

二、交通空间无障碍设计要素与要求

住区公共建筑的交通空间是联系各个功能的纽带，是建筑最基本的组成部分，主要包括出入口、水平交通和垂直交通空间。不管是什么样的使用者都要利用交通空间到达其他的部分，对这一空间的无障碍设计是非常重要的。安全逃生通道的无障碍设计关系到使用者的生命安全，但是这方面研究难度较大、受众情况复杂、投入成本较高，所以社会关注度不高，相关的研究很少，其中极少能实际投入使用。因此对无障碍安全逃生的研究和推广将是今后设计中需要特别关注的课题。

图 2–2–8
智能无障碍升降台

1. 出入口

住区内的配套公共建筑不管功能如何，一般规模都不大，使用模式以全时段分散使用为主，较少集中使用，并且需要集中使用无障碍设施的情况更是非常之少。与养老设施和医院等专用建筑不同，住区公建不需要开辟专用的特殊通道和配备专用设施为特定人群提供专有空间，而更强调的是不同差异的个体在公共活动中平等地进行交往，平等地享有社会资源。因此，住区公建更应与专用建筑的无障碍设计区别开来，将“特殊”包含在“日常”的功能中。根据这一特点，这些公共建筑的出入口部分具有以下共同的设计特点：

（1）数量和位置。

出入口的个数从一个到多个不等，其中至少应在首层或与室外高差最小的楼层设置一个无障碍出入口，且优先选择设置在主要出入口，如图 2-2-9、图 2-2-10。

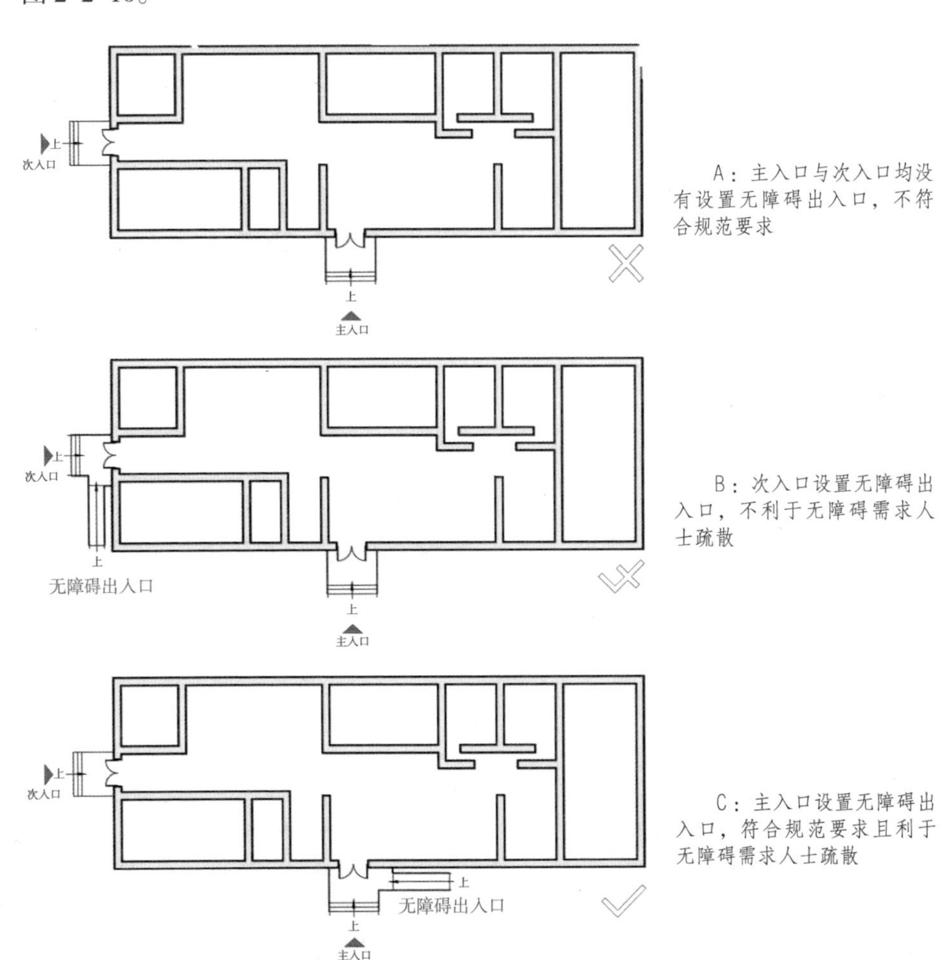

图 2-2-9　主入口设置无障碍出入口

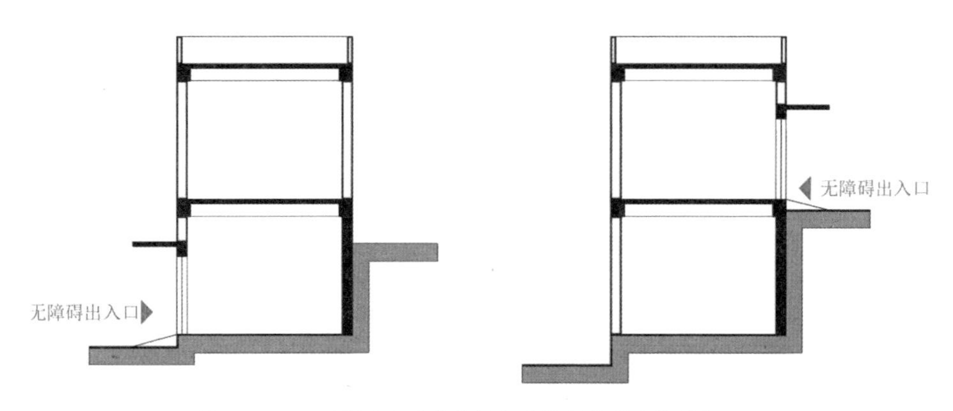

图 2-2-10　选择室内外高差较小的楼层设置无障碍出入口

（2）形式。

在场地空间允许的情况下，出入口的形式优先采用平坡出入口，如图2-2-11。平坡入口设计符合通用设计的标准，所有人群都可以使用，但占用面积较大。在设计台阶和坡道结合的出入口时，注意处理好二者之间的关系，尽量做到共用起点场地和入口平台，如图2-2-12。台阶与坡道结合的出入口占用面积相对较小，但坡道的使用人群相对偏重于无障碍需求人士。如果条件限制较大的情况下，可以采用台阶和升降设施结合的方式，但是由于使用较为复杂和后期管理维护成本较高，新建建筑中不建议使用，在既有建筑无障碍改造中可以采用这种形式，如图2-2-13。

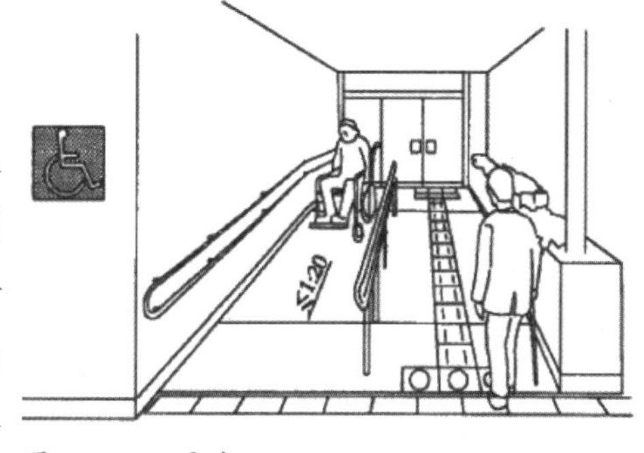

图 2-2-11　平坡入口

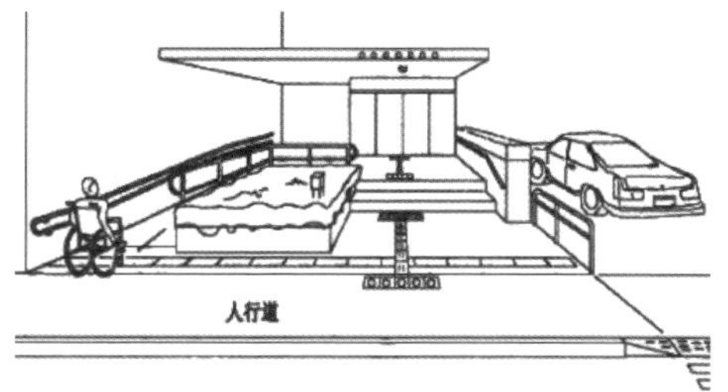

图 2-2-12　台阶与坡道结合的出入口

图 2-2-13　台阶与升降设施结合

（3）建筑要素。

坡道：无障碍设计的一个重要方面就是坡道设计。无障碍需求人士及老年人等行动不便者大都需要轮椅代步，建筑设计中产生的地面高差问题会对他们造成很大影响，此时就需要坡道来解决问题。

建筑室内外高差的无障碍处理一般是采用轮椅坡道或平坡出入口的形式，坡道的设计应满足《无障碍设计规范》(GB50763-2012）中第3.4节的要求：

“3.4.1 轮椅坡道宜设计成直线形、直角形或折返形。

3.4.2 轮椅坡道的净宽度不应小于1.00m，无障碍出入口的轮椅坡道净宽度不应小于1.20m。”有条件的情况下，可将轮椅坡道净宽度设计为1.2mm，满足通用化设计的要求。

“3.4.3 轮椅坡道的高度超过300mm且坡度大于1：20时，应在两侧设置扶手，坡道与休息平台的扶手应保持连贯，扶手应符合本规范第3.8节的相关规定。”若坡道与休息平台的扶手不连贯，由于惯性的作用，无障碍需求人士容易抓空而摔倒。

“3.4.4 轮椅坡道的最大高度和水平长度应符合表3.4.4的规定。

表3.4.4　轮椅坡道的最大高度和水平长度

坡度	1：20	1：16	1：12	1：10	1：8
最大高度（m）	1.20	0.90	0.75	0.60	0.30
水平长度（m）	24.00	14.40	9.00	6.00	2.40

3.4.5 轮椅坡道的坡面应平整、防滑、无反光。

3.4.6 轮椅坡道起点、终点和中间休息平台的水平长度不应小于1.50m。

3.4.7 轮椅坡道临空侧应设置安全阻挡措施。”安全阻挡措施可采用扶手，也可与场地景观结合，利用花池等达到安全的目的。

“3.4.8 轮椅坡道应设置无障碍标志，无障碍标志应符合本规范第3.16节的有关规定。”

坡道的坡面不应光滑，应平整，并且应不松动、不积水，采取防滑措施。

坡道的水平长度与坡度及最大高度有关。若坡道长度超过规定值，则须在中间加休息平台。在坡道底端也应设有较宽的平台，使无障碍需求人士的视野广阔。

坡道坡面处不可直接转弯，转弯时应设平台。在坡道坡面上转弯，轮椅的一轮会因产生的离心力而架空，使无障碍需求人士发生危险。

台阶：当采用坡道和台阶相结合的形式时，可以不完全依靠轮椅的具有一定的行为能力的人会更多地选择走台阶，因此公共建筑的台阶也是无障碍出入口设计的重要环节，台阶的设计应满足《无障碍设计规范》（GB50763-2012）中第 3.6.2 节的要求：

“1 公共建筑的室内外台阶踏步宽度不宜小于 300mm，踏步高度不宜大于 150mm，并不应小于 100mm；

2 踏步应防滑；

3 三级及三级以上的台阶应在两侧设置扶手；

4 台阶上行及下行的第一阶宜在颜色或材质上与其他阶有明显区别。”

室外扶手：为了方便无障碍需求人士上下坡道时避免发生跌倒或碰撞等问题，室外坡道上往往需要安装扶手、护栏。

扶手是助行的主要构件，首先要满足安全牢固的要求，其次要保证易抓握和舒适度，有时还要兼顾导引提示的功能。扶手的设计应满足《无障碍设计规范》（GB50763-2012）中第 3.8 节的要求：

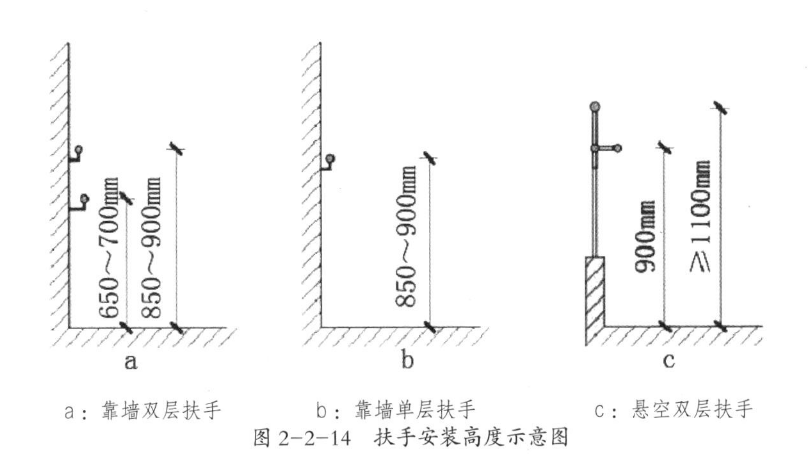

a：靠墙双层扶手　　b：靠墙单层扶手　　c：悬空双层扶手

图 2-2-14　扶手安装高度示意图

“3.8.1 无障碍单层扶手的高度应为 850mm—900mm，无障碍双层扶手的上层扶手高度应为 850mm—900mm，下层扶手高度应为 650mm—700mm。”如图 2-2-14。图 A 为靠墙双层扶手尺寸示意图，图 B 为靠墙单层扶手尺寸示意图，图 C 为悬空双层扶手示意图，上层扶手高度≥ 1100mm，下层扶手高度为 900mm。

“3.8.2 扶手应保持连贯，靠墙面的扶手的起点和终点处应水平延伸不小于300mm 的长度。

3.8.3 扶于末端应向内拐到墙面或向下延伸不小于 100mm，栏杆式扶手应向下成弧形或延伸到地面上固定。

3.8.4 扶手内侧与墙面的距离不应小于 40mm。

3.8.5 扶手应安装坚固，形状易于抓握。圆形扶手的直径应为 35mm—50mm，矩形扶手的截面尺寸应为 35mm—50mm。

3.8.6 扶手的材质宜选用防滑、热惰性指标好的材料。”

在扶手起点与终点处应设置盲文标识以为无障碍需求人士引导方向，如图 2-2-15。

雨棚：为避免雨雪天气冰滑地面造成的危险，无障碍出入口的坡道、台阶、起始场地、休息平台和入口平台的上方均应设置雨棚。雨棚是建筑上空的水平构件，可以采用挑板、凹廊或游廊等形式，如图 2-2-16、图 2-2-17、图 2-2-18。

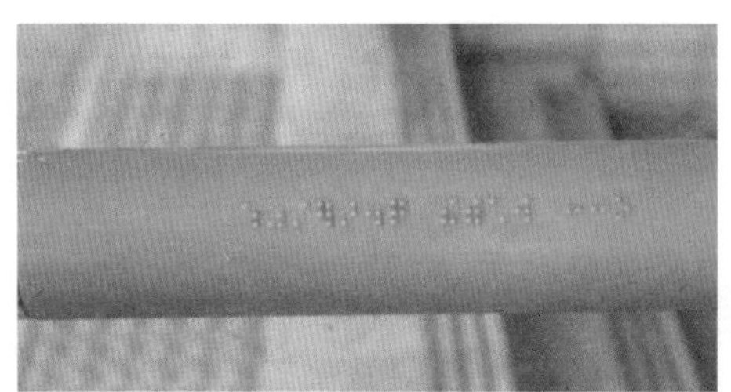

图 2-2-15　扶手起点与终点处盲文标识

图 2-2-16　雨棚

图 2-2-17　凹廊雨棚

图 2-2-18　游廊雨棚

平台：平台的设置主要是为了多股人流错道和提供临时休息场地，设计尺度应满足《无障碍设计规范》(GB50763–2012)中第 3.3 节中 3.3.2.4 和 3.3.2.5 的有关规定：

“除平坡出入口外，在门完全开启的状态下，建筑物无障碍出入口的平台的净深度不应小于 1.50m；

建筑物无障碍出入口的门厅、过厅如设置两道门，门扇同时开启时两道门的间距不应小于 1.50m；”

同时还应注意在起点场地、入口平台、过厅门斗等空间留有适当的轮椅停驻和回转的空间，在休息平台处增设可以依靠或休息的设施和空间，如图 2–2–19、图 2–2–20。

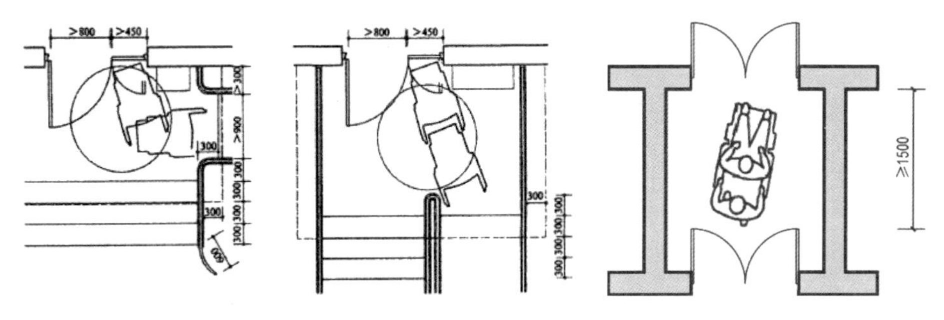

图 2–2–19　两种出入口平台（单位：mm）

图 2–2–20　过厅门厅轮椅回转空间（单位：mm）

无障碍需求人士单人通行时，过厅门斗深度不小于 1.5mm，若需一人辅助其通行时，人站立所需深度不小于 400mm，过厅门斗总深度不小于 1.9mm。

大门：建筑物的出入口大门是室内外衔接的主要部位，无障碍出入口的大门除了满足基本的通行和安全围护功能外，还应符合《无障碍设计规范》(GB50763–2012)中第 3.5.3 节中的相关规定：

“1 不应采用力度大的弹簧门并不宜采用弹簧门、玻璃门。”在一般民用建筑或公共建筑中，弹簧门非常方便且适用，既便于频繁出入，又可随时维持闭合状态以挡风、节能。但当行动迟缓的无障碍需求人士使用时，可能就容易带来危险；“当采用玻璃门时，应有醒目的提示标志；

2 自动门开启后通行净宽度不应小于 1.00m；

3 平开门、推拉门、折叠门开启后的通行净宽度不应小于 800mm，有条件时，不宜小于900mm，”

大门和厅内的室内门都应留有适当的轮椅回转空间，直径不小于1.50m，有条件的情况下可以适当加大。

对于儿童、体弱、行动不便、视觉障碍等人群，开启和关闭门扇的动作是比较困难的，还容易发生碰撞的危险，条件允许的情况下，尽量采用自动或刷卡感应大门，对于来往人员较多的场所还可加装风幕机，如图2-2-21。对于需要手动开启的大门单扇面积和重量不宜过大，应设置便于抓握和施力的把手，宜选用有缓冲和限位功能的五金，如图2-2-22、图2-2-23。

图2-2-21　自动大门

定位缓冲合页采用了速度调节孔、特殊钢珠90°定位装置、时尚精致拉丝钢表面处理

图2-2-22　定位缓冲合页

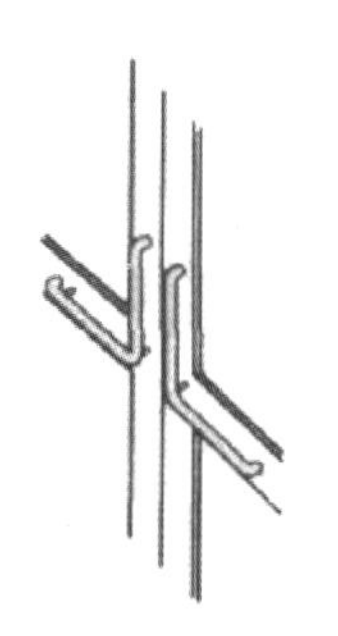

L形把手：方便前后左右同时施力，主体不动而动

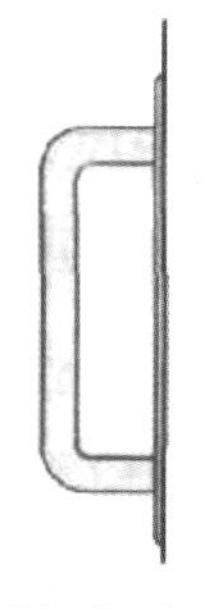

U形把手：便于抓握和施力

曲线形把手：符合人体工程学设计，边角圆润，防止碰伤

图2-2-23　门把手形式

（4）其他要素。

材料：建筑物的出入口处应选用有弹性、防滑、易于清扫并且不易被破坏、脱落的材料，与其他材料的交接处要平滑连接，不应产生高差。实际工

程中有很多材料都不利于无障碍需求人士行走，这些材料应避免在住区公共建筑的出入口使用。如砖块、沙子及圆滑石子等材料表面凹凸不平容易使无障碍人士绊倒；钢材等材料较滑，容易使无障碍人士摔倒。材料要有一定摩擦力，使轮椅的轮子、拐杖、助行器等无障碍设施不会在出入口地面滑动。

色彩：眼花、色盲、色弱等是无障碍需求人士中常见的生理问题，只不过根据自身的健康状况有轻重早迟的区别而已。在住区公共建筑出入口的无障碍设计中应注意到对色彩的设计。首先，在色彩处理上宜淡雅为主，明亮的暖色调易于辨识，给人以生机勃勃的感觉，不仅视觉上能够照顾无障碍需求人士视力不佳的特点，也从心理上营造出温馨的气氛。其次，在需要引起注意的安全和交通标志处，如台阶起始位置、坡道、平台、大门出入口方向等，应用鲜亮的颜色在醒目的位置标示出来。最后，应对台阶的踢面和踏面进行颜色的区分，以使无障碍需求人士看清楚踏步，不至于摔倒而产生危险。

照明：出入口应有良好的照明以免看不清台阶或坡道而发生危险，照明设备的选择要注意安全、高效，方便无障碍需求人士操作使用。出入口是室外与室内的过度和分界区域，无论是采用自然采光还是人工照明，均应该注意内外空间的亮度变化不应该过大。无论从美观和后期清理和维护的便利性方面考虑，或者是从节能环保的方面考虑，灯具的选择都应该遵循简约、注重实际使用效果的原则。门厅近旁可以设置地灯、顶灯等多种照明方式，可以适当增加足下照明，为无障碍需求人士提供近距离的光照，也有利于看清楚地面，行走时更加安全。

标识：标识是指被设计成文字或者图形的视觉展示符号，其目的是为使用者提供清晰的且易于理解的方向、信息以及引导。标识作为一种直观手段，能够清晰明了地帮助无障碍需求人士理解周围环境和行动信息，设计优秀的标识可以不受地域、民族、文化等因素的限制而广泛被人理解与接受。住区公共建筑无障碍出入口设计中非常重要的部分就是通过标识设计达到信息的无障碍，如果在出入口处标识设计不清晰不准确则会给所有人尤其是无障碍需求人士带来不便。

无障碍需求人士中很多人都需要借助轮椅等辅助工具，他们行动较为困难，如果在建筑中遇到设计不明确的标志系统，往往会使他们感到不知所措，这种情况既会大量消耗轮椅使用者的体力还会使其产生焦躁不安的情绪。针对此类问题，国际残疾人联合会专门为无障碍需求人士制定了“国际无障碍标志”，并且要求此种标志在所有无障碍环境中都应使用，以使无障碍需求人士在公共空间中能够获取信息。如图 2-2-24 为住区公共建筑中常用的几种标志。

①

标识①为国际无障碍符号，表示路径和设施完全是无障碍设计。

②

标识②是世界聋人联合会标志，表示是盲人使用的设施。

③

标识③是指已安装增强声音效果的设备，无障碍需求人士可以通过红外线接收器听到声。

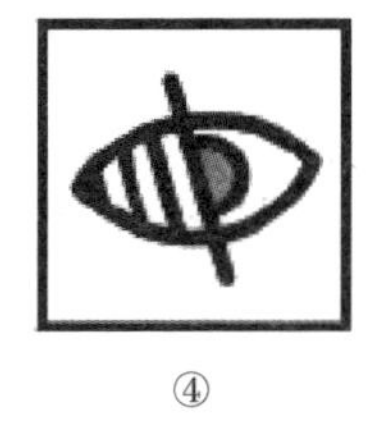

④

标识④表示盲人或视觉障碍者使用的设施。

⑤

标识⑤是指已安装增强声音效果的设备，有“T”开关助听设备的人可以使用该设备。

⑥

标识⑥表示此处允许携带协助犬。

图 2-2-24　国际通用标识
（资料来源：英国技术标准 BS8300）

导引：无障碍需求人士中的视觉障碍者从建筑出入口进入到大厅的过程中，需要引导设施辅助行走。对于完全视觉障碍者，可设计连续性盲道，盲道应通畅可达，弯曲不应过多，周边区域不应放置障碍物，还可在门厅及出入口附近设置语音或者钟声提醒装置，或放置带有音响和频闪功能的紧急疏散指示灯。

构配件：大厅还应设置便于视觉障碍者使用的内部信息板。在条件允许的情况下，还可为听觉障碍者设计配有手语工作人员的服务窗口。

（5）景观环境。

严格说来，出入口的诸多建筑要素是属于室外空间，不可避免地会与相邻的环境产生交叉，是整体无障碍环境设计中联结景观设计与建筑设计的

“关节”部位。因此，合理地利用环境要素，对无障碍出入口的建筑要素设计进行补充和弹性过渡是非常必要的。

（6）灵活的设计手法。

建筑师需要利用更为丰富的设计手法，向内与建筑空间融合，向外与环境相互渗透。根据设计条件和任务需要，选用不同的建筑要素组合方式，在满足基本规范要求的基础上，适当提升无障碍出入口的整体设计感，将无障碍设计“化于无形”。

2. 水平交通

住区配套公共建筑的水平交通主要是为了解决从出入口到达各个功能空间的横向联系，室内水平交通系统的基本设计原则是：减少高差，避免高差突变；设置合理空间尺度，避免突出物，保证通行顺畅；适当设置助行设施，地面选用弹性防滑材质，提高安全性；易辨识的标识系统与全面的导引系统。无障碍设计部位主要包括厅、室内通道、室内门和标识导引系统。

厅：在小型公共建筑中主要有门厅和过厅等形式，建筑空间尺度相对较大，是用来分导多条动线的场所，有时还兼顾集散和活动空间的功能。厅的无障碍设计重点是功能的综合和分导。功能的综合要求尽量将服务台、休息区等功能结合在厅的空间中，服务台的位置要明显，路线要平坦直接，中间不应跨越其他功能区。功能的分导要求各功能动线与厅的连接明确，避免交叉，标识易识别且导向性强。厅的灯具布置宜采用均布光源和重点区域照明

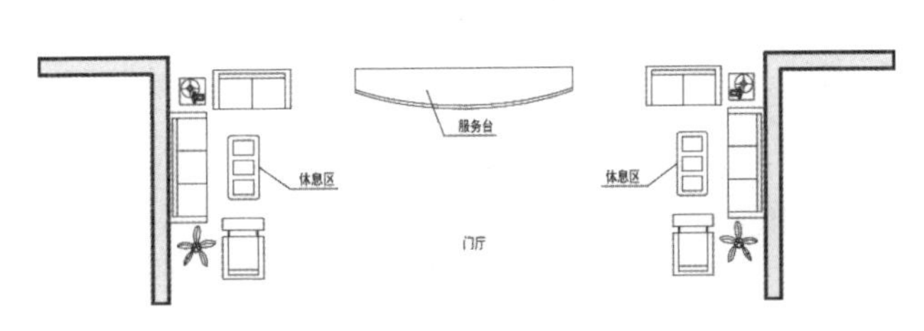

图 2-2-25
大厅服务台与休息区设置图

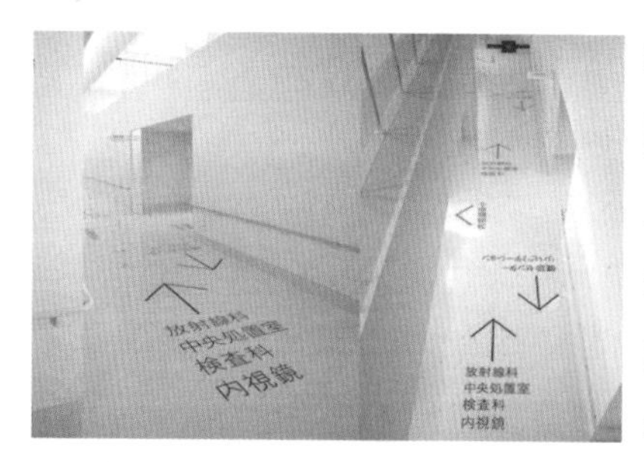

图 2-2-26　引导性图案

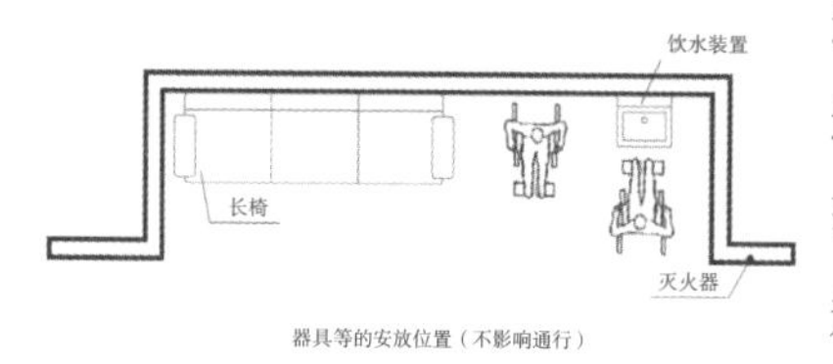

图 2-2-27　大厅里的休息空间

图 2-2-28　入口大厅指引盲道

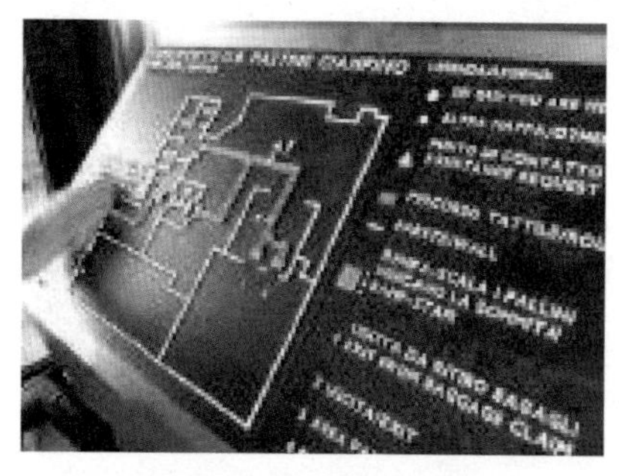

、图 2-2-29　可触摸平面图

结合的方式，如图 2-2-25、图 2-2-26、图 2-2-27、图 2-2-28、图 2-2-29。

室内通道：公共建筑的室内通道承担着联系和运输的重要作用，设计时原则上以简单便捷为主，线路应清晰明确，有利于人群的疏散，使用者可以快速找到自己需要到达的功能空间，同时还应注意室内通道与其他水平交通要素的联系。室内通道无障碍设计应满足《无障碍设计规范》（GB50763-2012）中第 3.5 节中的有关规定：

“3.5.1 无障碍通道的宽度应符合下列规定：

1 室内走道不应小于 1.20m，人流较多或较集中的大型公共建筑的室内走道宽度不宜小于 1.80m。

2 室外通道不宜小于 1.50m，

3 检票口、结算口轮椅通道不应小于 900mm。

3.5.2 无障碍通道应符合下列规定，

1 无障碍通道应连续，其地面应平整、防滑、反光小或无反光，并不宜设置厚地毯；”地面应选用防滑、防水的材料，如环氧树脂、石材等。

“2 无障碍通道上有高差时，应设置轮椅坡道。

3 室外通道上的雨水箅子的孔洞宽度不应大于 15mm，如图 2-2-30。

4 固定在无障碍通道的墙、立柱上的物体或标牌距地面的高度不应小于 2.00m；

如小于 2.00m 时，探出部分的宽度不应大于 100mm；如突出部分大于 100mm，则其距地面的高度应小于 600mm；”标牌宜设置成三菱柱或多面体的形式，保证各个方向的人在距离标牌一定范围内能够了解上面的信息。

图 2-2-30 室外通道箅子

“5 斜向的自动扶梯、楼梯等下部空间可以进入时，应设置安全挡牌。”安全挡牌颜色应醒目，既起到提醒的目的，又能使安全挡牌能够发挥保护的作用。”

首先要保证合理的尺度，通道的宽度应根据具体的使用功能确定，一般应能满足一台轮椅和一个人同时通行，如图 2-2-31。通道中应避免高差的突变，应以室内轮椅坡道进行过渡，高差变化的位置应设有自然采光。通道的形态应尽量顺畅，通行空间应避免尖角和突出物。应适当设置无障碍扶手或其他可以扶靠助力的设施，保证实施安装牢固，有条件时可设双侧连续扶手，如图 2-2-32。通道天花板应选用与墙面有一定反差的材质，搭配通过光线使大众能够在这些因素变化的过程中感受空间的变化。通道宜采用感应灯具，保持良好的照度，此外还应具有良好的采光、通风。端部宜增加面积，设置休闲座椅以供无障碍需求人士交流、娱乐、休息。

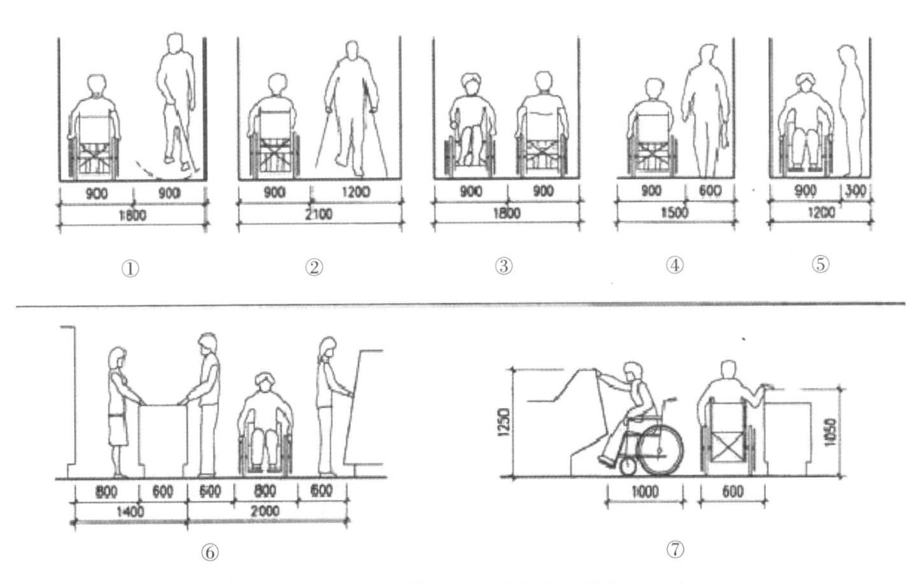

图 2-2-31 不同情况的通道宽度（单位：mm）
（图片来源：马蕾《英国公共建筑无障碍设计方法研究》）

图 2-2-32
室内通道两侧设无障碍扶手，下部设护墙板
（图片来源：朱莉《无障碍设计规范在老年建筑设计中的应用研究》）

室内门：由于位置和使用性质的不同，门扇的形式、规格、大小也各异，如图 2-2-33）门的设计应满足《无障碍设计规范》（GB50763-2012）中第 3.5.3 条的规定：

"5 在单扇平开门、推拉门、折叠门的门把手一侧的墙面，应设宽度不小于 400mm 的墙面；

6 平开门、推拉门、折叠门的门扇应设距地 900mm 的把手，宜设视线观察玻璃，并宜在距地 350mm 范围内安装护门板；

7 门槛高度及门内外地面高差不应大于 15mm，并以斜面过渡；

8 无障碍通道上的门扇应便于开关；

9 宜与周围墙面有一定的色彩反差，方便识别。"

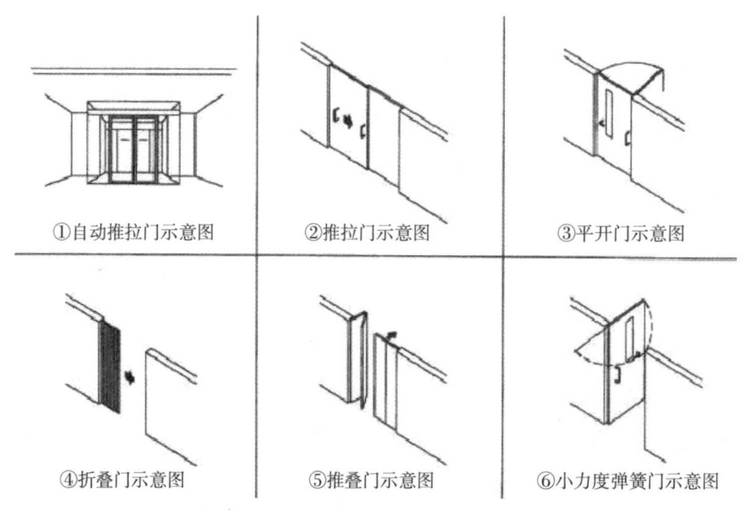

图 2-2-33　室内不同形式的无障碍门扇
（图片来源：马蕾《英国公共建筑无障碍设计方法研究》）

无论任何功能的住区公共建筑，对于室内门这样的建筑构件是否能够起到安全通行的作用必须引起注意。针对平开门这一类室内门，为满足无障碍需求人士轮椅日常方便实用，不同的种类对设计尺寸有不同的要求，具体可以参见下面的示意图，如图 2–2–34。

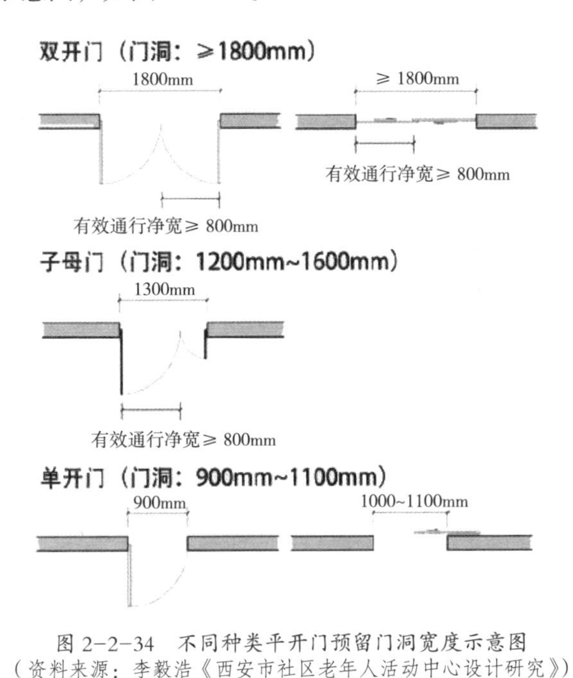

图 2–2–34 不同种类平开门预留门洞宽度示意图
（资料来源：李毅浩《西安市社区老年人活动中心设计研究》）

室内门与大门不同，主要功能是通行和分隔功能房间，在日常使用中除了有私密和安静要求的房间外，一般可以采用常开状态，宜采用 180 度平开门，如图 2–2–35、图 2–2–36。

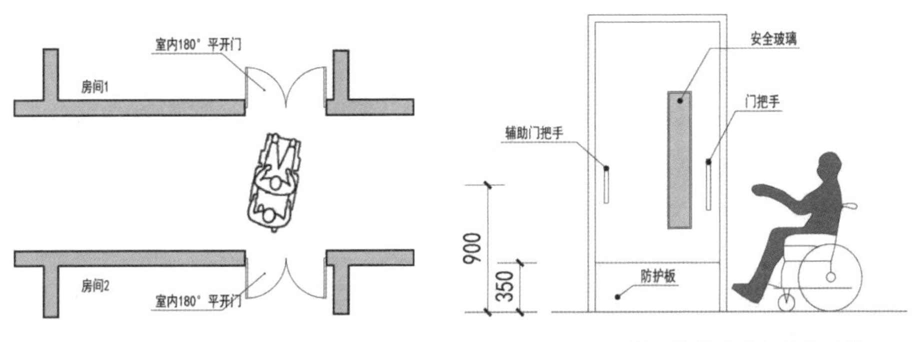

图 2–2–35 室内门　　图 2–2–36 供无障碍需求人士使用的门
（图片来源：作者自绘）

标识导引系统：视觉标识引导系统的位置应醒目连续，在地面和面向行进方向上方，结合局部照明提高光照条件，可设地面墙面导引灯和电子提示屏。标识应选用社会通用的简单易懂的图样，色彩、边界和亮度对比明显，文字的字体、粗细、大小、间距、样式及笔画数量均应易于辨识。盲道和盲文标识的位置一般设置在出入口、楼电梯、门厅服务台扶手及其他视觉障碍者经常使用的楼层和功能区，应采用国际通用的盲文表示方法，条件允许可以增加听觉补偿引导。这些标识引导系统应进行综合设计，做到全面连续，避免互相交叉遮挡和空间凌乱。

3. 垂直交通

规模较小的住区配套公共建筑应尽量设在首层或将对外服务功能布置在首层，当位于多层建筑中时，就需要对垂直交通系统进行无障碍设计，主要包括楼梯和电梯。无障碍楼电梯的设置应满足《无障碍设计规范》(GB50763-2012）中第 7.3.1 条的规定。

楼梯是连接上下各层的动线空间，无障碍需求人士由于整体运动机能下降，需要花费很大力气才能上下楼梯，同时还很容易发生跌落事故。关注如

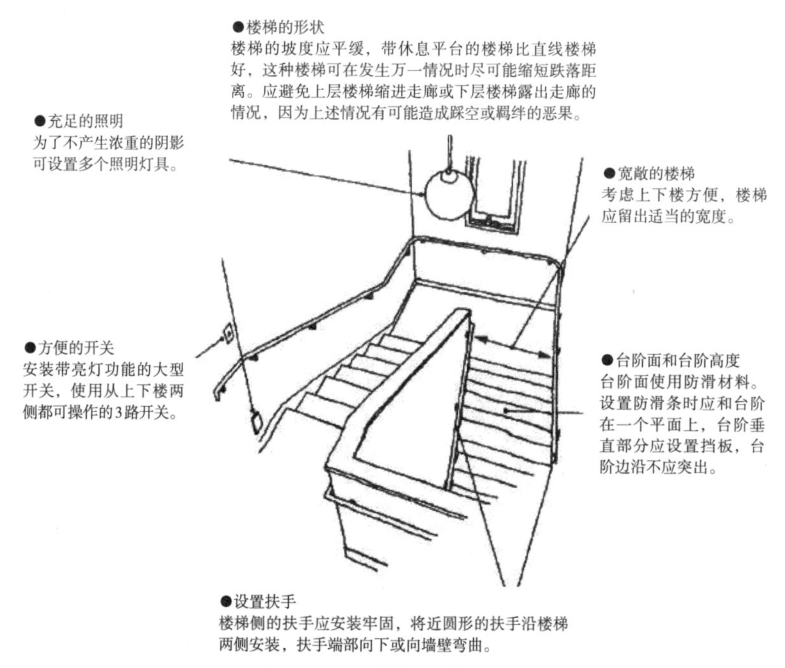

图 2-2-37　楼梯无障碍设计
（资料来源：王涛《老年居住体系模式与设计探讨》）

何使无障碍需求人士安全使用楼梯这一问题在住区公共建筑无障碍设计中非常重要，研究设计楼梯的坡度、形状及安装扶手等基本问题十分必要，如图2–2–37。

无障碍楼梯的设计应满足《无障碍设计规范》（GB50763–2012）中第3.6.1条的规定：

“1 宜采用直线形楼梯；

2 公共建筑楼梯的踏步宽度不应小于280mm，踏步高度不应大于160mm；

3 不应采用无踢面和直角形突缘的踏步；

4 宜在两侧均做扶手；

5 如采用栏杆式楼梯，在栏杆下方宜设置安全阻挡措施；

6 踏面应平整防滑或在踏面前缘设防滑条；

7 距踏步起点和终点250mm~300mm宜设提示盲道；

8 踏面和踢面的颜色宜有区分和对比；

9 楼梯上行及下行的第一阶宜在颜色或材质上与平台有明显区别。”

配有两个以上楼梯的住区公共建筑中，至少应有1个楼梯满足孕妇、儿童、老年人、视觉障碍者等人群使用。楼梯两侧应设置连续上下双排扶手，上排扶手高度为750mm—850mm，下排扶手高度为600mm—650mm，此外还应在扶手的端部设置盲文示意图以标识方向等信息；楼梯间内外均应设置扶手，并保证扶手连续不间断，如图2–2–38。

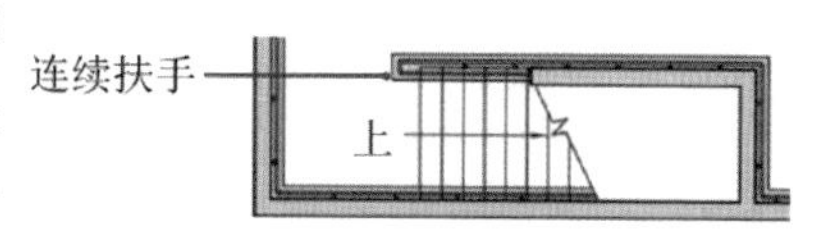

图2–2–38　楼梯间连续扶手

公共建筑的层高较高，踏步宽度和高度应满足无障碍需求人士的使用尺度，楼梯每段的踏步数量不宜过多，中间宜适当加设休息平台。可采用楼层、平台感应照明和梯段脚部照明相结合的方式。可结合楼梯升降机设计，同时在踏步上应该设置色彩鲜明的防滑条，有条件的情况下也可在踢面设置相应的防滑条，但要与踏步色彩分开。尽量采用直线型，若采用曲线型或其他形式，由于内侧及外侧的踏步宽度不一，易随高度提升使视觉障碍者失去方向感而产生危险。楼梯环境标识导向系统应简单、明确、连续并放置在明显位置，如图2–2–39。

无障碍电梯的设计应满足《无障碍设计规范》（GB50763–2012）中第3.7

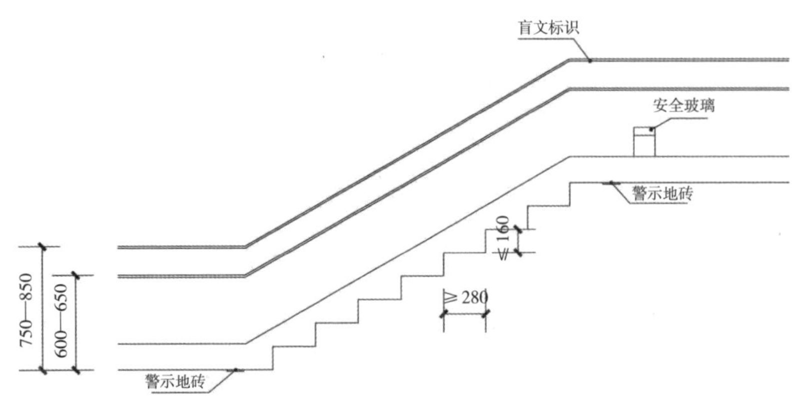

图 2-2-39 无障碍楼梯设计示意图（单位：mm）
（资料来源：张动海《公共建筑广义无障碍设计研究》）

节的有关条文：

“3.7.1 无障碍电梯的候梯厅应符合下列规定：

1 候梯厅深度不宜小于 1.50m，公共建筑及设置病床梯的候梯厅深度不宜小于 1.80m；

2 呼叫按钮高度为 0.90m~1.10m；

3 电梯门洞的净宽度不宜小于 900mm；

4 电梯出入口处宜设提示盲道；”盲道应连续不间断且铺设至电梯出入口，如图 2-2-40、图 2-2-41。

图 2-2-40 铺至电梯口的盲道图

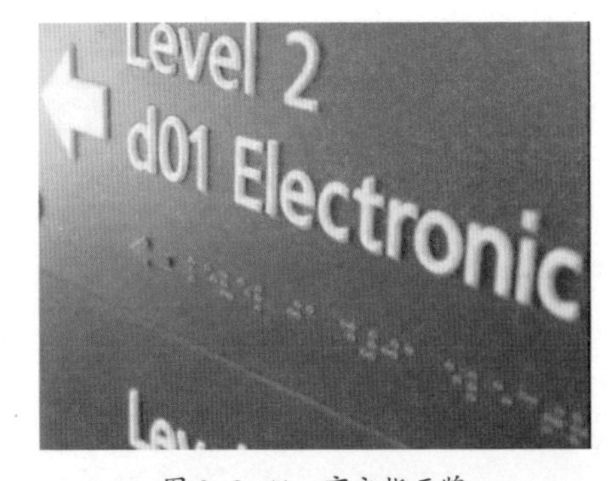

图 2-2-41 盲文指示牌

“5 候梯厅应设电梯运行显示装置和抵达音响。”考虑到视觉障碍者的使用需求，显示装置应设置盲文，并且放置于无障碍需求人士容易接触到的地方。

“3.7.2 无障碍电梯的轿厢应符合下列规定：

1 轿厢门开启的净宽度不应小于 800mm；

2 在轿厢的侧壁上应设高 0.90m~1.10m 带盲文的选层按钮，盲文宜设置于按钮旁，”方便需要坐轮椅的无障碍需求人士可以按到选层按钮；

“3 轿厢的三面壁上应设高 850mm~900mm 扶手，扶手应符合本规范第 3.8 节的相关规定；

4 轿厢内应设电梯运行显示装置和报层音响；”显示装置和报层音响应放置于明显位置，使无障碍需求人士较容易就能看清与听清；

“5 轿厢正面高 900mm 处至顶部应安装镜子或采用有镜面效果的材料；

6 轿厢的规格应依据建筑性质和使用要求的不同而选用。最小规格为深度不应小于 1.40m，宽度不应小于 1.10m；中型规格为深度不应小于 1.60m，宽度不应小于 1.40m；

7 电梯位置应设无障碍标志，无障碍标志应符合本规范第 3.16 节的有关规定。

3.7.3 升降平台应符合下列规定：

1 升降平台只适用于场地有限的改造工程；

2 垂直升降平台的深度不应小于 1.20m，宽度不应小于 900mm，应设扶手、挡板及呼叫控制按钮；

3 垂直升降平台的基坑应采用防止误入的安全防护措施；

4 斜向升降平台宽度不应小于 900mm，深度不应小于 1.00m，应设扶手和挡板；

5 垂直升降平台的传送装置应有可靠的安全防护装置。”

对于新建住区公共建筑，应在设计时预留未来增设无障碍电梯的空间；为无障碍需求人士设置的标识要简单、明了、连续；宜在电梯出入口处设置国际化标识，同时从住区公共建筑主要出入口到候梯厅操作键盘都应铺设导向盲道。电梯轿厢内宜设置供无障碍需求人士休息的长椅；按钮的位置应考虑各类人群使用的可能性，按钮的设计要有容错的考虑；电梯内应设应急灯、可视电话等设施，以便发生危险时，使用者能够以一种相对不紧张的心理状态进行呼救。

轿厢尺寸应符合规定宽度和长度，方便放置轮椅和担架，并应选择速度缓慢、稳定性较高的电梯，防止引发无障碍需求人士的不适和突发病症。根据使用人群及人群数量的不同，轿厢规格与尺寸的选择可分为四种，如图2-2-42。

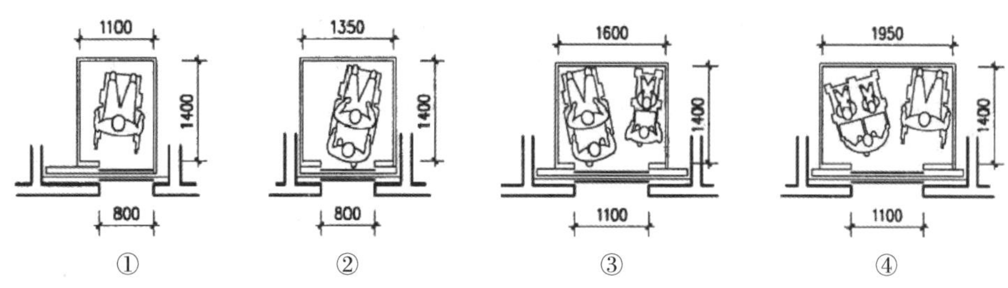

图 2-2-42 不同情况无障碍电梯规格平面图
（资料来源：马蕾《英国公共建筑无障碍设计方法研究》）

在选择轿厢的设备时，也应该注意满足无障碍需求人士反应迟缓和动作不灵的特点，如轿厢关门时间不能过快，选用触摸式选层按钮，轻触即可反应；轿厢内设置电视监控系统，方便随时观察电梯升降时无障碍需求人士的变化等，如图 2-2-43。

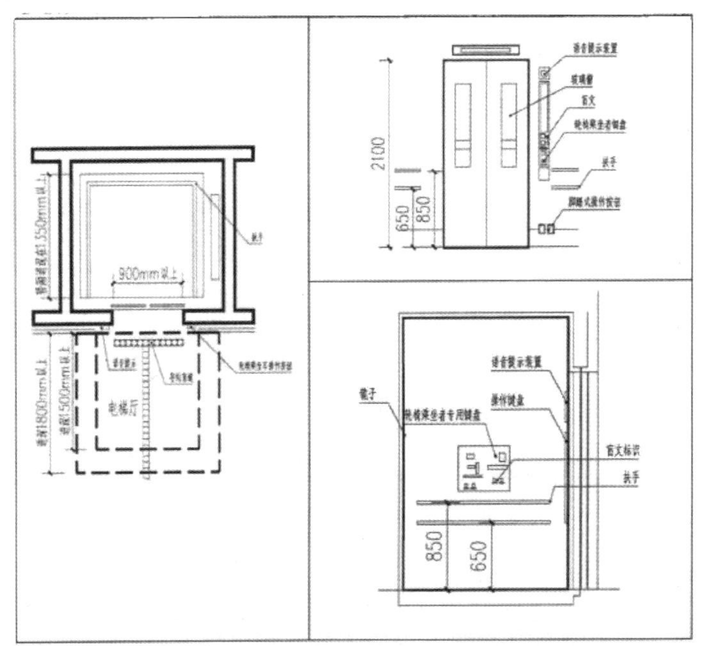

图 2-2-43
无障碍电梯示意图
（图片来源：张动海《公共建筑广义无障碍设计研究》）

多部电梯中的无障碍电梯应有明显标识，如设有多部无障碍电梯应在同侧集中设置。候梯厅中宜适当增加休息座椅和轮椅等候空间，可与其他厅或通道空间合并设置。

4. 安全逃生

无障碍安全疏散主要包括水平疏散和垂直疏散两部分，水平疏散主要解决低位时的安全通行和安全导引，垂直疏散方案需要将行动不便的人迅速安全地从楼层送达安全地带。

行动不便的人疏散速度比正常人要迟缓，因而在设计过程中对各项疏散距离的控制较之消防规范的规定更为严格，平面设计时应尽量避免有可能在疏散过程中折返的袋状走廊的出现。安全疏散指示灯的设置要满足消防规范要求，将行动迟缓和视觉障碍人群引导至疏散楼梯或室外安全区域。但对于火灾发生时的轮椅使用者来说，无障碍电梯被限制使用，楼梯一般也不具备可供轮椅通行的功能，因此，在楼层无障碍水平疏散系统中应在每层靠近交通核的位置，设有消防电梯的建筑应在消防电梯前室内或相邻位置设置避难区或避难间，并通过专门疏散导引标识将这部分人员引导到这里，那么无法通过楼梯疏散的人员可以在此等待专业救援。避难区域可设置大面积的外窗或阳台，便于火灾时烟气的排出和专业人员从外部进行援救的需要，其对应的场地位置也应便于消防云梯的架设。

设有消防电梯的建筑在火灾发生初期可以暂时利用作为安全垂直逃生手段，一旦被消防联动接管时会自动降至首层，这时主要人群还需要通过楼梯

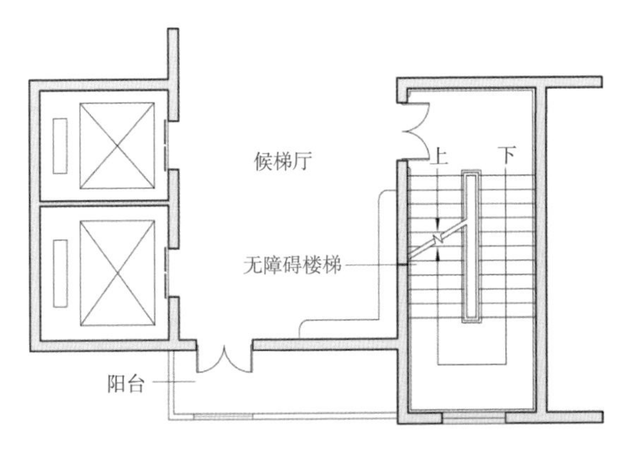

图 2-2-44
无障碍楼梯作为疏散楼梯

图 2-2-45
无障碍电梯不能做疏散通道

疏散，无障碍楼梯可兼做疏散楼梯使用，行动不便的人群相对集中的功能区宜适当加装逃生布袋、缓降背包等辅助逃生装备，并在对应的室外场地中做相应的安全设计，如图 2-2-44、图 2-2-45、图 2-2-46、图 2-2-47。

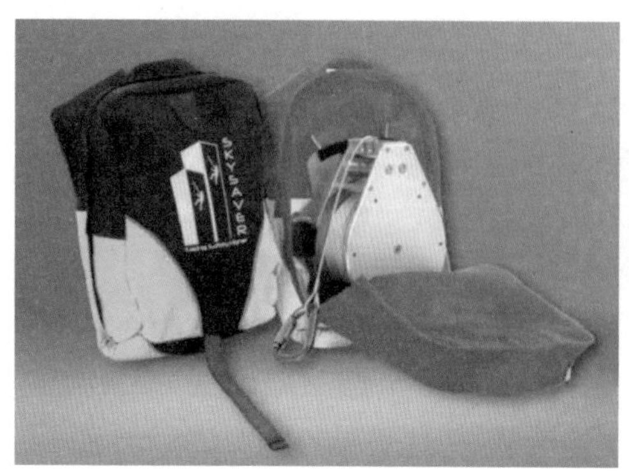

图 2-2-46　缓降背包

图 2-2-47　逃生布袋

无障碍安全疏散在我国的现行消防规范中不属于必做项目，相信随着社会文明的进步，公平意识的加深，社会各界对这个问题的关注度会越来越高。

三、盥洗空间无障碍设计要素与要求

使人们能够就近便利地解决如厕问题是建筑中应该具备的基本功能，公共建筑中应提供方便普通人和行为障碍者使用的盥洗空间。这种盥洗空间应该能为母婴、儿童、老年人、孕妇以及残障人士提供多种便利，除了满足轮椅者使用外，还可设置儿童坐便圈、换衣台、母婴台、婴儿座椅、挂衣架等设施，是一种综合性通用型盥洗间。

1. 选择合适的位置和尺度

居民经常光顾和停留的住区的配套公共建筑，如物业办公室、活动健身中心、社区银行、爱心食堂等，一般设有方便居民洗手和如厕的卫生间，设有卫生间的住区配套公共建筑应至少在首层设置无障碍卫生间。可选择设置专用卫生间或在普通卫生间内设置无障碍厕位。无障碍专用卫生间可与普通卫生间位置靠近，但不宜与普通卫生间共用盥洗前室。无障碍厕所的尺度和面积应满足《无障碍设计规范》(GB50763-2012) 中第 3.9 节的规定：

“3.9.1 公共厕所的无障碍设计应符合下列规定：

1 女厕所的无障碍设施包括至少 1 个无障碍厕位和 1 个无障碍洗手盆；男厕所的无障碍设施包括至少 1 个无障碍厕位、1 个无障碍小便器和 1 个无障碍洗手盆；

2 厕所的入口和通道应方便乘轮椅者进入和进行回转，回转直径不小于 1.50m；

3 门应方便开启，通行净宽度不应小于 800mm；

4 地面应防滑、不积水；

5 无障碍厕位应设置无障碍标志，无障碍标志应符合本规范第 3.16 节的有关规定。

3.9.2 无障碍厕位应符合下列规定：

1 无障碍厕位应方便乘轮椅者到达和进出，尺寸宜做到 2.00m × 1.50m，不应小于 1.80m × 1.00m；

2 无障碍厕位的门宜向外开启，如向内开启，需在开启后厕位内留有直径不小于 1.50m 的轮椅回转空间，门的通行净宽不应小于 800mm，平开门外侧应设高 900mm 的横向把手，在关闭的门扇里侧设高 900mm 的关门拉手，并应用门外可紧急开启的插销，”对于无障碍需求人士来说，横向把手使用时较省力，如图 2–2–48。

图 2–2–48　横向把手

“3 厕位内应设坐便器，厕位两侧距地面 700mm 处应设长度不小于 700mm 的水平安全抓杆，另一侧应设高 1.40m 的垂直安全抓杆。”

无障碍厕所或无障碍侧位在实际住区公共建筑中的应用十分广泛。例如在某实际工程中，厕所内外高差 15mm，设缓坡以过渡。在普通厕所内设一个无障碍厕位，厕位门扇外开，门宽大于 800mm，厕位尺寸 1.8m × 1.4m，设横向抓杆；一个无障碍小便斗，设横向抓杆。厕所留有直径 1.5m 的轮椅回转空间，方便无障碍需求人士进出及轮椅回转，如图 2–2–49。在该实际工程中也设计了无障碍专用卫生间，该卫生间净尺寸 2m × 2m，卫生间门扇向外开启，门宽 900mm，门内外高差 15mm，设缓坡以过渡，门上设置观察窗口及横向拉手。卫生间内设无障碍坐便器、无障碍洗手盆、置物台，并留有直径 1.5m × 1.5m 的轮椅回转空间，如图 2–2–50。

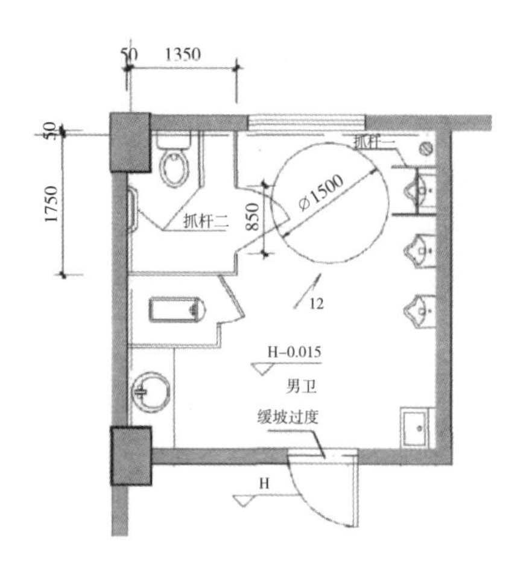

图 2-2-49 某实际工程中无障碍厕位
（资料来源：朱莉《无障碍设计规范在老年建筑设计中的应用研究》）

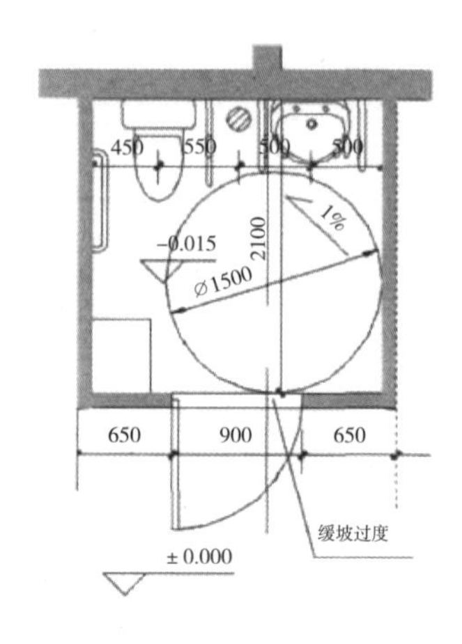

图 2-2-50 某实际工程中的无障碍专用卫生间
（资料来源：朱莉《无障碍设计规范在老年建筑设计中的应用研究》）

2. 合理的设施布置

这种综合盥洗间的设置种类繁多，各有不同的要求，看起来比较复杂，但实际上是有非常明确的设计规律的。卫生洁具及其他辅助设施的位置应根据使用者的人体工学尺度和行为需求设置，设计者应将自己设想成有相应需求的使用者，就能够比较直观地理解这些设施的作用。

无障碍厕所的设施布置应满足《无障碍设计规范》（GB50763-2012）中第3.9节的规定：

“3.9.3 无障碍厕所的无障碍设计应符合下列规定：

1 位置宜靠近公共厕所，应方便乘轮椅者进入和进行回转，回转直径不小于1.50m；

2 面积不应小于4.00m^2；

3 当采用平开门，门扇宜向外开启，如向内开启，需在开启后留有直径不小于1.50m的轮椅回转空间，门的通行净宽度不应小于800mm，平开门应设高900mm的横扶把手，在门扇里侧应采用门外可紧急开启的门锁；

4 地面应防滑、不积水；

5 内部应设坐便器、洗手盆、多功能台、挂衣钩和呼叫按钮；

6 坐便器应符合本规范第3.9.2条的有关规定，洗手盆应符合本规范第3.9.4条的有关规定；

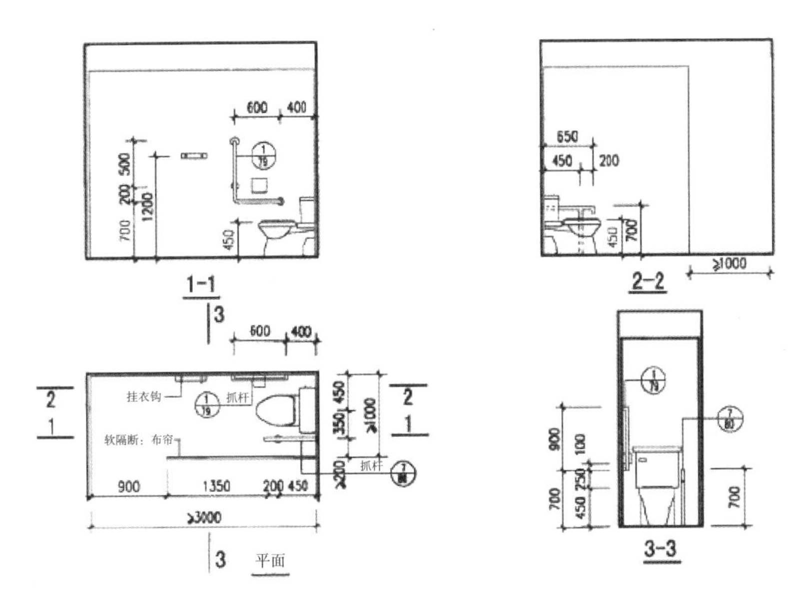

图 2-2-51　无障碍厕位

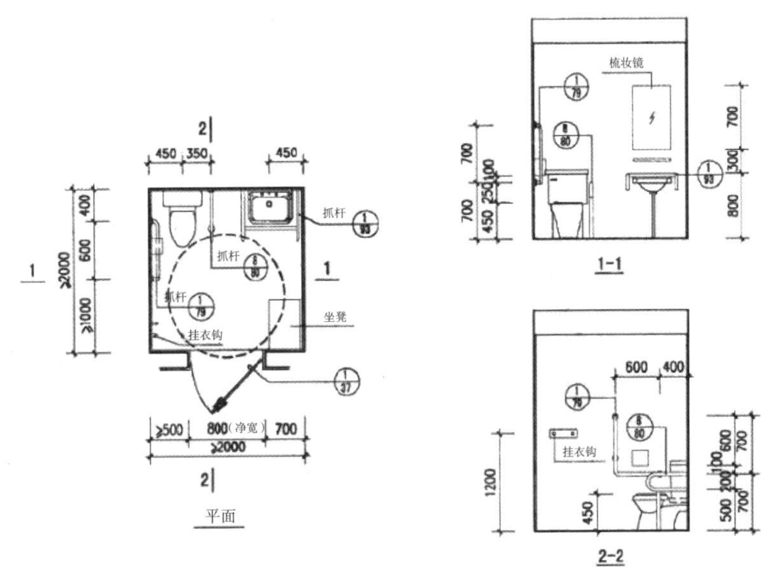

图 2-2-52　无障碍专用厕所
（资料来源：马蕾《英国公共建筑无障碍设计方法研究》）

7 多功能台长度不宜小于700mm，宽度不宜小于400mm，高度宜为600mm；

8 安全抓杆的设计应符合本规范第3.9.4条的有关规定；

9 挂衣钩距地高度不应大于1.20m；

10 在坐便器旁的墙面上应设高400mm~500mm的救助呼叫按钮；

11 入口应设置无障碍标志，无障碍标志应符合本规范第3.16节的有关规定。

3.9.4 厕所里的其他无障碍设施应符合下列规定：

1 无障碍小便器下口距地面高度不应大于400mm，小便器两侧应在离墙面250mm处，设高度为1.20m的垂直安全抓杆，并在离墙面550mm处，设高为900mm水平安全抓杆，与垂直安全抓杆连接；

2 无障碍洗手盆的水嘴中心距侧墙应大于550mm，其底部应留出宽750mm、高650mm、深450mm供乘轮椅者膝部和足尖部的移动空间，并在洗手盆上方安装镜子，出水龙头宜采用杠杆式水龙头或感应式自动出水方式；

3 安全抓杆应安装牢固，直径应为30mm~40mm，内侧距墙不应小于40mm；

4 取纸器应设在坐便器的侧前方，高度为400mm~500mm。”如图2-2-51、图2-2-52。

3. 重视细节设计

从人性化的角度出发，关注更多的细节，才能让使用者感到更便捷和舒适，才能体现出社会文明程度和生活品质的提高。住区的配套公共建筑综合盥洗间设计细节的人性化主要从以下这几个方面来体现：完善的标识说明、有效的导引、齐全的设施、安全保障、卫生保障、自动感应、色彩设计等。

（1）完善的标识说明：由于厕所内各种设备种类繁多，为了使如厕者正确使用这些设备，应在每种设备最醒目的位置，设置带有清晰易懂的图案，中英文、盲文的说明标签，让使用者更直观便捷地快速使用这些设备，如图2-2-53。

（2）有效的导引：无障碍卫生间标志应位于醒目位置；盲道应能够连续准确导引至厕间门口扶手、开门按钮或盲文说明位置；厕间门口正面可设置说明牌，说明厕间内洁具是蹲便器、坐便器、老年人专用、母婴专用还是综合厕间，如图 2–2–54。

（3）齐全的设施：可以适当增加方便母亲如厕，同时又考虑婴儿安全问题的婴儿座位、可折叠收纳的婴儿槅板给婴儿更换尿布、可放置在成人座便上方便儿童使用的儿童坐便圈等设备，分别考虑到不同年龄段的婴幼儿使用。还可设置折叠换衣板，如有临时需要更换裤子时，可脱鞋后站在换衣板上，避免脚部和干净衣物被地面污染，换衣板后墙面不应突出墙面过多的设施，宜设置供人抓握保持平衡的扶手，如图 2–2–55、图 2–2–56。

（4）安全保障：若使用者在门口发生倒地，外部施救人员向内推门会受到病患或内部轮椅等物品阻挡，强行推门会对病患造成二次伤害，因此厕间的门不宜采用单内开，可选用外开、内外双开或平移门。在马桶、洗手台和门侧应设紧急警报器，颜色上强烈不同于环境以利于弱视者识别，触感设计使盲人可以轻易找到，呼叫器距地高度 400mm—500mm，即使病患倒地时也可以触及按钮求救，如图 2–2–57。

警报器基本可分为三种：

一种是无障碍卫生间外的警报装置，启动后发出声音和光以引起其他

图 2–2–53
中英文、盲文标识设置

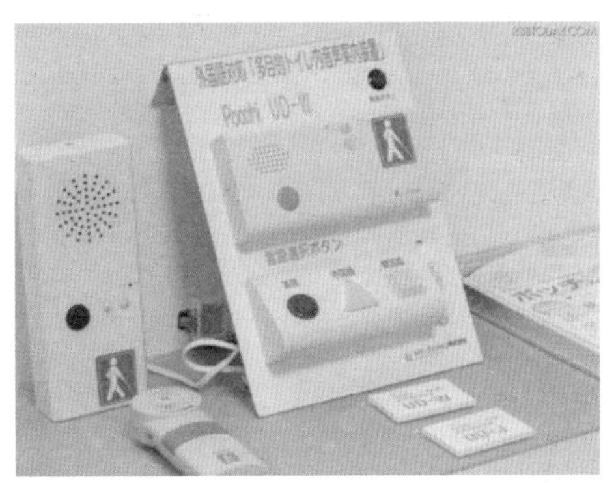

图 2–2–54
盲文导向板与语音提示器

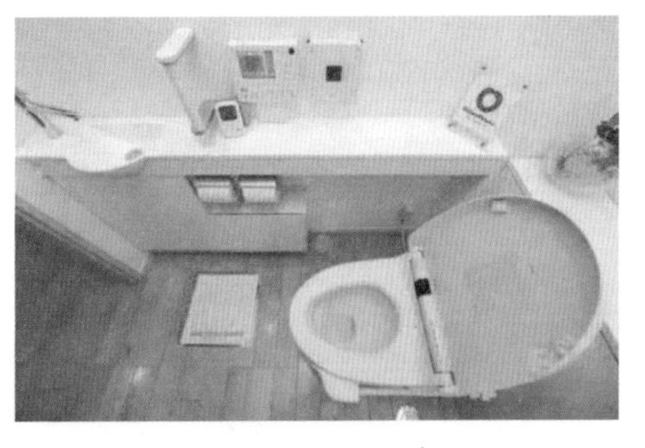

图 2–2–55　踩踏板

人的注意。

另一种是从卫生间连接到中心控制点的警报系统。启动警报时，显示哪个卫生间需要帮助，警报回应程序就会立即启动。这种警报系统要求中心员工要学会如何对警报呼叫做出反应并采取一系列的施救措施，否则警报就失去作用了。无障碍卫生间与中心系统的连接方式可以选用线装永久性安装，也可用无线电电波系统。

图 2-2-56
可折叠换衣板

还有一种在无障碍卫生间和中心系统间安装通话系统，使中心系统和警报区之间及时进行信息通话，中心系统能够了解呼叫具体内容，及时派人前往救助，对于不实的呼叫也可避免大量人力物力的投入。

安装警报器的目的是在无障碍需求人士从坐便器或轮椅上滑下时，救助人员能马上前来救助。

图 2-2-57
紧急警报器

（5）卫生保障：厕间内的卫生纸宜多设一份，且考虑到单手取纸的方便宜为抽取式卫生纸，如图 2-2-58、图 2-2-59。对卫生纸架的要求是：无障碍需求人士只用一只手就能使用，且应该在伸手就能够到的地方，不需太大灵活性。有塑料盖和扯纸用的锯齿状边缘的大型工业纸架会使纸卷撕完后缩进纸架里，下次使用时难以用手够到，极不方便。并且这种大型纸架一般紧挨坐便器，极大缩减了协助

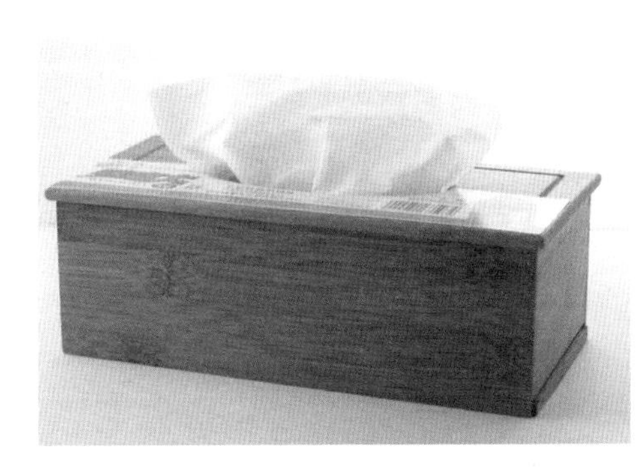

图 2-2-58
抽取式纸巾

图 2-2-59
三联带扶手纸巾架

者站立所需要的空间。因此，建议使用小型专用纸架，体积小又实用，放置在紧挨坐便器一侧伸手可及的地方。

设置有坐便器的厕间应备有一次性坐便纸或座便消毒剂，如厕人可以将消毒剂喷在卫生纸上，在座垫上适当擦拭便可以达到清洁消毒的作用，保证人们的卫生需求，防止疾病的传播。马桶旁宜设置如厕时就可以伸手使用的小水盆，龙头宜采用伸缩式，方便紧急情况临时冲洗。有条件时可选用智能坐便器。

卫生间的墙面和地面交界处可以选用弧形阴角瓷砖进行过渡，避免形成卫生死角，便于清洁。

（6）自动感应：在公共卫生间设置自动感应装置，对于卫生防病、节约能源和提高舒适度都是非常有利的。感应照明在门打开的同时，照明设施会自动开启；感应龙头、感应皂液器、感应吹手器、感应冲厕使人不必再直接接触公用设备，减少疾病传播；感应排气扇可更节能更有效地排除卫生间异味，如图 2-2-60、图 2-2-61、图 2-2-62、图 2-2-63、图 2-2-64。

（7）色彩声音：地、墙面使用反光性较弱的材料，地板材质耐磨防滑，密缝铺设，颜色不宜选深色。卫生洁具宜选用白色，扶手颜色宜为黄

图 2-2-60
自动感应出水口

图 2-2-61
感应纸架

图 2-2-62
感应皂液器

图 2-2-63
感应吹手器

图 2-2-64
感应排气扇

图 2-2-65　白色的卫生洁具

图 2-2-66　黄色扶手

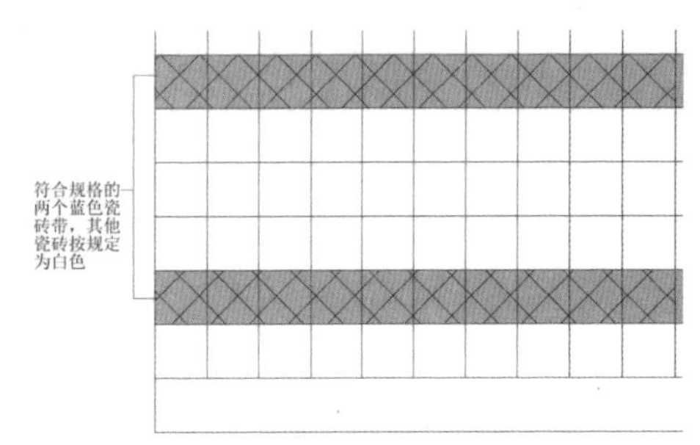

图 2-2-67　瓷砖色彩设计方便无障碍需求人士使用
（资料来源：作者自绘）

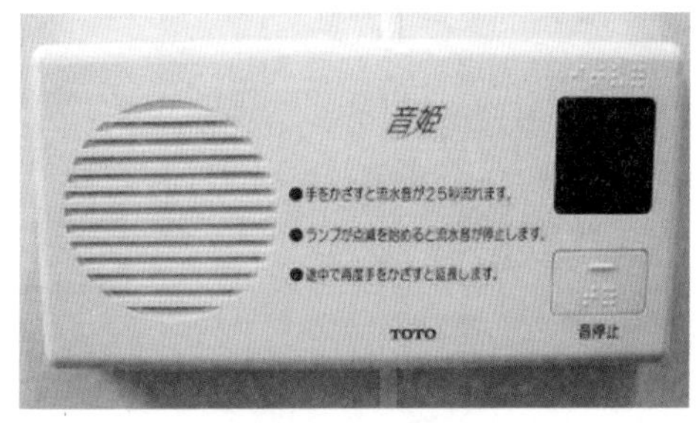

图 2-2-68　音姬

色。宜设置环境音乐和提示广播，如图 2-2-65、图 2-2-66。

若瓷砖颜色较暗，可镶在白底上，这种“隔断”设计的关键在于利用不同颜色的分段瓷砖暗示不同装置的位置，这样有助于视觉障碍人士分辨。如用蓝色瓷砖来显示地板和装置，形成蓝色瓷砖带，白色的装置映衬着蓝色瓷砖隔断，缎釉对于减少闪烁度非常有用，蓝色瓷砖上加上釉光装饰强烈突出了与白色的对比，如图 2-2-67。另外黑色扶手配以浅色瓷砖也是使瓷砖和地面产生极大反差的有效办法。

在无障碍卫生间或无障碍厕位较湿区域应设置防滑地面，在地面上应使用色彩对比鲜明的内压条来引导视觉障碍人士。同时可使用乙烯基地面，在地板上形成一个凹陷，方便清洗及显示地板与墙之间的障碍。

在使用卫生间时，部分人群可能不希望别人听到如厕时的不雅声音，针对这种情况可以在卫生间内安装“音姬”。音姬，是日本人发明使用的一种可以发出流水声音的电子装置，用于遮掩如厕声音，主要用于女子厕所，如图 2-2-68。

四、停车空间无障碍设计要素与要求

除了步行以外，还有一部分人是通过代步工具到达住区的配套公共建筑的，常用的包括汽车、老年代步车、电瓶车、自行车等，还有一些其他的手推车、婴儿车、平衡车等，设计时必须考虑设置适当的停车空间，有条件时应将停车功能尽量设置在建筑内部或有挡雨设计的空间内。无障碍停车位的位置和数量应满足《无障碍设计规范》（GB50763-2012）中第 7.3.3 条的要求：

“1 居住区停车场和车库的总停车位应设置不少于 0.5% 的无障碍机动车停车位；若设有多个停车场和车库，宜每处设置不少于 1 个无障碍机动车停车位；

2 地面停车场的无障碍机动车停车位宜靠近停车场的出入口设置。有条件的居住区宜靠近住宅出入口设置无障碍机动车停车位；

3 车库的人行出入口应为无障碍出入口。设置在非首层的车库应设无障碍通道与无障碍电梯或无障碍楼梯连通，直达首层。”如图 2-2-69。

A：没有无障碍标识，车辆经过不易找到无障碍停车位

B：只在地面上设置无障碍标识，车辆只有到达跟前才能看到无障碍停车位

C：墙面与地面均设置无障碍标识，车辆在远处就能发现无障碍停车位，车位邻近出入口设置，人行通道直通电梯

D：地面、墙面和车道均设置无障碍标识，车辆不用盲目寻找就能发现无障碍停车位

图 2-2-69　无障碍停车位

无障碍停车位应该满足下肢不便的使用者停放交通工具后，能够有方便安全的空间转移到轮椅、拐杖等其他步行辅具上。车位的大小应按照普通小型车停车位尺寸，老年代步车和无障碍需求人士代步车的尺寸一般都偏小，也可停靠在无障碍停车位上。无障碍需求人士摩托车、无障碍需求人士电动车、手摇自行车等尺度较小，一般可以与其他非机动车停放在同一空间。根据场地条件的不同，可以设计成竖向、斜向 45°、斜向 60° 及横向无障碍停车位，如图 2–2–70。无障碍机动车停车位及无障碍通道的设计应符合《无障碍设计规范》（GB50763–2012）中第 3.14 节的规定：

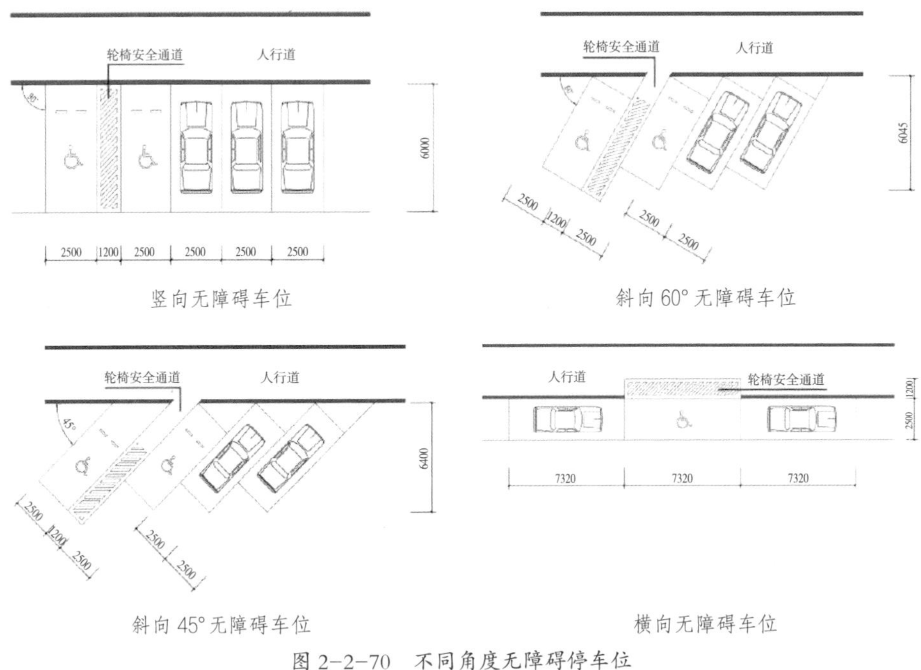

图 2–2–70　不同角度无障碍停车位

（资料来源：王翠翠《住区室外环境无障碍通达性设计研究》）

“3.14.1 应将通行方便、行走距离路线最短的停车位设为无障碍机动车停车位。

3.14.2 无障碍机动车停车位的地面应涂有停车线、轮椅通道线和无障碍标志。

3.14.3 无障碍机动车停车位一侧，应设宽度不小于 1.20m 的通道，供乘轮椅者从轮椅通道直接进入人行道和到达无障碍出入口。

3.14.4 无障碍机动车停车位的地面应涂有停车线、轮椅通道线和无障碍标志。”

通道的设计应当尽量结合住区整体道路设计综合考虑，坡度不应超过1∶20，每隔一段距离应设计防滑设施。通道内不得有突出物以免影响无障碍需求人士的通行，轮椅安全通道应当与行人路口相连且应便于到达公共建筑的出入口。为防止轮椅小轮或拐杖头部卡入地面，通道地面材质不应选择孔径、凸凹、缝隙过大的材质或植草砖。应设置无障碍标识牌，使人们在车辆上能够远距离判定停车位置，预先对车辆动作进行调整。

五、无障碍功能空间无障碍设计引导

住区的配套公共建筑单体建筑中功能空间的无障碍设计根据不同空间功能的不同有所区别，没有必要追求所有的空间对所有身体条件的人都能够使用，但是在无障碍需求人士或老人能够参与的功能空间适当关注无障碍要求，不仅有利于增进健康，增强体质，而且能够鼓励他们积极地融入正常的社会生活，促进人际交往，增进友谊，增强生活的乐趣和信心。

一般要求保证地面材质防滑，地面平坦尽量没有高差，选用方便移动但又有一定稳定性的活动桌椅，固定家具和扶手应保证与地面或墙体连接牢固，需要靠近使用的家具宜在距地350mm高度内留空，条件允许时可设置专用低位服务设施，为视觉不便的人员使用的空间应适当提高照度标准。

1. 活动学习空间

能够依托在住区的配套公共建筑中进行的日常活动主要包括棋牌、健身、室内体育项目和儿童游乐等，学习空间主要有图书室、会议室、电脑房、手工坊、老年学校等，其建筑功能相对比较明确，一般设计在固定的房间中。较小的房间面宽不宜过窄，应能在保证正常的活动功能后，留有轮椅通过、停驻和回转的空间。较大的房间应将特殊器材放置在靠近门口的区域，留有足够空间。

住区的配套公共建筑还有举办一些临时活动的功能要求，临时活动主要有演出、展览、商品推介、DIY制作、室内小游戏等，活动项目时间短、不固定，因此需要设计提供灵活可变的空间，一般设置在多功能厅或入口门厅。面积不大的多功能厅尽量不做地面升起，如果地面做阶梯处理，应设置轮椅入口和轮椅席位，且应满足《无障碍设计规范》中第 3.13 节的规定。

2. 商业服务空间

住区配套的超市、商店、餐饮、邮电、银行、零售网点等公共建筑的商业服务功能，设置的目的是方便居民的生活，使住区居民能够在家附近解决大部分的生活需要，但是对于行动不便的人群，如果这些服务网点形同虚设，会极大地影响他们的生活质量。

商业服务空间的接待区、自选营业区、购物区及等候区，应为无障碍需求人士的通行、服务和购物提供便利。这些空间无障碍设计内容如下：

（1）多层商业建筑应设轮椅坡道及缓坡楼梯。客梯可代替轮椅坡道，客梯的规格与设备应符合无障碍需求人士的使用要求。当只设货梯时，货梯应为无障碍需求人士提供服务。

（2）距离商业入口最近的停车位应设为无障碍停车位，或在建筑出入口单独设无障碍停车位。

（3）商业建筑室内外有高差时，设置门槛不利于轮椅进入，应以斜面过渡。门槛高度及门内外地面高差不应大于 15mm。

超市商店：货架宽度应适当加宽，宽度至少 1200mm，物品摆放距地高度不应大于 1400mm，商品最低摆放距地高度不应低于 200mm；结账通道宽度至少 850mm，方便标准轮椅通过；可设置无障碍购物专门区域，在超市内设置综合货架区，既方便行动不便者在小范围内找到所需商品，又方便需要快速购物的人们提高效率，也不必使整个营业空间满足无障碍要求；无障碍购物专门区域应设置盲道引导和商品盲文标签，如图 2-2-71、图 2-2-72。

图 2-2-71　无障碍货架及结账区

盲道邻近收款区和售货区设置，在拥挤的区域设置扶手

图 2-2-72 盲道设置

图 2-2-73 芝加哥市诺伍德养老院餐厅
（资料来源：《经济参考报》）

餐饮食堂：可在餐厅中设置无障碍就餐区，座椅采用活动式；自助取餐区应方便轮椅使用者靠近和取用食物；通道宽度应满足轮椅和餐车通行；加强人员引导服务；可配置盲文菜单，如图 2-2-73。

图 2-2-74 下部留有空间的服务台

柜面公共服务空间：虽然快递业和网络金融在人们的生活中越来越常态化，但是还是有很多老年人和利用网络有障碍的人群需要去邮电、银行等网点办理业务，应在营业空间考虑无障碍设计。设置低位轮椅柜台；在主要区域设置室内盲道，设置实时广播，对视力障碍者进行服务导引；在等候区设置电子显示屏显示实时通知，设置手写板保证与听力障碍者准确沟通业务信息，有时办理业务等待时间较长，有条件时应在营业区域设置通用型综合卫生间。需要柜面办理的类似公共服务项目还有公证、有线电视、自来水、燃气、户籍、计生、保险等，如图 2-2-74、图 2-2-75。

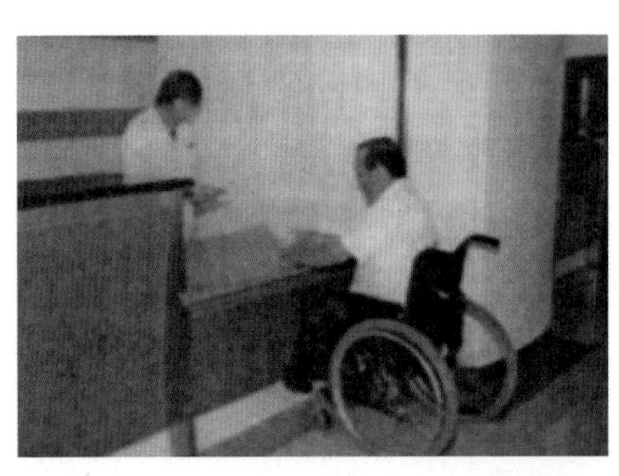

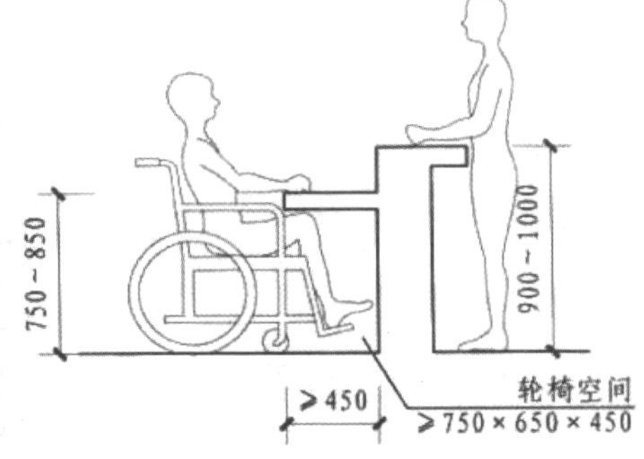

图 2-2-75 低位柜台

零售网点：居住小区中逐渐增多的便民设施网点，如快递柜、零售机、直饮水机等，通常分布在住区的物业等公共建筑内部或活动广场附近。这些

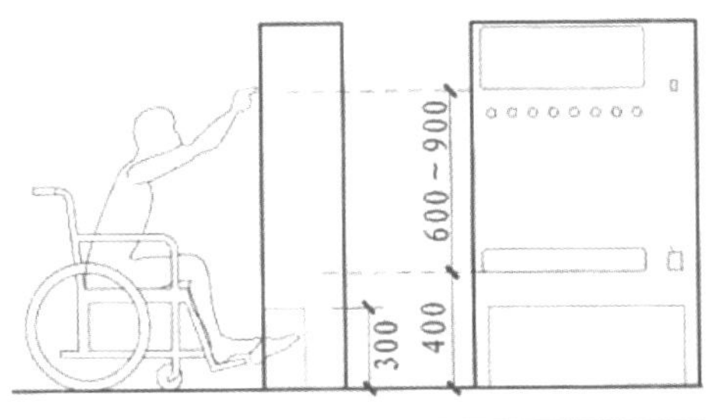

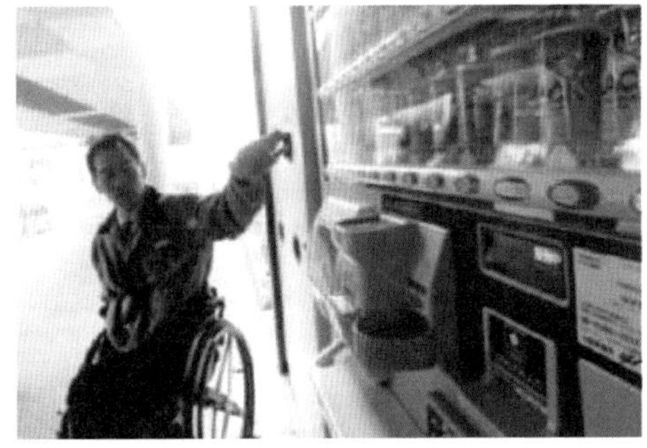

图 2-2-76　低位售货机

图 2-2-77　盲人电子触摸屏

图 2-2-78　平整地面及盲道

便民设施若高度过高、操作复杂或者按键不够灵敏都会给居民带来不方便，为了提高设施的利用率，方便更多的人使用，应提高设施本身无障碍交互使用的便捷设计，如将电子触摸屏位置降低至距地 1200—1000mm 之间，并注意处理好屏幕角度，避免眩光，增加盲文标识、语音识别、手写识别等功能。除此之外也应保证周围场所的无障碍可达性，操作场地地面应平整，坡度平缓，防止轮椅溜车；操作区域宜留有轮椅靠近空间，如图 2-2-76、图 2-2-77、图 2-2-78。

3. 后勤服务空间

居住区的公共建筑中还有一部分是专门为住区居民提供后勤服务的功能用房，包括物业中心、医疗服务中心、会议洽谈室、门卫安保室等。

物业中心：这里是处理整个小区大大小小事务的核心，从收缴物业费到维修卫生家政，小区的住户都需要利用物业中心的建筑空间处理生活琐事，因此，在建筑设计中考虑无障碍设计是十分必要的。尤其是营业部分，除了在地面和轮椅停靠空间上满足无障碍设计要求外，应在家具、导引和设施上予以必要的补充，如图 2-2-79。

医疗服务中心：一些大型的居住社区或面向特定人群的小区，会在公

图 2-2-79　社区物业中心

共建筑配置时增加医疗功能，提供基本的保健养生服务和简单的医疗处理服务。由于使用人群大多是有不同程度的行动障碍，所以这部分空间的无障碍设计标准应能够满足《无障碍设计规范》中第 8.4 节对医疗康复建筑的相关规定。

在大型居住社区及特定小区范围内的医疗卫生设施主要有老年人生活照料所、卫生站等。这些基础设施专门的无障碍设计内容如下：

医疗服务中心除候诊室、治疗室、药房等常见功能外，条件允许的情况下可增设心理治疗室等其他医疗功能；室内地面应平整防滑，没有尖角或突出物，没有高低差，走道的两侧应设扶手；室外通道至入口及服务台应设盲道，在楼梯、电梯、卫生间等部位应设置明显提醒标识；卫生间应设应急呼叫按钮，并方便轮椅进入。

图 2-2-80　荷兰 Zaans 中心

这种医疗功能更多地是一种对居民日常的关怀，因此在建筑设计时应与普通医院区别开来，更倾向于家庭式的氛围营造和构建医护人员与居民之间、居民相互之间平等的互动关系，如图 2-2-80。

门卫安保室：这些建筑分布在小区出入口或主要场地附近，能够快速就近处理居民遇到的问题，人们一般是在室外通过观察窗向保安问询，观察窗的位置不宜过高，应能使轮椅使用者和轿车司机方便与保安交流。应在门卫安保室配置各种便民设施，方便居民临时借用，如图 2-2-81。

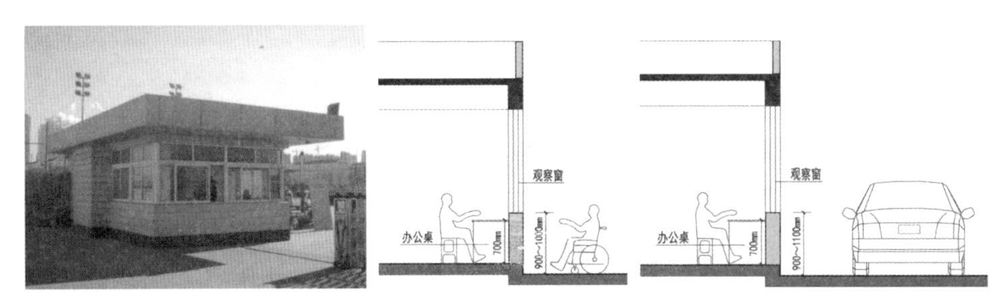

图 2-2-81　门卫安保室

还有一些设备机房、消防水池、垃圾处理室等不是面向普通居民开放的空间，不需要考虑无障碍设计。

六、小结

在住区整体规划中，以上所有的这些公共建筑功能空间并不是完全分散布置、各自独立存在的，有很多功能是可以合并在一栋建筑中的，根据住区的规模不同，有些功能还可能重复设置。设计时应根据不同的情况灵活处理无障碍设计的范围，功能合并时，可以合用出入口等交通空间和停车盥洗等空间；重复设置时可将无障碍设计的空间布置在规模较大、综合程度较高的建筑内或布置在特定使用人群相对集中的区域内。

第三节　当前住区公共建筑无障碍设施设备和细部构造设计

无障碍系统的完整性，最后要落实到实际使用中来，住区公共建筑无障碍设施设备、细部构造设计和施工成为构建无障碍环境的最后一环，直接影响着使用者的体验。现在日常生活中，由于设计不当、施工粗糙、管理疏漏导致的设施使用不方便、无法使用，甚至造成人员伤害的现象也是比较常见的。因此，首先相关人员之间的工作交接要详细完整，其次各工作阶段要责任分工明确，有始有终，才有可能保证各阶段的工作质量，建设经得起检验的无障碍系统。

一、公共建筑无障碍建筑设施设计

公共建筑中最为常见的门、窗、扶手、家具等都是建筑设计中不起眼但却是缺一不可的配套设施，这些细微处的人性化设计体现了建筑师对使用者的关怀，也更方便了身体障碍者的使用。严格遵循无障碍设计要求，合理系统地配置家具等设备，避免使用者发生意想不到的危险，才可以称之为真正的人性化建筑。

1. 门的设计

建筑物的门通常设在室内外及各房间之间衔接的部位，是促使通行和保证房间完整独立使用功能不可缺少的要素。门在无障碍需求人士的生活中起着重要的作用，门的部位和开启方式的设计需要考虑无障碍需求人士的使用方便和安全，供他们自由出入方便快捷。因此建筑物门的设计应避免对无障碍需求人士构成障碍。

门的开口净宽度应保证在门完全打开的状态下轮椅使用者的正常进出，且应满足相应规范的要求，在门板距地面一定高度应设置保护板，防止轮椅的脚踏板和门边发生碰撞，保护板高度宜为 350mm；门把手的位置及形状应该根据轮椅使用者和上肢残疾者容易使用的高度和习惯进行安装，通常高度宜为 900mm；此外，最好能在门上设置能够看到大门对面情况的局部透明玻璃，以防止与门对面的来者碰撞造成二次伤害，如图 2–3–1。可供无障碍需求人士通行的门不宜采用旋转门或弹簧门，并且门扇及五金等配件应考虑便于无障碍需求人士开关，门上安装的观察孔和门铃按钮的高度应考虑乘轮椅者的使用要求。门把手处的五金配件最好采用横向长把手，因为轮椅使用者可以通过把手借力将身体拉近门，方便通过；如有条件，可以将拉门侧的把手设置为竖向，将推门侧把手设置为横向，这样在紧急疏散过程门易于打开，拉门时手腕关节也比较舒适。针对无障碍需求人士来说，适于其使用的门按照开关的难易程度来分，从简单到复杂依次是：自动门、推拉门、折叠门、平开门、轻度弹簧门。公共建筑的入口宜采用玻璃门的形式，这样可以

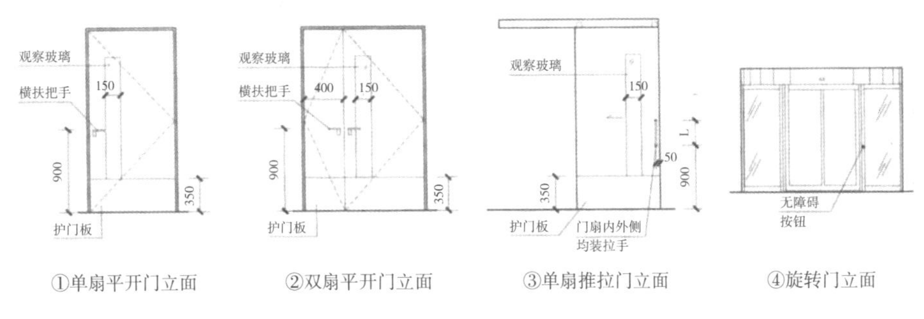

图 2-3-1　无障碍门详图（无障碍设计图集）

使无障碍需求人士确认对面是否有接近门口的人，起到防止相互碰撞事故的作用，但应注意的是，玻璃门处应设置醒目的提示标志。门槛部分也应采取无障碍设计，其高度不应高于 150mm，因此在进行地面找平时应注意留出门槛位置的高差凹槽。当无法设置低门槛时，应选用门槛坡道，如图 2-3-2、

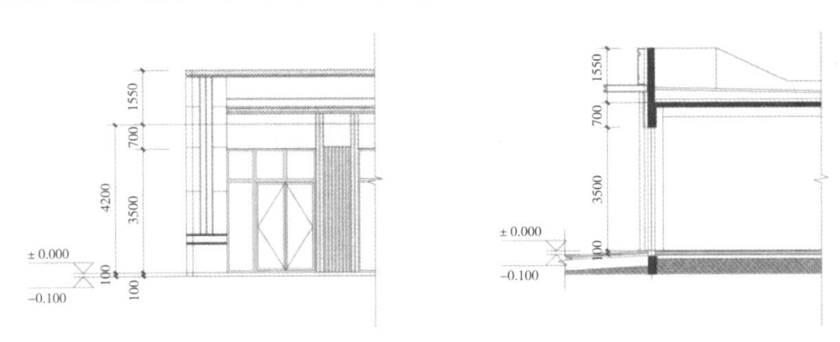

图 2-3-2　无障碍门槛高度控制

a：选用的是常见的门框样式，门槛较高，不利于腿脚不便的老年人通过；

b：考虑到防止老年人绊倒而设置了门槛坡道，但是属于后期添置，没有从设计角度解决无障碍需求；

c：对门框采用了无门槛设计，利用地面缓坡解决流水和扬尘进入，从设计角度解决无障碍问题。

图 2-3-3　无障碍设计中的门槛选择

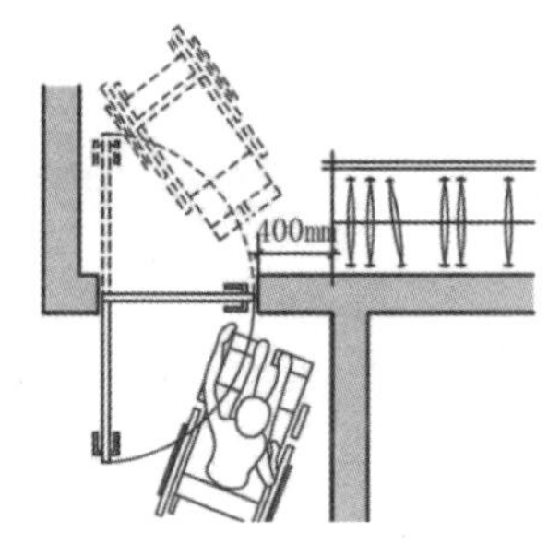

图 2-3-4
室内门应在开启侧留出门垛

图 2-3-5 电动门

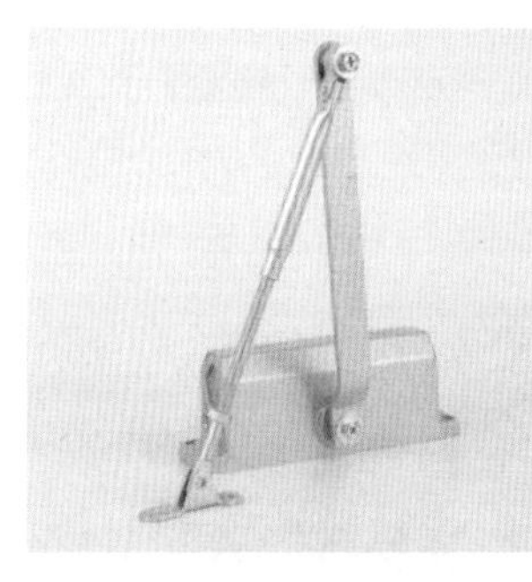

图 2-3-6 自动关闭装置

图 2-3-7 感应门

图 2-3-3。考虑到轮椅使用者进出室内门时轮椅需要回旋余地，室内门应在开启侧留出不小于 400mm 的门垛，方便完成开门动作，如图 2-3-4。

出入口门的设计应能使无障碍需求人士顺利进入建筑物，在两侧安装 750mm—850mm 高的扶手，考虑到雨雪天气，为了避免门口平台打滑最好安装雨棚，同时地面也应采用防滑材料，并开凿防滑条。若地面有高差应同时考虑设置防滑坡道。现有的建筑物的出入口大致有平开门、旋转门、弹簧门、推拉门、电动门、自动感应门等形式。由于无障碍需求人士的身体特点，通过旋转门和弹簧门对他们来说相当困难且容易发生危险，如果建筑物安装此种门的话，应在其附近安装平开门作为补充。上述几种门里以图 2-3-7 所示自动感应门最为方便，不只是轮椅使用者，对手提重物、推婴儿车的人来说同样方便。电动门的开关设置应该做到位置明显、按钮舒适、高度合适并附有盲文，以满足不同需求者的需求，如图 2-3-5。推拉门能保证操作安全，但门越大，重量越大，有可能发生使用者自己无法打开的情形，应考虑设置上滑道以避免地面产生高差或其他障碍。平开门的开、关方式对无障碍需求人士尤其是轮椅乘坐者有很大影响，如果单向开的话，最好采用内开门，不会对外部产生障碍，如果双向都没有什么障碍的话，采用双向开门比较理想，开着的门由于可能对视觉障碍者造成危险，最好安装如图 2-3-6 所示自动关闭装置。

一般公共建筑中，需要选择一个出入口进行无障碍设计，以方便无障碍需求人士进出。如图 2-3-8 所示，在该建筑中，于主入口位置设置了一个无障碍坡道，方便接送孩子的老年人及上学的儿

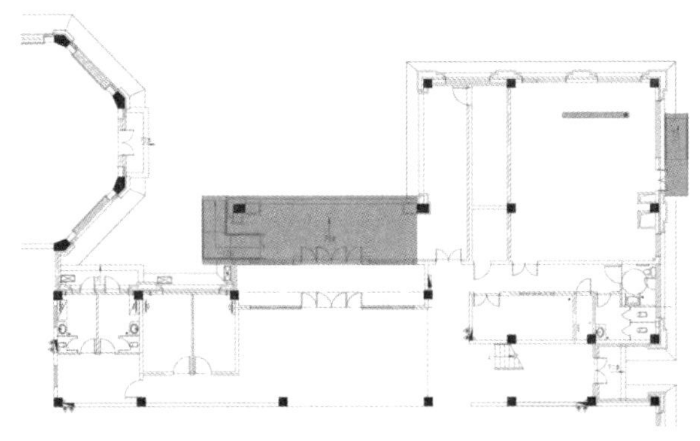

图 2-3-8　无障碍出入口设置

童使用。其他公共建筑中也可以选择将无障碍出入口设置在次入口处。如果条件允许的话，入口形式最好做成平坡出入口。

2. 扶手的设计

扶手是为步行困难者提供身体支撑的一种辅助设施，也有避免发生危险的保护作用，同时连续的扶手设置还可以将无障碍需求人士引导到目的地。在建筑物中的楼梯、坡道、走道、入口大门、卫生间、浴室等均需要考虑设置无障碍需求人士扶手。扶手应具备连续性和坚固性的特点。一般来说，公共建筑应设置方便无障碍需求人士使用的连续的扶手。扶手的设置对使用者安全、方便的行走有很大的辅助作用。

无障碍扶手不应成为新的障碍，应在不经意间使人们的生活变得方便、随意、舒适。对于扶手的选择，从形式上来说，要设置为方便用手抓握的形式，最常用的形式是圆形截面或椭圆形截面；尺寸上，扶手的高度一般为750mm—850mm，若是两层，则为上层 750mm—850mm，下层 600mm—650mm；同时为方便儿童使用，截面尺寸为 350mm—450mm，内侧距墙面 400mm—500mm，以方便双手有空余的空间，扶手的末端应拐到墙里或向下延伸100mm，如图 2-3-9、图 2-3-10、图 2-3-11。除此之外，扶手要起到装饰房间的作用。可以选用与房间颜色搭配的色彩，既能满足功能的需要，又能起到美化的作用。

除楼梯外，卫生间、盥洗室等房间也需要安装扶手来保障相关人士的正常使用。一般公共厕所中应设置扶手，厕所扶手应遵循连贯的原则，保障无障碍需求人士顺利进出，如图 2-3-12、图 2-3-13。

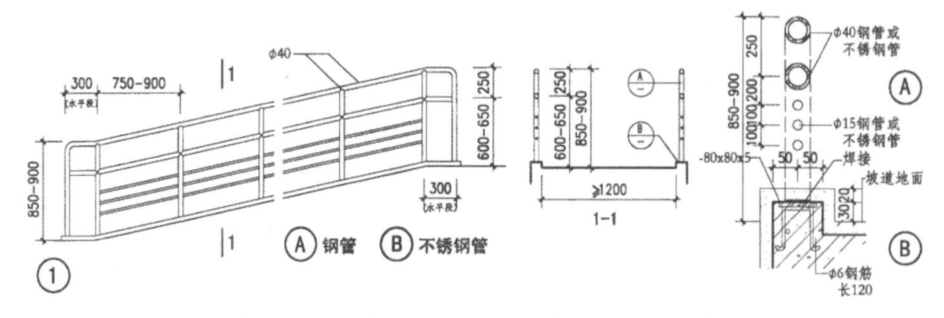

图 2-3-9 无障碍扶手设计详图（无障碍设计图集）

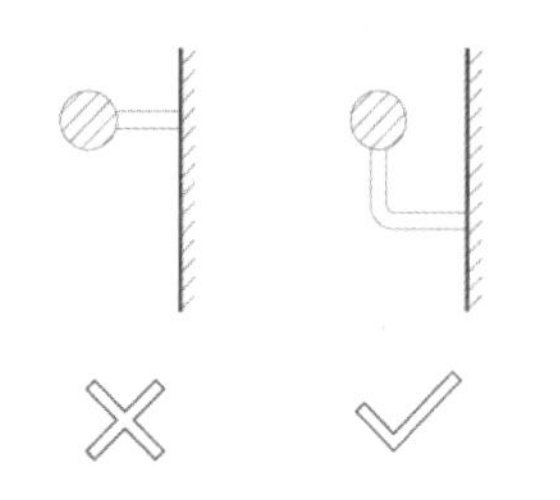

图 2-3-10 扶手固定件做法比较
注：左图为水平向固定件，会对手平移造成损害；右图为 L 形固定件，方便手的平移。

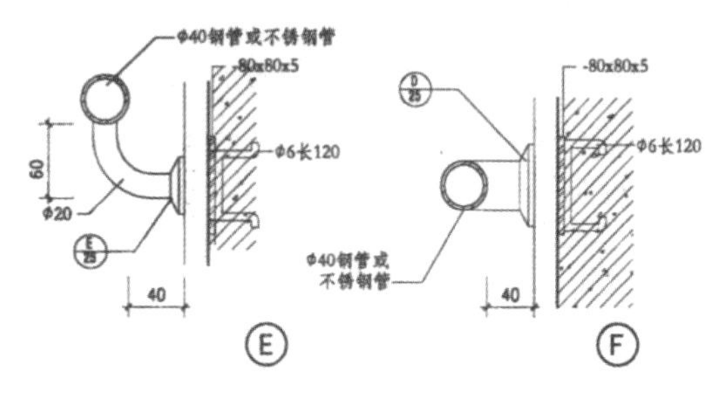

图 2-3-11 金属扶手细部做法

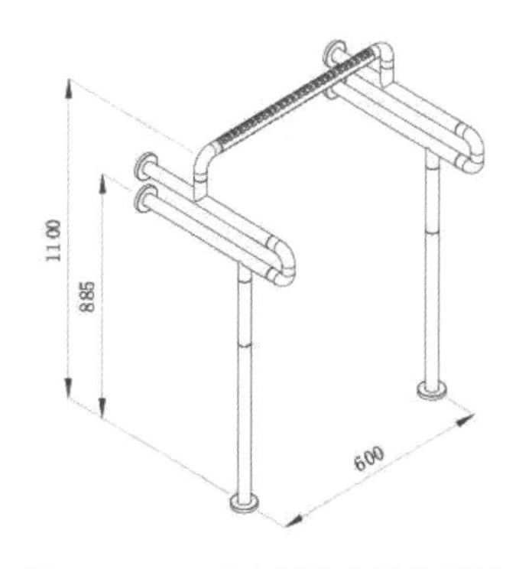

图 2-3-12 卫生间扶手设计详图

图 2-3-13 卫生间扶手设计实例

3. 家具与设备

公共建筑中的家具及设备同样需要进行无障碍设计，以方便无障碍需求人士的使用。只有严格按照无障碍设计的要求，合理系统地配置家具等设备，才能避免无障碍需求人士发生危险，从而提高一座公共建筑的使用价值。

公共建筑内部家具和设备的安装必须要按照无障碍需求人士的行为特点和习惯进行安装，例如书柜或者一些按钮等应设置在轮椅使用者的触摸范围之内，然而这是很难做到的。相对于身体健康的人来说，肢体残疾者特别是轮椅使用者的上肢活动高度较低，因此一般来说需要单独设置供无障碍需求人士专门使用的家具或设备。以服务台、示意图、查询台、传真机、电话机、售货机、饮水处、轮椅席等设施为例，服务设施属于建筑物无障碍设计中可以使用的部分，设施的无障碍程度关系到无障碍需求人士使用建筑的方便与否。为了使残障人士更好地使用建筑，除了一些最基本的设施以外，还要考虑服务设施无障碍。服务设施的无障碍最重要的是“以人为本”，应充分考虑视觉障碍者、听觉障碍者、轮椅使用者的使用需求。因为轮椅使用者的活动范围有限，因此在设计这些设施时应充分考虑其高度和深度，如图2-3-14，美国9·11纪念馆的死难者纪念碑，就采取了针对轮椅的无障碍设计，轮椅使用者可驶入下部留出的空间，而不必探身。柜台的设施应留有高650mm、进深450mm的空间，应在柜台等处为老年人和下肢残障人士设置扶手、提供休息椅等，如图2-3-15、图2-3-16。电话台、传真机和饮水机等设施的高度均应在下部留有空间，且操作性按钮应在900mm—1000mm为宜，也可同时设施高低位两种电话台，方便所有人使用，如图2-3-17。插座、投币口、开关等的高度应设在距

图2-3-14　911纪念馆死难者纪念碑

图2-3-15　低位服务台示意图

图2-3-16　低位服务台

图2-3-17　低位自助存取款机

地面 900mm—1200mm 之间为宜，最低不能低于 350mm，否则对乘轮椅者、下肢无障碍需求人士和老年人来说相当困难。在公共建筑的大厅内，可以设置平面图，而且要采用盲文文字，以方便视觉无障碍需求人士特别是盲人触摸。

室内家具在设计和安放过程中应注意通用原则，无论使用者的身高、体重和健康状况如何，都应使不同年龄阶段的使用者（年龄在 8—80 岁）和具有不同生活能力的使用人群（如轮椅使用者、患有关节炎疾病的使用者、盲人和聋哑使用者等）没有明显的使用不便现象。具体细节如适用于偏爱左/右手使用者的书桌、带有可调节高度台面的书桌和餐桌、架子的设计应当能够满足轮椅使用者的需求、装箱产品的设计能够方便盲人用户开启和使用、橱柜的设计应能够满足患有关节炎疾病用户的需求等。

厨房家具的布置也应遵循无障碍通用原则，在符合人体工学的前提下方便行动不便者和老年人使用。厨房橱柜设计应尽量避免棱角出现，防止因站立不稳导致的二次伤害，同时尺寸应在一个合理范围内，操作台面高度不宜小于 750mm，台下净高度不宜小于 600mm，若设吊柜，则吊柜底面距地面应大于 1400mm。在条件允许的情况下，应当尽量避免吊柜，采用底柜。橱柜内置物功能划分上应使较重的物件摆放在下层，较轻的物件摆放在上层。橱柜把手最好设置成凹形槽状，避免外凸，这样既可以避免突出物件造成伤害，也方便不同身材的人使用。台面材料应具备防火性能，防止因忘记断电造成火灾；颜色上尽量选取明亮且对比度强烈的颜色，以增强辨识度，如图 2–3–18。

公共活动场所的家具布置应当适度宽松，留有余地，应能使轮椅在房间内正常行动。如图 2–3–19、图 2–3–20 所示，社区图书馆和社区剧场的通道宽度都明显大于一般数值。当涉及容易产生危险的公共设施时，应当保证有足够宽敞的逃生通道，如图 2–3–21 中的实习厨房就有多种无障碍和逃生设计。

供老年人使用的场所中家具最好采用辨识度高的颜色，以方便老人辨识，其色调最好为亮色；休息区域和通行区域的铺地颜色最好有明显差别，不同高度的区域也最好采用不同颜色的铺装。

社区提升型设施中若包含洗浴等服务时，应注意地面防滑与水池深度等

图 2-3-18　家具颜色应具备辨识度

供老年人使用的场所中家具最好采用辨识度高的颜色，以方便老人辨识，其色调最好为亮色；休息区域和通行区域的铺地颜色最好有明显差别，不同高度的区域也最好采用不同颜色的铺装。

图 2-3-19　社区图书馆（上海奉贤区老年大学）

老年图书馆书架之间的距离较正常图书馆要宽一些，这是为了方便老年人通行而不发生碰撞，同时其照度需求也更高，这是考虑到随年龄增长，视神经萎缩，对光线的要求更高。

图 2-3-20　社区剧场（上海奉贤区老年大学）

供老年人使用的剧场建筑中，座椅的间距应比普通剧场建筑要大，这是为方便腿脚不便的老年人就坐而准备，在发生突发状况时也能方便逃生。

图 2-3-21　公共厨房

供老年人使用的厨房应考虑与轮椅的适应性，同时过道不宜过窄，应方便逃生疏散。

方面的问题，不应使用遇水后打滑的材质，水池也不宜过深，若有必要可设置移动洗浴设备，具体细节如图 2–3–22。

沙发、床等卧具方面应注意家具的高度，符合老年人的活动范围，不宜过低，其高度以 400mm—500mm 为宜，床垫、沙发垫等不宜太软，防止因无法借力导致的损伤与恐慌感。床具侧边最好安装护栏扶手，防止因夜间翻身导致的掉落，细节部分如图 2–3–23。

①整个房间采用落地窗设计，采光良好，方便老人观察室内地面状况；

②地面采用清水混凝土为铺地材质，没有选择常用的瓷砖，因为混凝土的防滑性能较好，可以有效避免老人跌倒；

③浴池采用螺旋形坡道设计，可以方便行动不便的老年人乘坐泡浴车沐浴；

④平地与坡道交界处设置了排水槽，可以防止水位过高漫出水池，同时在两侧可以设置防滑地毯，提示使用者坡度在此处发生变化；就近设置淋浴和马桶等卫生设施，方便老人使用，并留有足够的助浴空间。

图 2–3–22　无障碍浴池（日本 JIKKA 疗养之家）

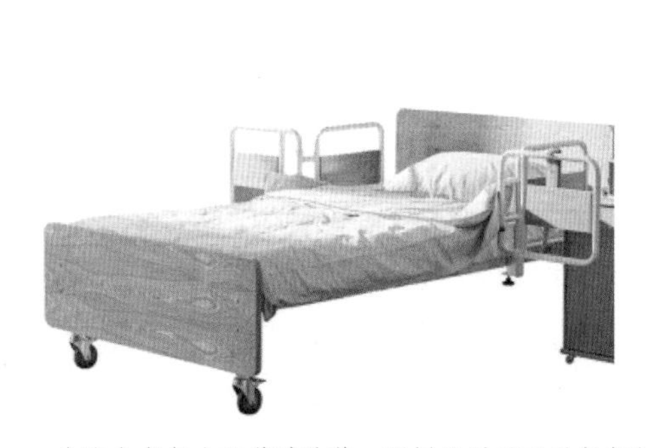

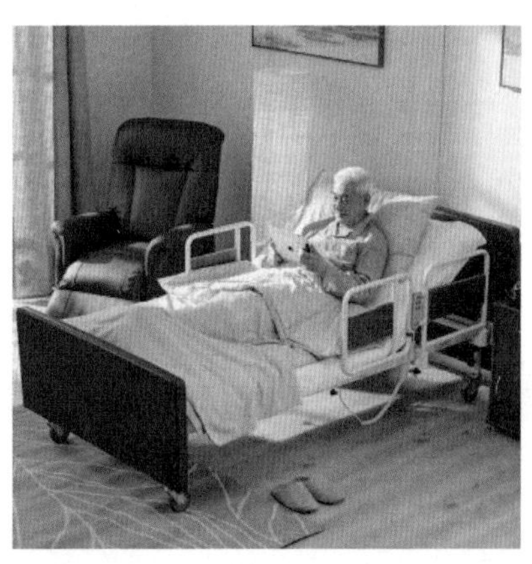

为防止老年人睡觉时跌落，两侧设置了可以竖起的护栏，白天需要倚靠床铺休息时可以将护栏打开，帮助老人正常上下床。

图 2–3–23　日间照料中心床位设计

二、公共建筑无障碍交通设施设计

公共建筑中的无障碍交通设施可分为水平交通和垂直交通设施，其主要包括坡道、走廊、电梯、楼梯、扶手等设施。

1. 坡道

为便利乘轮椅者等行动不便人士，大部分设计都采取了坡道的手段。坡道的规划与设计应注意形式、坡度和宽度等几个方面。坡道的形式有直线形、折线形、弧线形，一般选用直线形、折线形，不宜设置弧线形，可根据入口处空间的大小和实际情况，综合考虑方便性、美观性等因素进行确定。坡道应设置为 1200mm 的宽度，同时净宽度不应小于 1000mm，以方便乘轮椅者控制轮椅，在坡道的起点和终点的水平长度不小于 1500mm。坡度的大小对于轮椅能否在坡道上安全行驶起到至关重要的作用，国际上制定了坡道的坡度不应大于 1∶12 的国际统一规定，但是出于安全和舒适的要求，将坡道做成 1∶16 或者 1∶20 则更为理想。我国规范中对坡道坡度的规范如图 2–3–24、图 2–3–25。

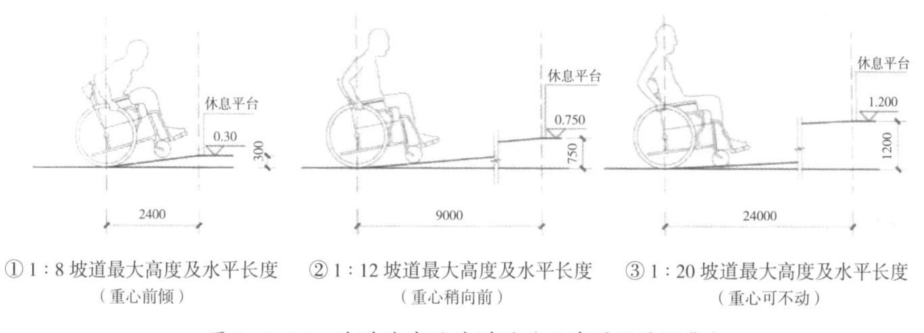

① 1∶8 坡道最大高度及水平长度（重心前倾）　② 1∶12 坡道最大高度及水平长度（重心稍向前）　③ 1∶20 坡道最大高度及水平长度（重心可不动）

图 2–3–24　坡道坡度设计详图（无障碍设计图集）

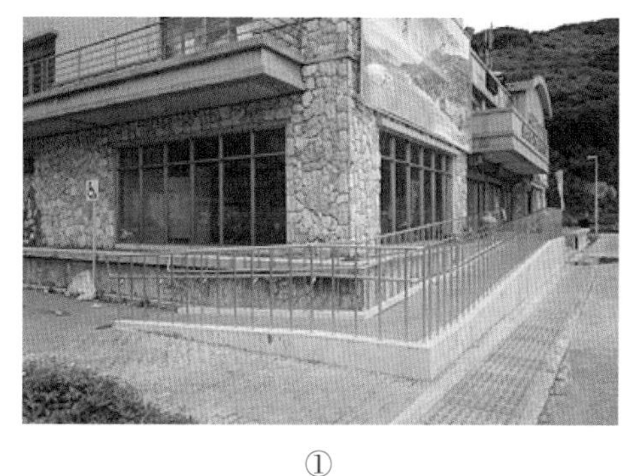

①

②

图 2–3–25　坡道实例

若建筑入口高差较大，需要设置多级楼梯的时候，也可以考虑将坡道设计成如图 2–3–26、图 2–3–27 样式的与景观设计相结合的形式。这样做的好

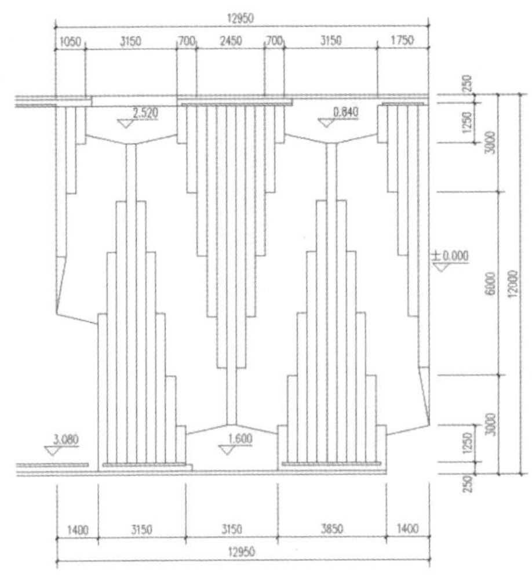

图 2-3-26　坡道与台阶结合详图

图 2-3-27　坡道与景观结合
（Châtenay.Malabry 新社区广场）

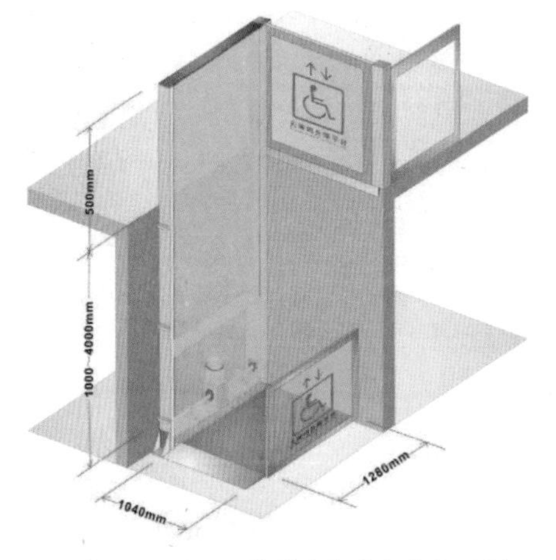

图 2-3-28　无障碍升降平台参数示例

处是视觉看起来更美观，同时兼顾了设计感和使用需求，但是可能会因此突破现有规范对坡道扶手的要求。因此在设计过程中应根据实际使用情况决定是否采用。

扶手、安全挡板和休息平台：为了轮椅行驶的安全，坡道两侧应设高750—850mm的扶手，如果考虑方便儿童的使用，可设750mm—850mm和600mm—650mm双层扶手。为防止轮椅的前轮和使用手杖者的下端陷入扶手的空隙内，应在栏杆下设置不小于50mm的安全挡台。此外，我国《无障碍设计规范》中除规定了最大坡度之外，还规定了在不同坡度的情况下应在坡道中间设置深度为1500mm的休息平台。

当建筑物的出入口、门厅等存在无法进行无障碍改造的高差时，应当设置垂直升降平台或斜向升降平台，垂直式的平台尺寸宜设置为1200mm×900mm，斜向平台的尺寸宜设置为1000mm×900mm，坡度以40°为最佳。升降平台的运行速度为0.1m/s。升降装置应设置有可靠的安全防护装置，并且基坑处应采用防止误入的安全防护措施，如图2-3-28、图2-3-29、图2-3-30。

2. 走廊

公共建筑的走道或疏散通道是建

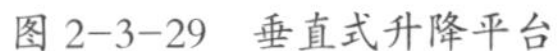

图 2-3-29　垂直式升降平台

图 2-3-30　斜向升降平台

筑重要的水平交通设施。走廊的宽度根据功能的不同设置也不同。走道和疏散通道要避免出现非直角的交道口或直角的拐弯，尽量采用直线形式，以防止视觉障碍者、智障者及老年人迷失方向；另外，走廊设置不要过长，以防止无障碍需求人士和老年人步行时间长了容易产生疲劳，当过长时则应在中途设置不影响他人通行的休息场所。

在火灾等紧急情况发生时，走廊则成为了一条重要的疏散通道，但是由于无障碍需求人士生理或心理上的障碍，很难感知到即将到来的危险，即使感知到了也不易做出敏捷的判断或躲避，所以常常处于危险之中。因此在公共建筑的走道中应设置标识牌，以方便无障碍需求人士疏散；而对于听觉和视觉有障碍的人来说还要设置便于他们能迅速感知的危险报警系统。同时还要考虑设置方便无障碍需求人士使用的保护板、扶手等一系列安全防护设施，且对于走道的地面、墙面以及天花板材料的选择上，应该选用有一定材质或色彩反差的材料，以帮助视觉无障碍需求人士辨别位置或方向，如图 2-3-31。

无障碍通道不宜设置厚地毯，当有高差时应设置轮椅坡道。室内走道宽度不应小于 1200mm，若是人流较多的大型公共建筑，则走道宽度不应小于 1800mm。

应当注意的是通道中的扶手应该是连续的，扶手末端应当向下弯曲或接入墙内。若遇到必须断开的地方，如消火栓、房间门等时，可以将栏杆短距离内截断，然后在房门等活动物上也进行安装，以防止房门打开后，行动不

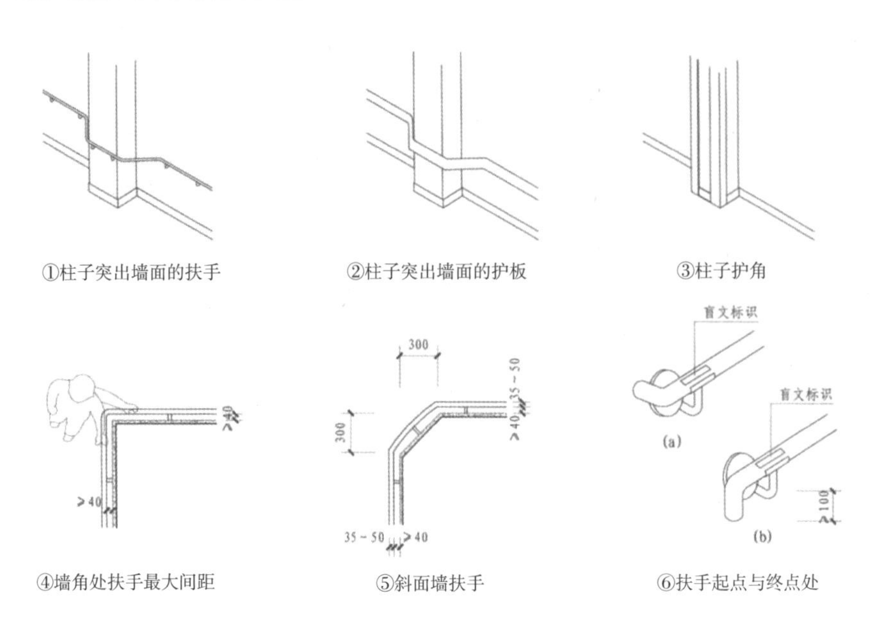

①柱子突出墙面的扶手　②柱子突出墙面的护板　③柱子护角

④墙角处扶手最大间距　⑤斜面墙扶手　⑥扶手起点与终点处

图 2-3-31　无障碍走廊空间的细部设计

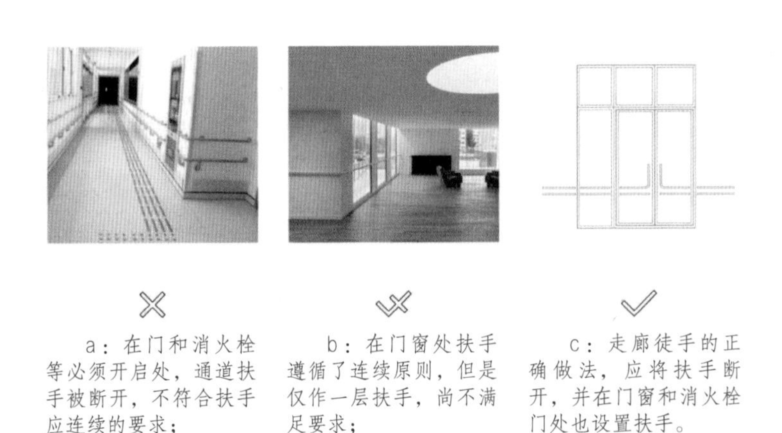

a：在门和消火栓等必须开启处，通道扶手被断开，不符合扶手应连续的要求；

b：在门窗处扶手遵循了连续原则，但是仅作一层扶手，尚不满足要求；

c：走廊徒手的正确做法，应将扶手断开，并在门窗和消火栓门处也设置扶手。

图 2-3-32　走廊扶手设计的选择

便者无处抓扶，如图 2-3-32。

3. 楼梯和电梯

楼梯是建筑中连接上下空间的重要部分，同时也是危险发生时重要的疏散通道，因此楼梯是无障碍设计的关键。在公共建筑中楼梯的设计应同时考虑到视障者、下肢不便者、孕妇、儿童和老年人等使用者的需求，最主要的就是安全性，两侧应安装连续的扶手，同时应注意其高度的设置。楼梯的无障碍设计主要从形状、尺寸、导向设施等方面进行考虑。楼梯设计的一般规律是：楼梯坡度越小，上下楼就会感到越舒适，并且下楼时的危险性也会越小。因此，楼梯的梯段宽度、踏步的水平宽度及垂直高度的尺寸必须使无障碍需求人士可方便安全地使用，宽度不应小于280mm，踏步高度不应大于160mm。踏步类型上，为防止跌倒滑落，材料上尽量选取摩擦力大的材料，并且踏面应平整防滑或在踏面前缘设防滑条；形式上不应采用无踢面和直角形突缘的踏步，如图2-3-33。

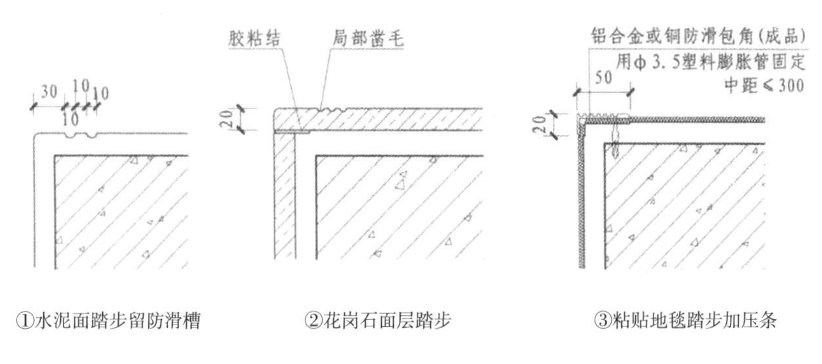

图2-3-33　踏步构造设计详图

若室内没有条件安装电梯，则应在楼梯处安装升降座椅。

电梯是老年人和无障碍需求人士最可靠的上下楼工具。公共建筑内要专门配置供无障碍需求人士使用的电梯，设置时应考虑到视障者、听力障碍者、乘轮椅者等使用者的需求。电梯的主要设计点在于候梯厅、轿厢尺寸和操作盘等几个方面，且设施的配备及规格都要严格按照无障碍设计的要求进

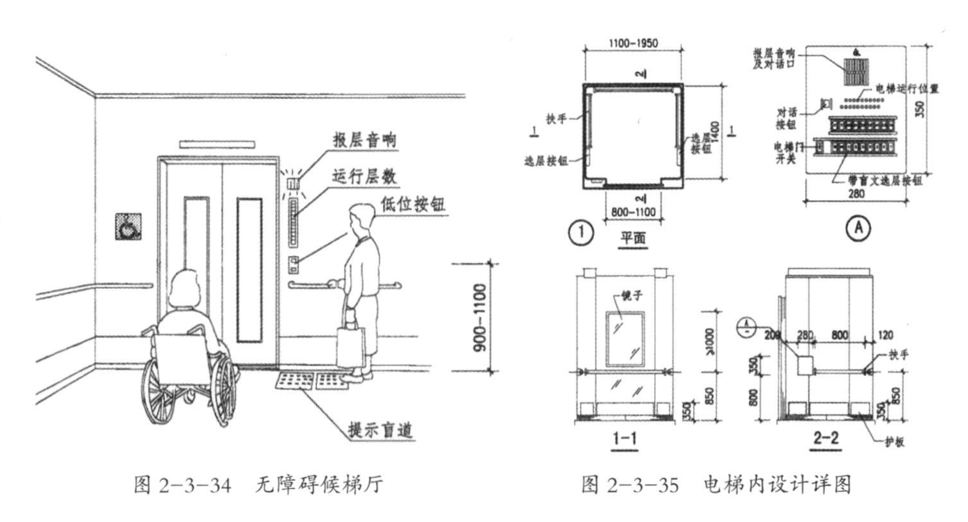

图2-3-34　无障碍候梯厅　　图2-3-35　电梯内设计详图

行，如电梯门的宽度、关门速度、轿厢的大小应保证轮椅能够进入，并且有足够的回转空间，电梯还要设置扶手、方便各种类型无障碍需求人士使用的操作按钮(配备盲文)，如图 2–3–34、图 2–3–35。在电梯运行的过程中要有清晰的声响提示，以便于无障碍需求人士上下楼；另外在电梯厅中的人流密度比较大，显眼的位置还要安装无障碍通行标志，如图 2–3–36。

低位按钮

正对电梯入口的位置设有镜面，可以使轮椅使用者在不用转身的情况下观察电梯外景象；门两侧设有语音播报音响，提供语音服务，帮助视障者使用；内部设有扶手，方便行动不便者抓扶。

图 2–3–36 扶手及镜面内饰

三、公共建筑无障碍标识设施设计

所谓标识是指设计成图形或者文字的视觉展示“符号”“记号”等，用来传递信息或者吸引行人注意力，是帮助他们理解环境和行动信息的一种直观的手段。符号与标识可以简明直观地向人们传递信息，是一种无声无国界的语言，是无障碍设计缺一不可的组成部分。国际无障碍需求人士联合会专门为无障碍需求人士制定了“国际无障碍标识”，并规定了在所有实现无障碍化的场所都应悬挂这种标识，用来作为无障碍需求人士行动的指导，如图 2–3–37、图 2–3–38。

1. 标识的类型特征

根据信息的获得方式不同可将标识分为基于视觉、触觉、听觉的标识，根据功能又可以分为引导标识和位置标识两种。

基于视觉的标识是以文字与图画形式来表示信息的最常见形式，以至于人们就想当然地认为标识就是指传达视觉信息的标识。随着老龄化社会的到

图 2-3-37
室外标识

图 2-3-38
室内标识

图 2-3-39
无障碍灯箱标识

图 2-3-40
无障碍疏散指示照明标识

来，老年人需要更大、更亮、反差更大的标识，这也迫使我们的研究需要在可识别性、可读性、醒目性等方面更进一步地推进。室内光线较昏暗时，为方便观察，标识牌通常都设置成指示灯箱形式，如图 2-3-39；逃生疏散指示牌上，常采用对比度较高的图形和图底颜色，有时还会安装灯箱，如图 2-3-40。

听觉是仅次于视觉的一种信息接收手段。对视觉障碍者来说，基于听觉的标识则是其最主要的信息来源，常见的有车站的广播系统、过街音响等都可以为视觉障碍者提供必要的信息，如图 2-3-41。生活方面，苹果公司的人工智能软件 Siri 也可以看作语音无障碍设计的一种，如图 2-3-42。

盲文和盲道是我们最常见的基于触觉的标识。它可以在很短的时间内将比较重要的信息准确地传达给需要者，但在传达危险等信息时，将触觉和听觉结合起来，同时提供两方面的信息效果会更好，如图 2-3-43、图 2-3-44。

在基于嗅觉而制作的标识中，最具代表性的标识是在普通家庭中做饭及取暖时使用的燃气里添加的臭味，如果察觉不到燃气泄漏，就容易发生爆炸或火灾等重大事故。日常生活中，视障者常以通行途中的面包房的香味、路边的花香作为独特的标识，利用它们作为确认位置信息的手段。

2. 标识的设计原则

标识设置的目的及原则是信息发出者与接收者之间的交流，中间必须有双方都能理解的符号或语言。为此，标识的设计首先必须从过多的信息中挑选出必要的信息。针对无障碍标识设计的原则，应首先满足明确性、标准性、反复性、统一性、连续

图 2-3-41　过街音响

性、单纯化、可读性的一般性原则，其次还要满足残障人群的心理因素、信赖感、美观性、舒适性等要素。因此，为创建更好的标识环境，就要将所有与视觉信息相关的因素整合起来研究，并与建筑、照明、通信及各种设备保持密切的合作。

3. 标识的位置选择

考虑到老年人视力下降，乘轮椅者视线比普通人低，听力障碍者不能依靠声音获取信息。因此，标识设置的位置和高度就很重要。按设置位置分类可分为自立型，如图 2-3-45、悬吊型，如图 2-3-46、墙挂型，如图 2-3-47、突出型，如图 2-3-48 等形式。

图 2-3-42　Siri 语音互动

悬吊型和突出型一般都设置在较高的位置，有利于从远处辨认，多用于引导标识和位置标识，自立型因面板设置高度不同使用目的也不同。标识设置位置不同，其效果也大不相同，如引导标识需要想办法设置在与使用者的视线相对的一面才能起到很好的识别作用，如图 2-3-49。

图 2-3-43　盲道

因为轮椅使用者和儿童的视线高度范围比正常人要低，所以近处的标识应设置在正常人和轮椅使用者均易辨识的高度，地面到标识中心的距离应为两者视线高度的中间值为宜，如图 2-3-50。

4. 标识的色彩设置

标识中的色彩运用是为了使标识具有更好的可辨性，可辨性取决于明度、彩度、色相和差异性几个方面。对文字、记号和图形加以影响，一般来说，明度相差大的黑白与颜色搭配，其可辨性较强。但是在为老年人考虑色彩的时候不仅要考虑到其可辨性，还要考虑到因年龄变化对其眼球的影响，一般在老年人和视障者经常活动的空间使用米黄色之类的颜色，不过要充分考虑色相、明度、彩

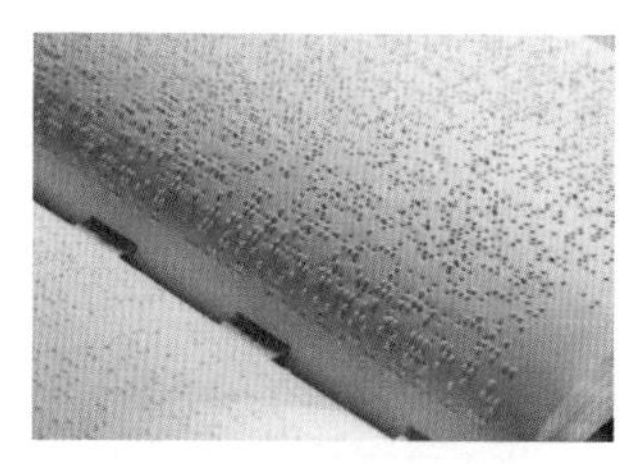
图 2-3-44　盲文

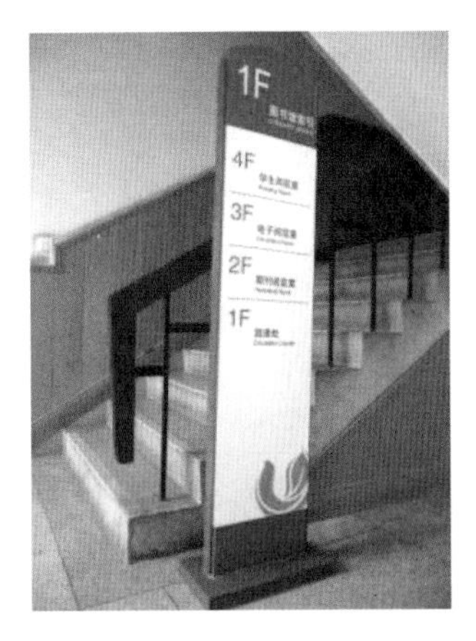

图 2-3-45　自立型

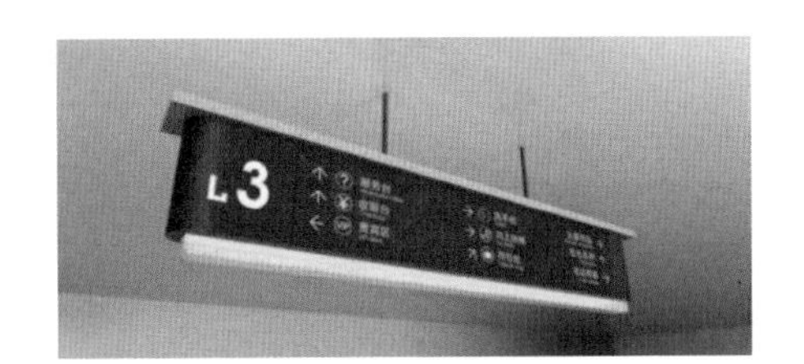

图 2-3-46　悬吊型

图 2-3-47　墙挂型

图 2-3-48　突出型

通常在墙面上悬挂设置，由于两面均有标识信息，且与视点成一定角度，这种做法能够降低辨识难度。

图 2-3-49　三棱柱形突出标识牌

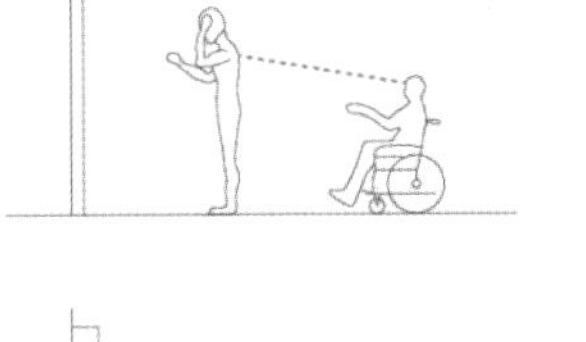

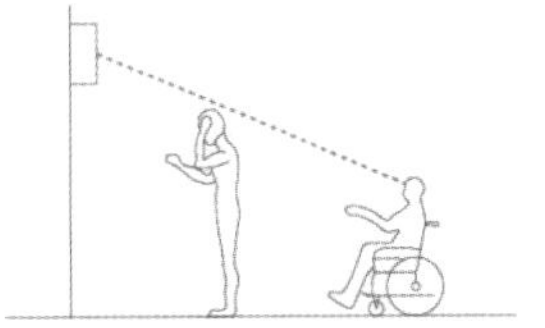

普通自立型标识牌高度较低，通道内比较拥挤时轮椅使用者因为视点较低，视线可能会被遮挡；而悬挂、突出型标识牌高度较高，有助于轮椅使用者观察。

图 2-3-50　标识高度对视线的影响

度等各自的对比，以便使它们取得平衡，地面用低明度的颜色赋予安全感，墙面用与地面易区别的具有明度差的色，最好用低反射率的材质。为了不让建筑整体空间乏味，不要采用相类似的颜色，可采用一些重点颜色比如互补色，地面、墙面、门框、天花板等采用对比较明显的颜色设置，对老年人和视障者都是有很大帮助的，如图 2-3-51。

a：标识牌与附着物的颜色均为绿色，区分不明显，并且没有国际通用的无障碍标志，不符合要求；

b：选用了与附着墙面颜色对比明显的色彩，并且该色彩还属于亮色，十分醒目，可以使人很容易观察到。

图 2-3-51　标识物色彩选择

四、公共建筑无障碍辅助设备

无障碍辅助设备主要包括升降平台、升降机、爬楼机、自动步道等交通辅助设备以及视觉导引、声音导引、盲道、感应器等提示标识设备。这些设备主要作用是在建筑细部尺寸设计的基础上，进一步提升无障碍需求人士的使用体验，或是在比较狭小的空间内无法解决无障碍设计时作为替补选项采用。随着社会和科技的进步，各种无障碍辅助设备层出不穷，它们不仅能改善行动不便者行动不便的状况，还能帮助提升健全人的体验。由于辅助设备种类繁多，本章不会一一讲述，仅选取各个类型作为代表。

1. 行动辅助类设备

这类设备的作用是帮助行动不便者进行移动，主要是帮助他们跨越正常情况下难以通过的高差等。常见的行动辅助类设备是电梯、自动扶梯、升降平台等，前文已经有过详细的介绍，此处不再赘述。在一些需要长距离水平移动或需长时间负重移动的场所，通常也会设置水平传送带来帮助使用者，这也是无障碍设计的一部分，如图 2–3–52。在一些无法进行无障碍改造的建筑环境如保护建筑、文化遗产等中，通常会采用电动轮椅等可移动、非固定的电动设备，这也是解决无障碍设计的一种可用手段，如图 2–3–53。

机场常见的水平扶梯，可以方便行李沉重的旅客行动。

图 2–3–52　水平扶梯

常用于不能加建无障碍坡道的文保单位，借助这种设备帮助行动不便者上下楼梯。

图 2–3–53　电动轮椅

2. 感知强化类设备

这类设备的作用是强化感知障碍者对外界讯息的接受能力，主要手段是提高声音、色彩、气息等讯息的强烈程度。常见的感知强化类设备有视觉导引、声音导引、盲道、感应器等。这些设备常常与无障碍标志相结合，起强调的作用。视觉无障碍辅助设备常用的方法是采用识别度较高的颜色，比如紧急疏散出入口处的逃生标志采用了显眼的绿色，可以让视觉障碍者也能轻易注意到；再比如日常生活中常见的红绿灯，其颜色选择也是考虑了各种视觉障碍者对不同颜色的敏感程度而确定的。针对半盲或全盲的患者可采用触觉 / 听觉辅助设备，如图 2–3–54，如布莱叶盲文触觉地图和语音地图，如有条件也可以配备导盲犬。听觉无障碍辅助设备主要为助听器，可以在公共场

地图与盲文的结合，常用于大型园区。

图 2–3–54　触觉地图

为方便不同语言使用者接受信息，很多城市的公交车都开始采用双语甚至三语播报。

图 2–3–55　公交语音播报

合提供租赁服务；此外，还可以在显眼处设置清晰、准确的指示信息牌。针对语言不通的问题，可以在播报语音中增加使用比例较多的方言，如上海市公交车报站语音就有普通话、英语、上海话三种，香港公交车也有粤语、普通话和英语三种语言，如图 2-3-55。

3. 关怀救助类设备

这类设备可以通过实时感应监测使用者的反应情况，利用物联网技术向社区管理者发送讯息，或是利用杠杆等结构，减少残障者起身的困难，起到帮助他们节省力气、防止二次受伤的目的。目前很多设备仍处于概念设计阶段，受限于各种各样的社会经济条件还未进行大规模推广，因此例子仅作介绍。行动辅助类有 Raizer 椅子（可以帮助摔倒的人起身），如图 2-3-56、Liftware Level 智能餐具（帮助手抖者自主就餐），如图 2-3-57 和 Solo Toilet Lift 马桶圈（帮助膝关节不便者如厕），如图 2-3-58 等，监测类设备主要是 sensfloor 报警地毯，如图 2-3-59。

帮助摔倒的老人起身的道具，侧边有扶手，摔倒后站立不便的老人可以躺在椅子上，按下按钮就能轻松起身。

图 2-3-56　Raizer 椅子

帮助帕金森患者和手抖者正常进餐，该餐具内部加设了防抖控件，让使用者不致将食物洒出。

图 2-3-57　Liftware Level 智能餐具

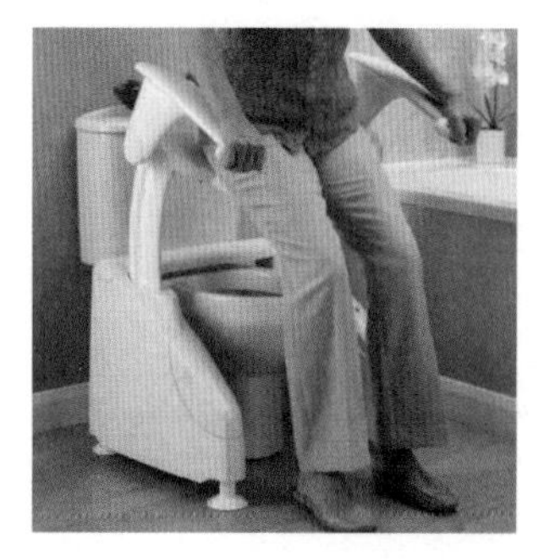

帮助蹲坐不便的老人如厕，采用电动机帮助老人起身。

图 2-3-58　Solo Toilet Lift 马桶圈

根据地毯上的感应器判断老人是否摔倒，并决定是否报警，这是物联网信息技术的最新实践。

图 2-3-59　sensfloor 报警地毯

五、智能互动管理平台

随着非物质化（Immaterial）的进程，无障碍设计本身不再是单一学科的问题，而是多层面的综合问题，应该放在更广阔的设计视角之中，整合各学科的设计思维与方法，以人文关怀的态度来进行重新思考与审视。近十年间，随着普适计算（Pervasive Computing）能力的不断增强，以社会化网络与移动互联网应用为代表的“新生态”科技不断地改变着人们的日常生活与行为模式，信息技术与物联网发展异军突起。这种背景下，基于物联网技术的智能互动管理平台正在逐渐兴起，在便利残障人士的生活方面起着无可替代的作用。

智能互动管理平台是指利用物联网和数字信息技术，实现跨终端的交互管理技术。利用该手段主要包含这几部分内容：智能交通与无障碍出行、智能城市公共设施与无障碍服务、智能社区与无障碍交流、智能家居与无障碍生活，从衣、食、住、行到价值实现全方位实现智能化。

智能交通方面主要包括个人交通和公共交通两方面。个人交通方面，可用技术主要有智能无人驾驶系统和车载信息系统，如图 2–3–60、图 2–3–61，这两种方法可以大幅降低出行成本，利用互联网信息技术实时通信，选择最佳出行路线；公共交通方面主要包括多平台预约购票系统和新能源交通工具短租服务。

城市公共设施是城市整体风貌的外在表现，其智能无障碍化处理手段包括外部空间 WiFi 覆盖和特殊人群 GPS 定位、大型公共场所提供综合信息反馈、设施功能的多重整合等。通常这种无障碍服务可以由政府机构同地图服

图 2–3–60　车载信息系统
车载地理信息技术，现已全面普及。

图 2–3–61　无人驾驶系统
虽然仍存在各种各样的问题，但无人驾驶正以无与伦比的速度迈向现实。

务供应商合作实现，利用手机等便捷的服务终端普及无障碍设施的分布情况，如图 2–3–62。

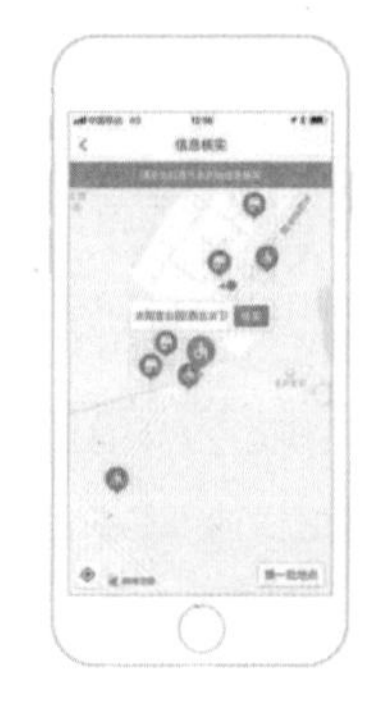

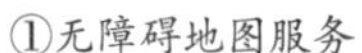

①无障碍地图服务　　　　②无障碍地图服务

图 2–3–62

智能社区服务的主要内容是智能化的社区服务平台建设，通过网络平台，可以小区为节点，建立内部网络，也可以发布内部信息，增强邻里之间的交流，同时增强政策信息的传达速度，如图 2–3–63。

基于网络的社区互动管理平台，在实时监控、信息发布等方面都很有优势。

图 2–3–63　智能社区平台

物联网技术的最广泛应用，可以实现单一终端控制，仅用一部手机就能控制家里所有的家电。

图 2–3–64　智能家居

智能家居是智能互动管理平台最重要、最核心的部分，因为无障碍需求人士在家的时间相对而言是最长的，对家庭环境的依赖程度也是最高的。家庭产品需要回归温暖舒适的本质，强调“物”应该是经常在使用，却往往感觉不到其存在，达到“隐身，贴切，知心”的一种禅意设计美学。智能家居应提供给残障者更好的无障碍生活保障。主要的手段包括家庭设备的集成控制、智能传感器和紧急事件求救装置、多种设备之间的物联网设施以及居住环境智能化调节，如图 2–3–64。

六、小结

本章节主要介绍了建筑空间无障碍细部设计方面应当注意的问题和应当遵循的原则，主要从走廊、交通设施、扶手、家具和标识物几个方面展开，进行详细的介绍。建筑细部构造设计上应当以安全性为最优考虑，并以避免二次障碍为优先。地面材料上使用不易打滑、行人或轮椅翻倒时也不会造成太大冲击的材料，若是地毯则其表面应与其他材料的高度保持一致，且绒毛不宜过长。走廊或通道最好不要有高差，尤其是台阶数不多的地方，不易被注意到而容易发生绊倒或踏空的危险，在有高差处应设置防滑的坡道进行处理。应考虑到轮椅不易保持直行，车轮及脚踏板易碰到墙壁或手指被挤的情形，为避免此类事件，应设置保护板或缓冲壁条，将转角处设计为圆弧形状。巧妙地配置色彩可使视障者较容易地在大空间中行走，也可以较容易地识别对象，在易发生危险的地方通过使用对比强烈的颜色或照明等措施来提醒人们注意，连续设置的照明设施也可起到引导路线的作用。

第四节　既有住区公共建筑无障碍改造更新

除了新建的居住小区之外，更有大部分的无障碍需求人士和老年人居住在老旧的小区里，有的是福利分房时期的单位宿舍，有的是开发较早的商品住区，还有的是建设缺乏管理的自我生长型小区等。这些小区的无障碍环境建设都存在标准低、问题多、缺口大的情况，无障碍改造更新的实际操作会非常复杂，牵扯面广，难度较大。这些居住在既有的老旧小区的已老或将老的居民、有障碍的无障碍需求人士群体，通过经济手段改善自己的生存条件、提高生活质量的程度是非常有限的，因此既有住区公共环境的无障碍改造更新是迫在眉睫的，它是关系到民生工程非常重要的工作。为了营造安全、绿色、便利的生活环境，构建就近便捷的社区服务生活圈，加强既有住区公共建筑无障碍改造，也是完善以居家为基础、社区为依托、机构为支撑的社会养老服务体系的重要一环。

一、确定合理的改造范围

由于既有建筑的改造情况各异，应根据每个现存建筑的条件做出无障碍评估和改造造价预算，区分重点改造、一般改造和升级改造范围，然后根据项目实际情况进行理性的选择。不必一味追求多、全、广，也无需不吝成本打造高、精、尖，应以合理适度为原则。

1. 确定重点范围优先改造

无障碍建筑改造首先将重点部位集中在公共出入口、公共走道、楼梯 、电梯候梯厅及轿厢、卫生间等设施和部位，如图 2–4–1。主要包括地面，如图 2–4–2、扶手，如图 2–4–3、坡道，如图 2–4–4、标识、照明等项目节点。

应进行无障碍改造的具体要求：（1）主要出入口应设置至少一处无障碍出入口。（2）建筑内设有公共卫生间的，应至少在一层设置 1—2 个无障碍厕所。（3）超过一层的公共建筑在主要出入口应设置至少一处无障碍电梯或对至少一处已配备电梯进行无障碍改造。（4）水平走廊上的所有小高差应用坡面或坡道过渡。（5）应设置无障碍标志和足够明显的无障碍引导标识。（6）停车库距离无障碍出入口或无障碍电梯最近停车位应改造为无障碍停车车位。（7）改善门廊、门厅、走廊、楼梯、卫生间等重点公共区域的照明条件。（8）在坡道、台阶、楼梯和卫生间适当加装扶手。（9）既有建筑主要公共部位地面如有不平、易滑的问题应进行改造。 所有改造的设施均应达到《无障碍设计规范》相关要求的最低标准。

图 2-4-1　卫生间改造

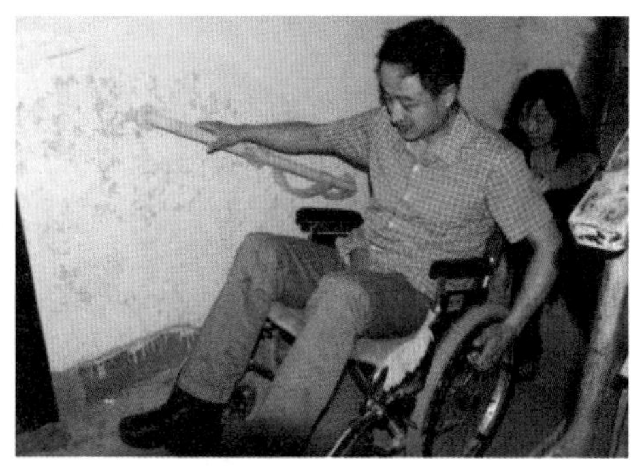

图 2-4-2　地面改造

图 2-4-3　加装扶手

图 2-4-4　安装坡道

2. 评估一般范围适当改造

在资金条件允许的情况下，宜考虑对洁具、家具的更新，适当增加智能设施和辅助器具。

宜进行无障碍改造的具体要求：（1）卫生洁具可改造为感应式，可加设多功能卫生间的相应设施，如图 2-4-5。（2）可改造和加设低位家具。（3）室内空间应有方便轮椅通过的通道，货架设置可适当加宽，如图 2-4-6。（4）既有建筑的固定家具，可适当更新为活动家具。（5）主要公共空间铺设盲道，规模较大或建筑空间较为复杂的既有公共建筑可增设综合导引台。（6）可结合智能网络，设置生活管家、健康管家等服务项目，如图 2-4-7。（7）可配备手写板、老花镜、共享轮椅及婴幼儿车等辅助器具，如图 2-4-8。

3. 升级改造范围，完善无障碍环境

可以根据实际情况提出对既有建筑空间的优化改造。

还可以进行的优化改造内容：（1）可通过对日照、通风、新风、空调等

图 2-4-5　感应洁具

图 2-4-6　可供轮椅通过的走廊

图 2-4-7　更新活动式家具

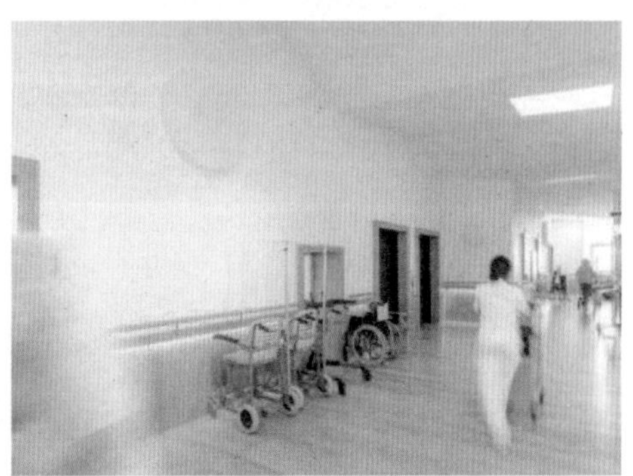

图 2-4-8　轮椅配备

物理条件的优化提高无障碍设施使用的舒适度，如图 2–4–9。(2) 可将既有建筑的硬质地面更新为弹性地面，如图 2–4–10。(3) 可将无障碍设施标准适当放宽，提高无障碍改造的通用性，无障碍设施的数量也可适当增加。(4) 可将公共建筑内部厅室重新划分，使其空间尺度符合更多人群的使用要求，如图 2–4–11。(5) 设置更多的空间类型，优化住区内公共建筑人文条件，如交往空间、学习空间、休息空间、运动空间等，使更多的居民通过平等利用社区公共建筑无障碍环境，获得更为独立的生活和更为健康的人格。

二、选用适当的改造策略

影响既有住区公共建筑无障碍改造更新策略制定的因素主要有建筑条件、资金条件、目标人群条件等硬件因素，还有居民意愿、手续审批、政策补贴和管理维护等复杂的软件因素，最终改造实施办法的确定是平衡这些条件之后的综合结果，每个项目都有自己的特殊性，相对来讲硬件因素部分较软件因素更具有共性的特点。

图 2-4-9 新风系统改造

图 2-4-10 铺地改造

图 2-4-11 空间改造

1. 建筑条件

住区既有公共建筑的建筑条件现状是制定改造策略的必要条件之一，包括外部建设条件和内部建筑条件两大部分。

住区既有公共建筑无障碍改造外部建设条件是指建筑外围进行设施改造有可能会影响到的所有物理因素，具体包括以下几点：

（1）环境因素：进行无障碍改造是否会对外围环境造成一定程度的破坏，应有补救措施；是否有特别需要保留的标志性景观或场所。

（2）市政因素：无障碍改造是否需要增加市政配套的负荷；建筑外围管线管井是否与无障碍设施产生交叉；加建部分是否有可能超出原有建筑规划红线。

（3）地形因素：无障碍改造是否与原有道路产生交叉或距离过近；原有地形高差条件；外围地质情况能否进行建筑物建设；其他特殊地形因素。

（4）其他物理因素：建筑的使用年限、后期是否会有进行改建或拆除的可能；无障碍改造是否会对周围既有建筑产生视线干扰；是否会产生日照变化。

住区既有公共建筑无障碍改造内部建筑条件是指建筑本身和内部空间的基础条件：

（1）现状技术图纸：对既有公共建筑的结构进行技术图纸的准备和基本评价；对水电暖、消防等设备图纸的准备和基本评价；对建筑现状平面功能分布的图纸准备等。

（2）建筑空间尺度：既有公共建筑无障碍改造重点部位的空间尺度现状条件，如出入口、走廊、楼电梯、卫生间等。

（3）细节条件：既有公共建筑的材料构造现状、装修细节现状。

（4）其他物理条件：既有公共建筑自然采光通风现状等。

这些基本的建筑条件是进行无障碍改造前必须掌握的一手资料，只有在充分调查研究现状的前提下才能为后期的改造方案提供基础依据。

2. 工程造价

决定住区既有公共建筑无障碍改造策略的另一个必要条件是对工程造价的合理控制。不能一味压缩投资，造成无障碍改造的粗制滥造，也不能无限制地增加投资，投入各种高精尖的设施设备，造成浪费。解决同一建筑的无障碍改造方案可以有很多种，设计师和决策者应在成本控制的前提下选择性价比最高的改造策略。以下将根据三个实例分析造价因素对无障碍改造的影响。

实例一：许多年代比较早的既有建筑中，受限于当时的社会经济能力，很多卫生间中还是采用了蹲式厕所，这对老年人、轮椅使用者和关节炎患者来说是十分不方便的。为解决这一问题，可根据不同的造价预算采取三种不同的改造策略：

（1）低造价——安装马桶增高垫或采用厕所坐便凳，如图 2-4-12 这种改造方法不对现有结构和构件进行拆装和改造，选择外加设施的方法。经查询，蹲式厕所的坐便凳价格为 166 元人民币，平均使用寿命约为 5 年；马桶增高垫价格为 158 元人民币，通常按照 1 年的使用寿命设计。这种方法的优点是造价低廉、更换方便，但也存在资源浪费和使用效率低的问题。

图 2-4-12　马桶增高垫

图 2-4-13　高位马桶

图 2-4-14　智能马桶

（2）中造价——安装高位马桶，如图 2-4-13，这种改造方法选择将原有蹲便改造成坐便器，以方便需求者使用。普通马桶的价格在 600—700 元人民币左右，入户安装费（包括材料购买、给排水改造、地坪改造、人工费等）为 300 元人民币左右，使用期限为 10 年。这种方法的前提条件是卫生间中需要足够的空间安置坐便器，优点在于使用十分方便，后续维护十分便利，缺点是施工周期较长，并且安装坐便器后厕所空间可能比较紧张。

（3）高造价——安装智能马桶，如图 2-4-14，这种改造方式与更换坐便马桶大同小异，区别在于将普通马桶更换成智能马桶。智能马桶价格一般为 2000 元人民币，入户安装费与普通马桶一样为 300 元人民币，使用期限同样为 10 年。这种智能马桶的优势在于使用体验更好，对使用者的服务更加周到，缺点是造价偏高，而且考虑到很多老年人对新事物的接受能力较差，面对高科技产品可能产生无力感和恐慌感，因此主要服务对象是老年人的场所最好不要安装智能马桶。

表 2-4-1　既有建筑卫生间坐便器改造策略比较

改造方式	手段	参考价格	使用寿命	备注
低造价	安装马桶增高垫或采用厕所坐便凳	160 元左右	5 年	维护频率高，几乎需要每周乃至每天维护
中造价	安装高位马桶	600—700 元	10 年	维护频率较低
高造价	安装智能马桶	2000 元	10 年	维护频率较低

实例二：目前很多服务设施如银行的 ATM 自助存取款机和电梯按钮等缺少助盲设计，这对视障者的正常使用产生了很大的困扰。为改变这一现状，帮助视障者正常使用，同样可根据造价因素采取三种策略：

（1）低造价——盲文透明贴，如图 2-4-15，这是一种极其廉价的改造方式，所需材料仅为透明标签纸，且完全能够实现自制。常用的盲文透明贴价格为 18 元人民币一套，使用寿命根据使用频次决定。优点在于造价低廉，更换容易，缺点是更换频率较高，可能存在使用时间较长后标识脱落影响盲文语义表达，需经常检查。

（2）中造价——按钮处更换带有盲文的构件，如图 2-4-16，将盲文集成到按钮上可以有效防止按钮的磨损和脱落，但是可能施工比较复杂，需进行停机操作。常见的盲文按钮价格为 15 元人民币一个。

图 2-4-15　盲文透明贴

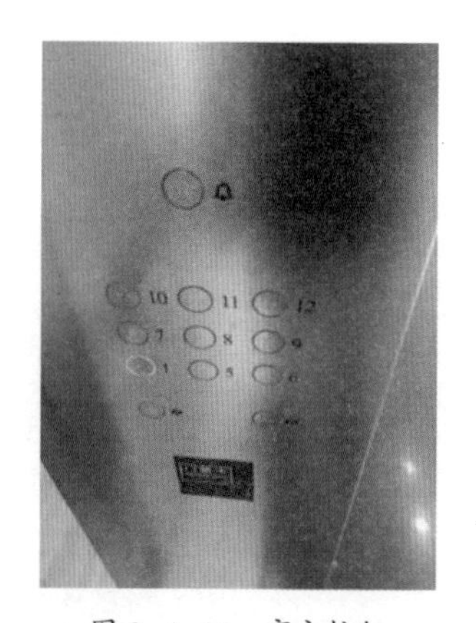

图 2-4-16　盲文按钮

（3）高造价——选用智能导盲系统，比较高级的选项包括智能导盲系统的设置，这种装置可以安装在室内，也可以安装在使用者的随身装备中，如拐杖、眼镜、轮椅等。该系统造价约为 3000 元人民币每个。这种改造方法的优点是使用起来十分便利，缺点在于造价昂贵，且一旦出现损坏维修比较麻烦。除了常见的专供乘轮椅者使用的低位机柜外，还有图 2-4-17 所示的专供盲人使用的 CRS 机位，通过语音播报和盲文触觉反馈解决视障者的使用困难，但是这种机柜使用频率非常低。

盲人取款机柜

智能导盲杖

图 2-4-17　专供盲人使用的 CRS 机位

表 2-4-2　既有建筑助盲设施改造策略比较

改造方式	手段	参考价格	使用寿命	备注
低造价	盲文透明贴	18 元 / 套	根据使用频次决定	需专人定期检查贴纸是否脱落；
中造价	按钮处更换带有盲文的构件	15 元 / 个	根据使用频次决定	与设备定期检查时一起检查磨损状况；
高造价	选用智能导盲系统	3000 元	根据使用频次决定	维护频率低，仅需损坏时维护。
	定制盲人取款机柜	10000 元左右	根据使用频次决定	

实例三：银行自助取款机为帮助轮椅使用者，需进行针对性的无障碍改造设计，改造和设计也分为高造价、中造价和低造价三种，可以根据使用频率进行选择。

（1）低造价：设置扶手和液压升降平台将使用者抬升到正常操作高度。这样的好处在于所有人均可正常使用，属于通用设计范畴，但是可能存在轮椅使用者使用不便的情况，如图 2-4-18。

（2）中造价：改造部分非触摸屏柜机键盘为升降式，调整屏幕角度防止眩光。

（3）高造价：定制如图 2-4-19 所示的专用低位柜机。这种做法针对性较强，健全人一般难以使用，所以可能存在使用效率低的问题。

图 2-4-18　液压升降平台

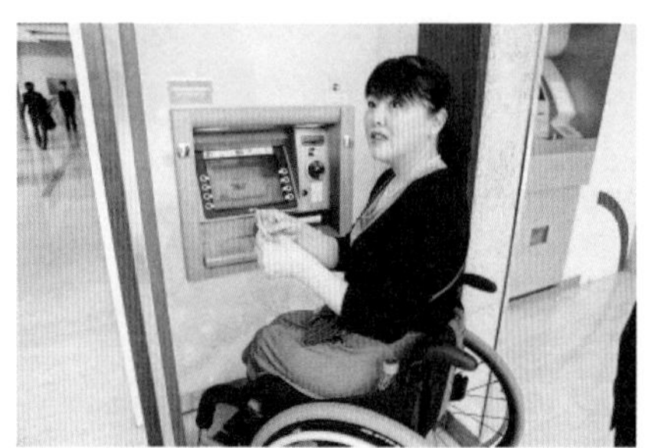

图 2-4-19　无障碍低位自助存取款机

表 2-4-3　银行自助取款机无障碍改造策略比较

改造方式	手段	参考价格	使用寿命	备注
低造价	设置扶手和液压升降平台	1000 元人民币左右	根据使用频次决定	
中造价	改造部分非触摸屏柜机键盘为升降式	5000 元人民币左右	根据使用频次决定	
高造价	定制专用低位机柜	10000 元人民币左右	根据使用频次决定	

从以上三个实例分析可以看出，合理的改造策略并不是以牺牲功能为代价的，而应该是在满足基本使用要求的前提下，在适当追求舒适度的基础上，根据使用人群的使用偏好和使用习惯，选择较为经济实用的改造方案。

3. 目标人群特点

选择对既有的公共建筑进行无障碍改造而不是推倒重建的原因是复杂且多样的，一方面是节约社会财富的要求，另一更重要的方面就是要用最短的时间解决现有居民最迫切的需求。因此，在住区既有公共建筑无障碍改造时，应对住区居民需求进行基本情况调研，帮助决策者和设计师确定应该优先解决的无障碍问题。

将公共建筑所服务的住区居民划定为无障碍改造的目标人群，居民的年龄、职业、生活习惯、健康程度、特殊需要等方面具有一定的稳定性，改造方案的重点、改造范围的确定依据应该是这些目标人群的最紧迫最基本的需求；同时在确定一般改造范围时需要考虑住区居民的构成具有部分流动性，健康状况也有一定的可变因素，服务范围可扩大到访客和住区周边。

通过对既有建筑基本条件的资料准备，目标人群的情况调研和资金条件的控制，能够帮助我们在诸多途径中选择一种较为有效的改造方案。但是现阶段要实施无障碍改造，这还只是个开始。影响改造策略更多的是使用者、管理者、投资者多方之间错综复杂的“人”的因素。由于既有建筑无障碍改造起步较晚，在政策、法律法规和管理等方面还没有形成成熟的标准，还需要更多的工作者进行各种各样的、海量的、复杂的协调工作，组织施工和后期维护管理的工作。

三、预留后期优化更新措施

住区既有公共建筑无障碍改造的任务量大面广，在有限的资金和时间的条件下，改造的短期目标是为了解决“从无到有”的需要。但是随着短期目标的逐步实现和社会文明程度的进步，为了提升人们的生活品质，满足人民日益增长的美好生活需要，必定要求更为完善的无障碍环境，届时还会有相当一部分的住区公共建筑还在建筑使用年限内正常使用，如果再进行重新改造无疑会造成社会资源的大量浪费。因此，在确定合理的现阶段改造策略的基础上，预留后期优化更新措施是非常必要的。

1. 局部分期改造

局部分期改造是指在制定改造策略时，并不是对住区内所有的公共建筑和公共建筑的所有功能分区都一次性地进行改造，而是先选择与居民相关度较高的公共建筑和建筑主要使用空间进行改造，改造可以选择较高的标准，形成标杆式的工程，作为其他部分改造的样板。

局部分期改造初期资金投入和人员投入都比较经济，工作较易开展，时间周期短，建设标准较高，能够使居民较快体验到无障碍改造带来的生活便利，便于后期逐步完善的改造工作的推进，且灵活性较高。但局部分期改造初期覆盖面较小，易形成片段性的局面，最终形成连续全面的无障碍环境时间较长。

无障碍改造优先级的确定主要来自以下几点：（1）改造内容是否严重影响了需求人士的正常生活；（2）改造内容是否能快速取得收益；（3）改造内容是否简便快捷、易于施工。如大多数90年代的单位福利房都没有配置电梯，很多居住在这儿的老年人上下楼梯十分不便。可以选择以下集中解决方案：（1）安装电梯；（2）安装升降座椅；（3）安装扶手栏杆。毫无疑问，选项（1）是最方便、最根本的改造方法，但是安装电梯施工周期较长，在施工时居民无法正常使用，此时应将电梯安装设为后期改造工程。第一期改造应为扶手安装，因为这种改造效果立竿见影，能够最快便利居民的生活。在安装扶手居民上下楼梯的便利性有所保障之后，可以安排后续工期进行电梯安装。通常不建议采用升降座椅的改造手法，仅在现有条件无法安装电梯时考虑。

2. 分级系统优化

系统分级优化是指在制定改造策略时将改造范围部位和项目按照轻重缓急进行划分，先改造与居民生活相关度高的适用范围广的项目，如无障碍出行连续性改造，再改造如卫生间等能进一步提高居民生活质量的项目；最后根据情况优化和完善如标识系统、设施设备、魅力空间等提升无障碍环境建设完整性和系统性的项目。

系统分级优化的更新措施在初期建设标准可以不必设得很高，以满足居民最基本的要求为目标，由于涉及的改造主体数量较多、基数较大、影响面较广，因此工程周期较长、初期一次性投资较大、工作开展有一定困难。但是由于与居民生活相关度很高、解决最迫切的问题，能够使居民生活质量得到质的提高，受益范围较广，对最终形成完善的住区无障碍环境也较为有利。

系统分级优化优先级的确定是由使用生活频率高低决定的。一般来说，社区公共建筑中使用频率较高的卫生间、棋牌室、小卖部、银行等功能用房应被列入优先改造的范围，因为这些功能用房的无障碍需求人士使用频率最高，其改造对使用体验影响最大。随后可以进行其他空间的改造升级，实现由急到缓的递进。

无障碍改造的系统分级优化可以看作是马斯洛需求体系的具体表达。首先必须要实现的是生理需要和安全需要，因此要先保证与生活息息相关的空间实现无障碍便利化，如需要经常使用的卫生间、走廊等；然后需要实现的是社交需要和尊重需要，即满足各种文化娱乐需求的功能房间，如棋牌室、康体室、阅览室等；最后是自我实现的需要，对应到无障碍设计中，即可以理解为更人性化的服务和更体贴的细部设计。总之，还是要遵循从物质到精神的改造顺序，系统分级优化社区公共建筑空间。

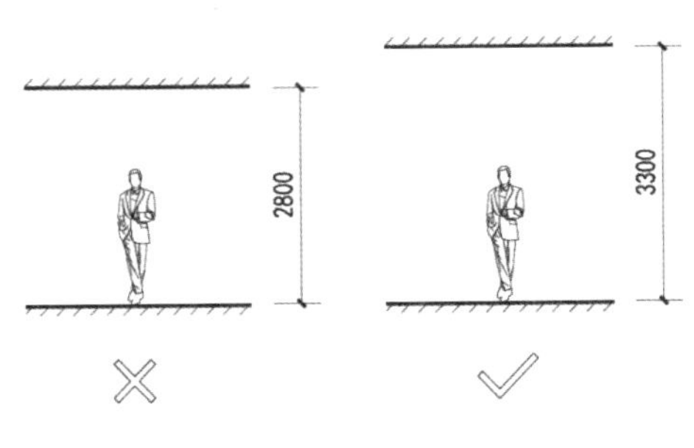

图 2-4-20　公共空间高度预留

3. 预留优化配置

住区既有公共建筑无障碍改造的每一个主体都有各自不同的情况，预留后期优化更新措施要根据每栋建筑的具体条件分别制定，灵活选择，实际工程中一般都将局部分期改造和系统分级优化措施组合设置。不管是局部分期改造还是系统分级优化，都需要在方案中预留无障碍改造升级优化的配置。

（1）容量预留：改造方案中对后期有可能增设的设备进行预期评估，在合理的范围内确定预留好容量和接口。如强电容量预留、多路进线预留、多回路预留、弱电接口线路预留、智能设备用电预留、直饮水设备管道接口预留、空气调节系统改造预留等，如图 2-4-20。

图 2-4-21　电梯井预留

（2）空间预留：除了包括由于各种设备预留带来的建筑空间的相应预留，还包括预期无障碍改造升级带来的建筑空间尺度的变化。如机房空间、吊顶空间、管井空间、加装无障碍设备空间、走廊空间、楼梯空间等，如图 2-4-21。

（3）构造预留：改造方案中应对后期可能增加的无障碍项目适当预留可供可靠安装的预埋构造，预留设备沟槽面板等，如图 2-4-22。

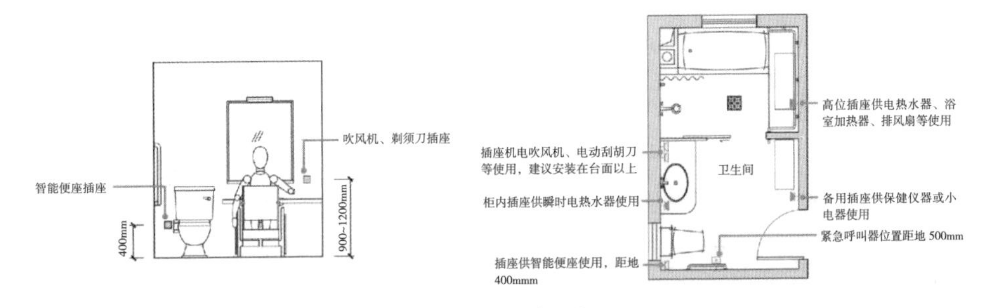

图 2-4-22　插座预留

做好适当的预留措施，能够减少无障碍改造过程中重复施工的现象，尽量避免“拉链工程”和不必要的浪费，节约社会资源。

四、小结

本章主要介绍了既有住区公共建筑的改造更新策略，区分了无障碍改造更新的优先程度和优先位置。无障碍更新改造可以根据造价预算确定升级程度，并不一定要一次到位，也可以循序渐进。针对改造区域，需要考虑使用频率，优先升级无障碍需求人士使用频率较高的空间和场所，如卫生间、楼梯走廊、活动室等；细部方面可以更新通风排气、保暖隔热、踩踏舒适程度等方面。针对在建建筑暂时没有能力安装无障碍设施的情况，应当预留出充足的无障碍改造空间，以方便后期的改造工作。

第三章

住区居住建筑无障碍设计

第一节　公共空间

一、大堂（大堂、入口、坡道、平台）

1. 平面设计

应采用进深小且开敞的门厅，避免进深大、开口多的门厅，如图 3–1–1。进深较小而开敞的门厅便于老年人的活动，尤其是对轮椅的通行以及急救时担架的出入限制较小，还能使门厅更好地获得来自起居室等空间的间接采光，如图 3–1–2。开口多的门厅往往汇聚了多条交叉动线，无法形成稳定空间，不利于老年人在此行动的安全。

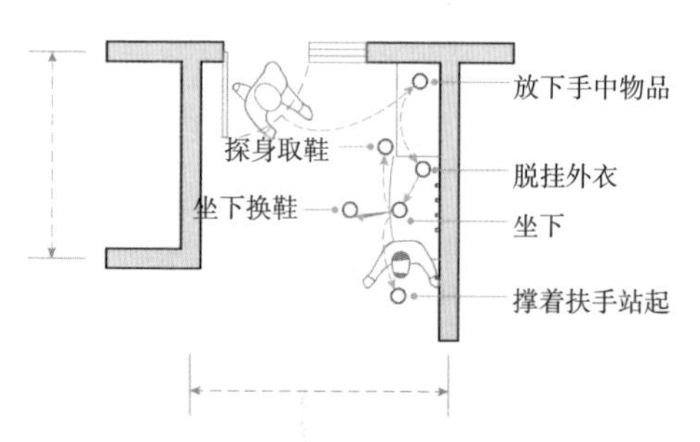

图 3–1–1　保证老年人活动的安全方便

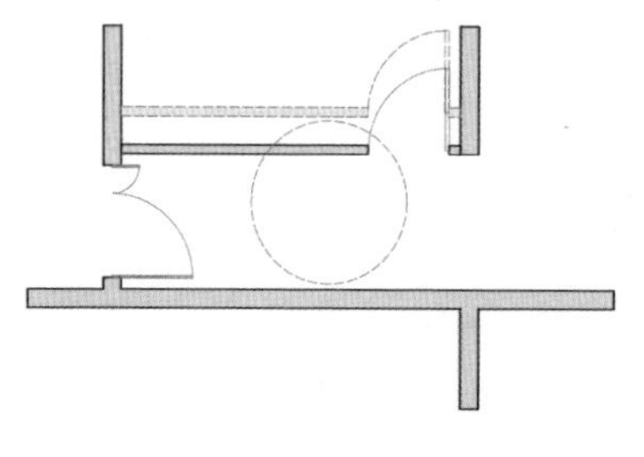

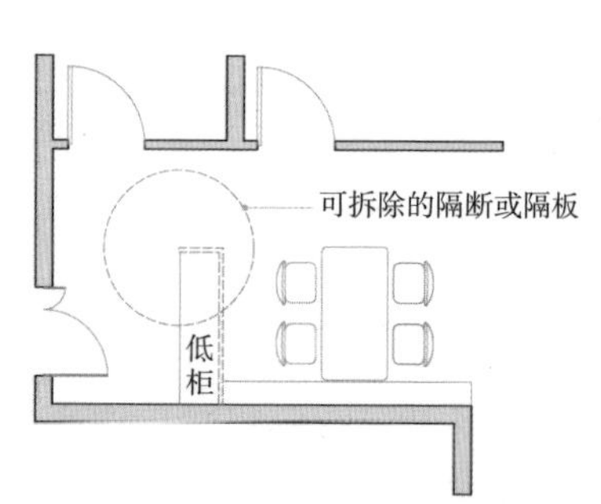

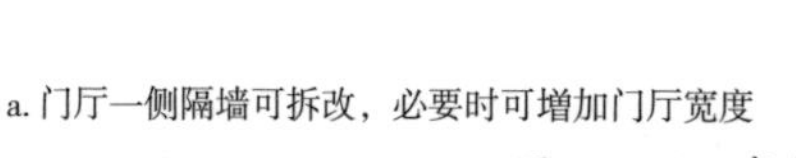

a. 门厅一侧隔墙可拆改，必要时可增加门厅宽度　　b. 门厅采用灵活的隔断，必要时可拆除增加门厅深度

图 3–1–2　考虑轮椅的使用需求

2. 空间设计

（1）单元门厅无障碍的重要性。

老旧住宅楼梯间部分当时设计得比较紧凑，都是将入口门厅设置于楼梯间下方。为了满足净高要求，住户进入门厅后还需要上三至四步台阶才能入户。由于门厅内空间的限制，这几步台阶现在成为无障碍改造的难题。

（2）单元门厅无障碍的可行性。

如图 3-1-3、图 3-1-4。

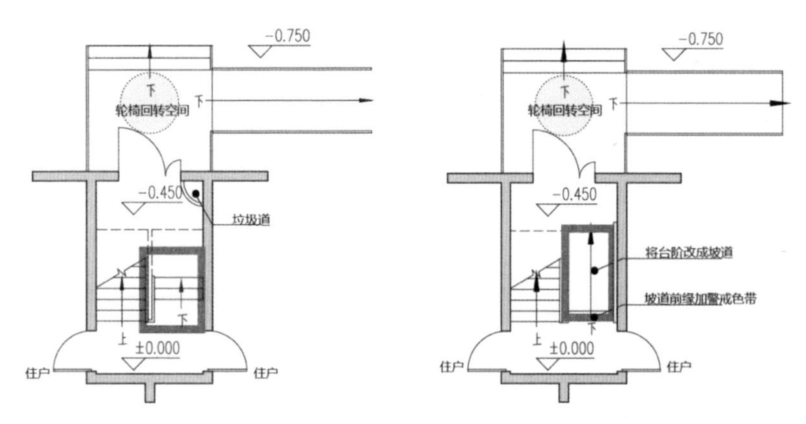

图 3-1-3 将台阶改成坡道

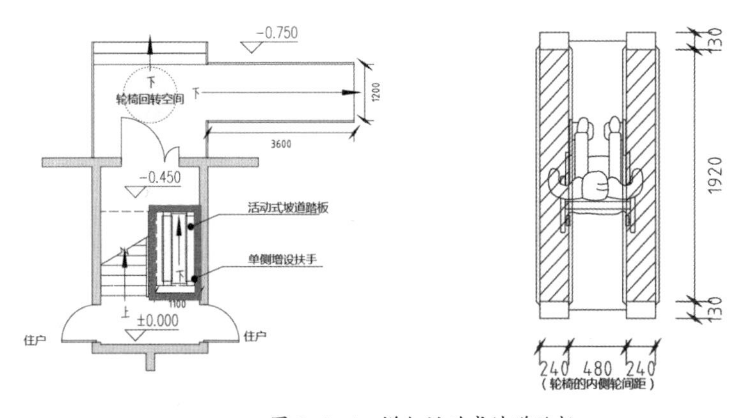

图 3-1-4 增加活动式坡道踏板

二、入口

在《无障碍设计规范》（GB50763-2012）中，对无障碍出入口的定义是：在坡度、宽度、高度上以及地面材质、扶手形式等方面方便行动障碍者通行的出入口。对于入口空间的无障碍设计主要体现在入口台阶与平台、入口坡道以及门体的设置等。

1. 无台阶、无坡道的建筑入口

这是人们在通行中最为便捷和最安全的入口，通常称为无障碍入口，无障碍入口室外的地面坡度≤1∶50，做到雨水不倒流即可，如图3–1–5、图3–1–6。

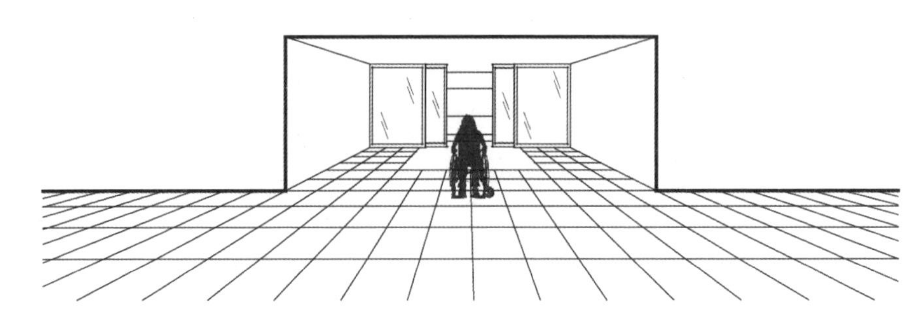

注：1. 建筑平坡入口是无台阶的一种入口类型，适用于公共建筑和居住建筑。
2. 平坡入口的形式有雨棚式、雨罩式、外廊式、门厅外伸式或退入式等。
3. 平坡入口室内外地面采用不同材料时要求地面平整和不光滑、不积水。
4. 建筑平坡入口室外地面应与人行道平接，地面排雨水的设计坡度为1%—2%。
5. 建筑基地人行通道的地面应方便乘轮椅者通行，排雨水的设计指标为0.5%—1%。
采用暗沟（管）排除地面水，雨水箅子要方便轮椅及拄杖者通行，特殊地段由设计人定。

图 3–1–5　建筑平坡入口示意

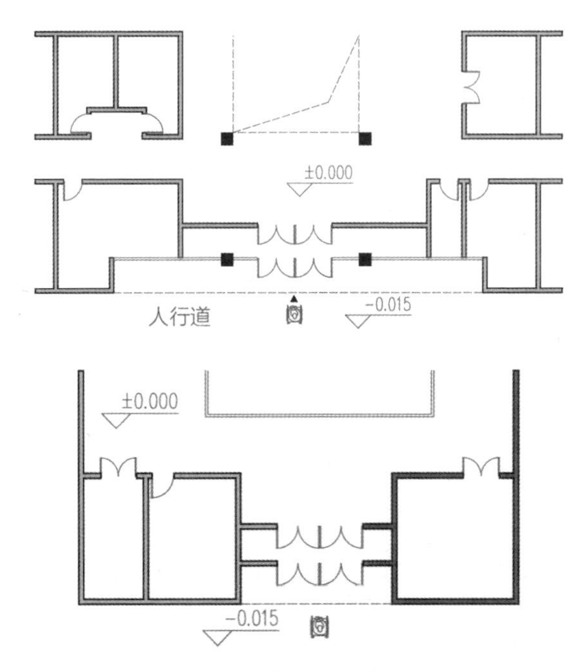

图 3–1–6　建筑平坡入口平面

2. 只设坡道的入口

（1）建筑物只设坡道入口的坡度应小于或等于 1∶20。

（2）设双坡道入口的坡面宽度应该大于或等于 1500mm。设单坡道入口宽度由设计人定，如图 3–1–7、图 3–1–8。

（3）坡道扶手高度 850mm—900mm，坡道的坡面应平整而不光滑。

（4）坡道选材及颜色由设计人定，其他按照工程设计。

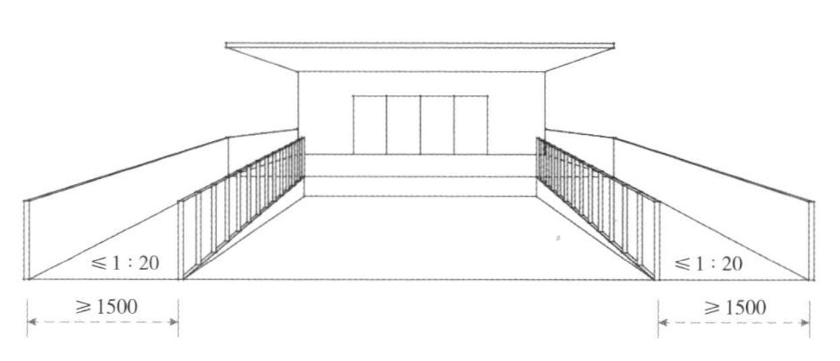

图 3–1–7　双坡道示意

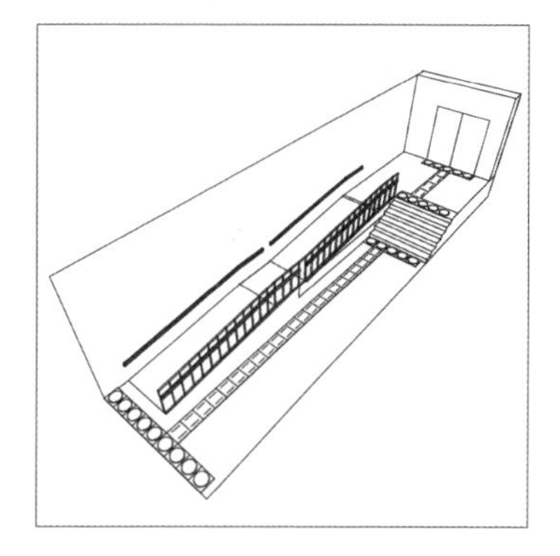

图 3–1–8　单坡道入口示意

3. 既有台阶又有坡道的入口

如图 3–1–9。

公共建筑和有残疾人的居住建筑当建筑入口有台阶时，必须设轮椅坡道和扶手。要求最大坡度 1∶12，坡道最小宽度≥ 1.2m。

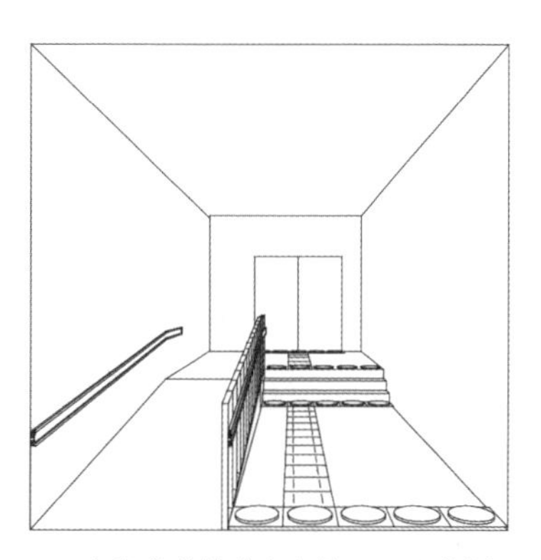

a. 直线式单坡道与台阶入口示意图　　b. 直线式双坡道与台阶入口示意图

图 3–1–9　直线式单双坡道与台阶入口示意

《无障碍设计规范》（GB50763–2012）对台阶的无障碍设计的要求：台阶宽度不宜小于 300mm，踏步的高度应在 100mm 至 150mm 之间较为合适，高度太小不容易引起人注意，太高引起人上行困难；踏面应考虑防滑处理；台阶的上行或下行的第一阶应该在材质与颜色上与其他有所区别；台阶超过三级的应在两侧设置扶手。

三、坡道

坡道是在有高差变化的入口空间进行无障碍设计时必不可少的一个元素。对于坡道的无障碍设计要从其形式、坡度、宽度等方面去考虑。

1. 坡道形式

入口的无障碍坡道形式，如图 3-1-10，有直线形、U 形、L 形等，这些形式是根据地面的高差、与入口空间面积大小等来设计的。坡道不宜设置成弧形或圆形，以防发生倾斜出现危险；同时坡道较长时在转折处的平台，要设有不小于 1500mm 的轮椅缓冲和停留的空间。

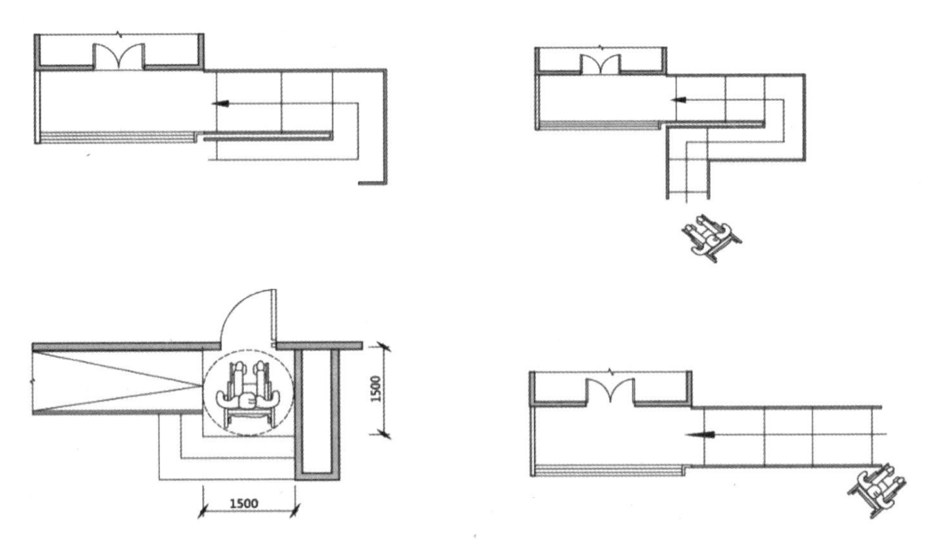

图 3-1-10　坡道形式

直线形坡道：入口室内外高差较小时常采用的一种坡道形式。该坡道类型将普通的人行入口与轮椅入口分开，但轮椅入口要走较长的距离才能进入建筑内部，较为不便。

U 形坡道：该坡道类型中，轮椅入口与普通人行入口在同一个位置，这样容易造成干扰，但也是一种可选的方式。

L 形坡道：该坡道类型与 U 形坡道类似，但是空间的利用不如 U 形坡道。

2. 适宜尺寸

（1）坡道的宽度。

无障碍坡道的宽度以通行量、坡道的长短而定。规范上对坡道宽度的规定为：轮椅坡道的净宽度不应小于 1000mm，无障碍入口的轮椅坡道净宽度不应小于 1200mm。

（2）坡道的坡度。

坡道的坡度关乎到轮椅能否在坡道上安全行驶，那么相关的规范对坡道的坡度制定了相应的标准，且坡度的大小也与坡道的高度有一定的关系，同时坡道每段的水平长度也要满足一定的条件。

3. 扶手

（1）在坡道、楼梯及超过两极台阶的两侧及电梯的周边三面应设扶手，扶手宜保持连贯。

（2）设一层扶手的高度为 0.85m 至 0.90m，设二层扶手时，下层扶手的高度为 0.65m。

（3）坡道、楼梯、台阶的扶手在起点及终点处，应水平延伸 0.30m 以上。

（4）扶手的形状、规格及颜色要易于识别和抓握，扶手截面的尺寸应为 35mm 至 50mm，扶手内侧距墙面的净空为 40mm。

4. 辅助设施

设置坡道侧挡台，如图 3-1-11。坡道两侧应设置连续的挡台，防止拐杖

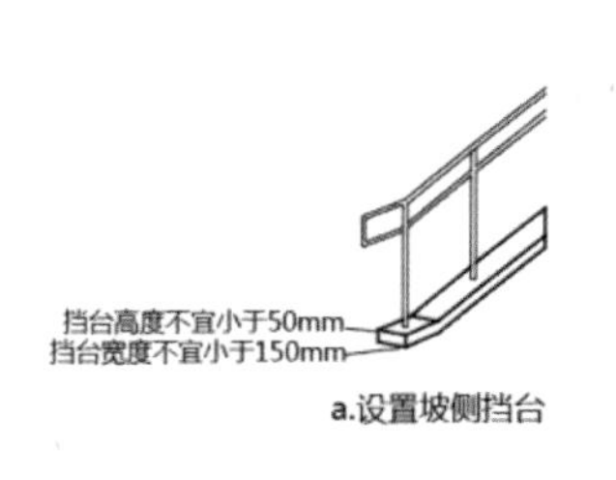

a.设置坡侧挡台

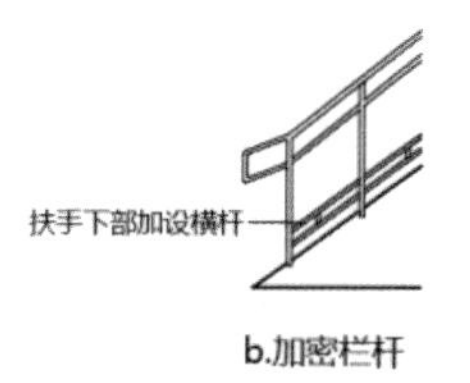

b.加密栏杆

300mm　900mm　300mm

c.加大坡道边缘宽度

图 3-1-11　坡道辅助设施

滑落以及助行器或手推车的前轮滑出坡道外，造成身体倾倒。

四、平台

入口平台是居民进出的一个集散地，要满足轮椅的回转通行，同时也要给居民的通行带来便利与安全。

坡道及休息平台的两侧应设置扶手，且应保持扶手的连贯性，靠墙面的扶手的起点和终点处应水平延伸不小于 300mm 的长度；扶手高度要求上，无障碍单层扶手高度为 850mm—900mm，无障碍双层扶手的上层扶手高度为 850mm—900mm，下层扶手高度为 650mm—700mm；轮椅坡道的坡面应平整、防滑、无反光，如表 3–1–1、图 3–1–12。

表 3-1-1　轮椅通行的坡道限定

适用地	用于室外通路		用于新设计建筑物					用于受场地限制的坡道				
坡度	1∶40	1∶30	1∶20	1∶18	1∶16	1∶14	1∶12	1∶10	1∶8	1∶6	1∶4	1∶2
坡道高度（m）	6.00	4.00	1.50	1.30	1.10	0.90	0.75	0.60	0.35	0.20	0.08	0.04
水平长度（m）	240	120	30.00	23.40	17.60	12.60	9.00	6.00	2.80	1.20	0.32	0.08

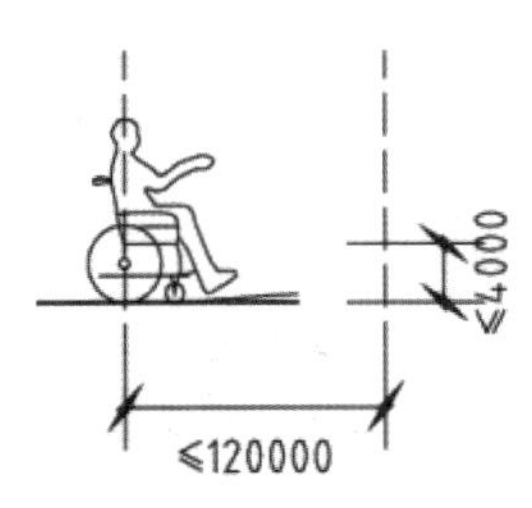

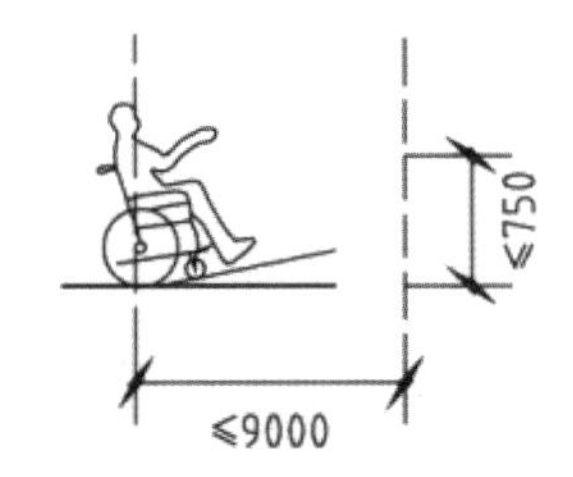

②1:12坡道最大高度及水平长度

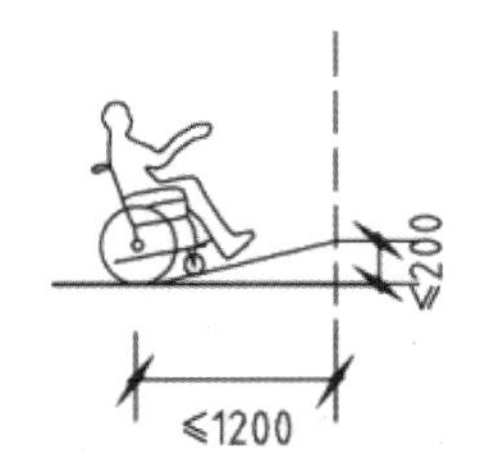

③1:12坡道最大高度及水平长度

图 3–1–12　轮椅通行的坡道在不同坡度时对高度与水平长度的限定

第二节　交通空间（楼梯、电梯、走廊）

一、楼梯

1. 适宜尺寸

居住建筑的楼梯间前室必须把残障人士的疏散考虑在内。《高层民用建筑设计》和现行《建筑设计防火规范》（GB50016—2014）中仅对前室的面积做出了规定：居住建筑不应小于 6m²，并没有对尺寸做出具体要求。但是在实际使用过程中，必须要考虑到轮椅在残障人士、老年人生活中的主要辅助作用。为了方便轮椅的正常使用，最小面积应满足 1350mm × 1350mm。为了使前室满足轮椅者出入疏散和临时避难，门口应该设置平开双开门，因此前室的宽度应大于 1500mm，进深应大于 1800mm。

对楼梯间的无障碍设计，为了照顾老年人或残疾人，便于两个人搀扶上下，楼梯宽度不应小于 1.2m。

2. 踏步

楼梯踏步：应平整，不应光滑。每个踏步悬空的侧边应设高度不小于 50mm 的安全挡台。楼梯踏步的最小宽度为 0.26m，最大高度为 0.16m；室外台阶踏步的最小宽度为 0.30m，最大高度为 0.14m。楼梯踏步前缘应有防滑处理。防滑条尽量不要凸出于踏步表面，若凸出，其凸出高度应在 3mm 之内，如图 3-2-1。当踏步前缘前凸时，凸缘挑出

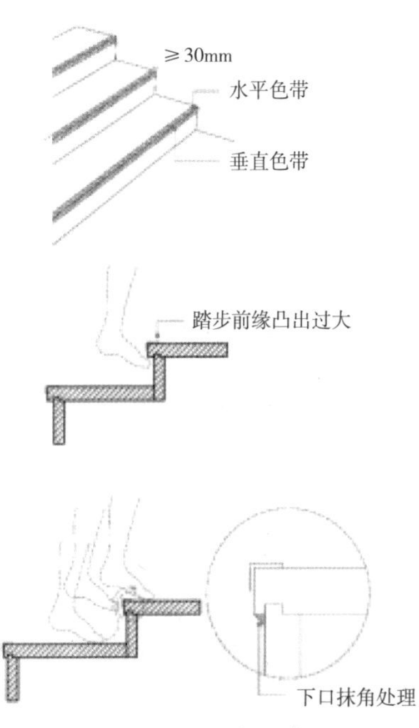

图 3-2-1　楼梯踏步

距离不宜超过 10mm，且凸缘下口应抹斜角，以免绊脚。楼梯踏步起点与终点：在距踏步的起点与终点 25cm—30cm 处应设提示盲道。

3. 扶手

正确合理的扶手安装方式是在楼梯的梯段中连续安装，且尽可能争取梯段双侧均安装，以便不同身体状况的老年人均能使用；同时起始端和末端均需要有一段水平扶手作为缓冲。

扶手对于无障碍楼梯至关重要，是防止老年人或者残障人士跌落的最重要保障设施，在进行疏散时，扶手也可以提高安全系数。一般的建筑中，扶手高度是 900mm，但是对于无障碍楼梯，扶手应适当降低，设为 850mm。若为供轮椅使用者的坡道来说，扶手高度应为 650mm 最为适宜。为了方便无障碍人士，楼梯应该两侧设置扶手。当楼梯可以满足 4 股人流同时上下时，应该在中间加设扶手。

4. 辅助设施

楼梯间的通风、采光和照明。居住建筑的楼梯间宜尽量争取对外开窗。一方面，可以保证楼梯间内有一定的亮度，对老人和儿童的行动安全有利；另一方面，可促进楼梯间的通风及与各户间的对流通风，提高卫生条件。楼梯间照明灯具的布置应能形成充足照明，光源应采用多灯形式，以消除踏步或人体自身的投影，如图 3-2-2。

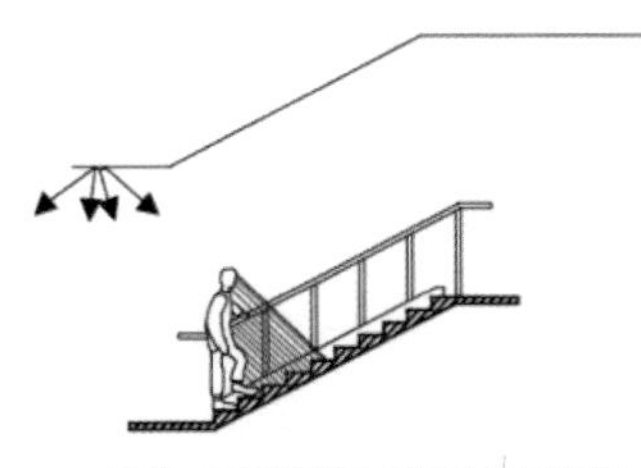

a.仅设一处灯光会被身体挡住形成阴影

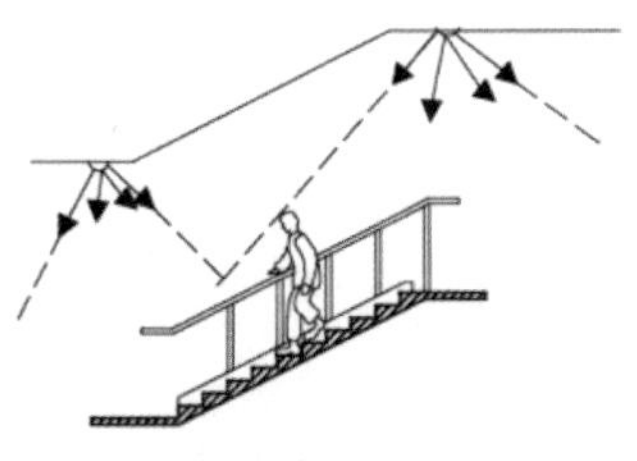

b.上下两处设灯可以提供均匀的照明

c.设在前方的灯会对人眼产生炫光

d.设置低位照明，使梯段踏步轮廓分明，易于辨识

图 3-2-2　楼梯间照明

二、电梯

电梯的选用应从残疾人的行为特点出发，选择残疾人专用客梯。在进行楼梯设计时，从最基本的设计元素出发进行设计。在条件允许的情况下，可以加宽楼梯平台的宽度；在跑梯的起步与转折处铺设止步块材，踢面选用色彩反差较大的饰面材料。这些细部的设计对于身体健全的人来说，也许是可有可无的，但是对于残疾人来说，却方便了他们的行动，其潜在建筑环境中的自命能力。

1. 轿厢式电梯

候梯厅无障碍设施的设计要求如下：候梯厅深度大于或等于 1.80m；按钮高度 0.90m—1.10m；电梯门洞净宽度大于或等于 0.90m；显示与音响能清晰显示轿厢上、下运行方向和层数位置及电梯抵达音响；每层电梯口应安装楼层标志，电梯口应设提示盲道。

电梯轿厢无障碍设施的设计要求如下：电梯门开启净宽大于或等于 0.80m；轿厢深度大于或等于 1.40m，宽度大于或等于 1.10m；轿厢正面和侧面应设高 0.80m—0.85m 的扶手；轿厢侧面应设高 0.90m—1.10m 带盲文的选层按钮；轿厢正面高 0.90m 处至顶部应安装镜子；轿厢上、下运行及到达应有清晰显示和报层音响。

2. 轮椅用电梯

轮椅专用轿厢尺寸是针对作为残疾人（轮椅）适用和进行使用所必要的尺寸，如图 3–2–3。

（1）手动轮椅中，轮椅的尺寸是全宽 650mm 以下、全长 1100mm 以下时。

轮椅是在轿内可以 180° 旋转的规格时，轿厢的内壁间距最小尺寸是开口 1400mm × 进深 1350mm；

轮椅是在轿内不可旋转的规格时，轿厢的内壁间距最小尺寸是开口 1000mm × 进深 1100mm。

（2）手动轮椅中，轮椅的尺寸是全宽 700mm 以下、全长 1200mm 以下时。

轮椅是在轿内可以 180° 旋转的规格时，轿厢的内壁间距最小尺寸是开口 1500mm × 进深 1350mm；

轮椅是在轿内不可旋转的规格时，轿厢的内壁间距最小尺寸是开口 1000mm × 进深 1350mm。

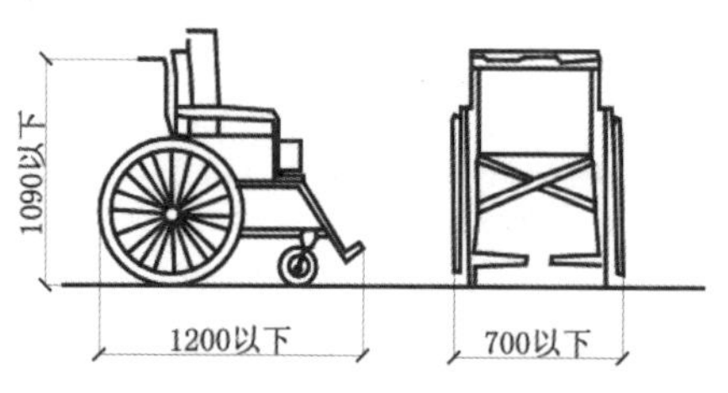

图1 JIS T9201（1998）手动式轮椅的尺寸（单位：mm）

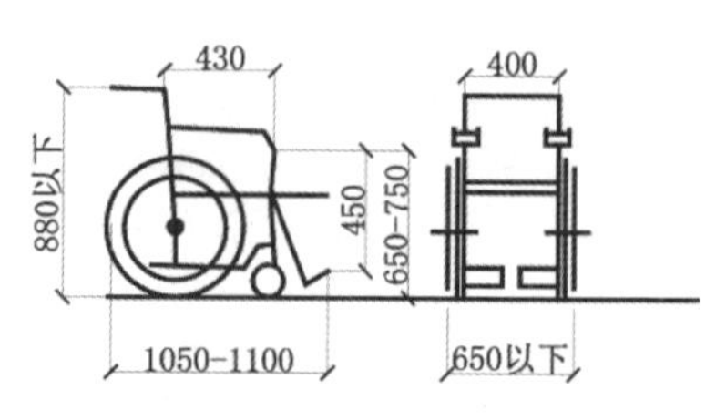

图2 旧JIS的手动式轮椅的尺寸（单位：mm）

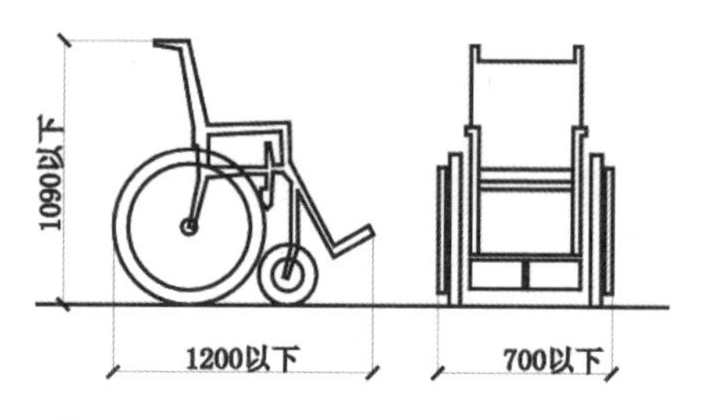

图3 JIS T9203（1999）电动轮椅的尺寸（单位：mm）

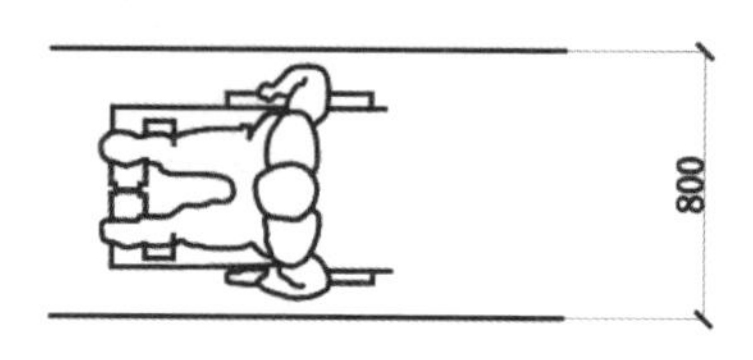

图4 轮椅通行所需要的最小宽度（单位：mm）

图 3-2-3　轮椅尺寸及通行所需要的最小宽度

3. 电梯内镜子

轿内镜子是通过前进乘入轿厢的残疾人为了确认门的开关状态、出入口的脚底，以及有无其他的使用者而设置的，采用玻璃制（夹层玻璃或是带线玻璃）或是金属制的平面镜，或是难以破裂的且不飞溅材质的平面镜。残疾人通过前进入梯、通过后退出梯时，考虑到需要必须容易地看清出入口的脚底，镜子的大小采用宽 0.5m—0.7m 以上，镜子的下端距离地板 0.5m 左右，上端距离地板 1.9m 左右。使镜子的下端高度采用距离地板 0.5m 是为了防止轮椅的脚架等接触到镜面而损坏镜子。同时在电梯厢 350mm 高处设置防撞板，以防轮椅对电梯产生破坏，如图 3-2-4。

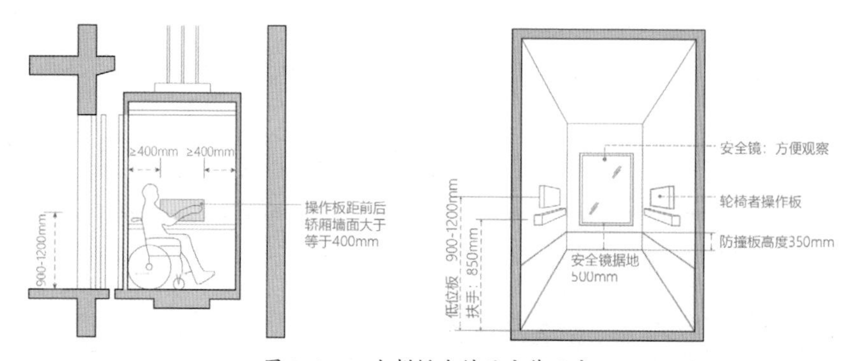

图 3-2-4　电梯轿内镜子安装示意

三、走廊

走廊既是交通联系空间也是老人的活动空间，但也是容易被设计者忽视的地方。

1. 注重走廊的自然通风和采光

低层建筑中利用天窗直接采光是日本养老设施中比较常见的手法，这样即使在走廊两侧都有房间的情况下，作为中部空间的走廊仍然非常明亮，如图 3-2-5。

单廊式老年公寓中，居室一侧的墙面通过开设推拉窗的方式，有效引导居室内的自然通风，并增加了居室的采光量。

利用走廊的端头空间获得采光。将走廊端部设计为公共活动室，并采用玻璃栅格样式的推拉门将公共活动室与走道进行隔断，既能使空间可分可合、灵活好用，又能为走廊带来自然采光。

2. 走廊中扶手适合不同身体条件的人使用

走廊扶手的高度既能够让老年人走动时把扶，也能够方便老人坐轮椅时使用。因为当轮椅老人需要靠边或接近房门的时候，通常会利用扶手借力进行移动。

扶手的连续设置十分重要。管井门上也设置了扶手，以保证其连续

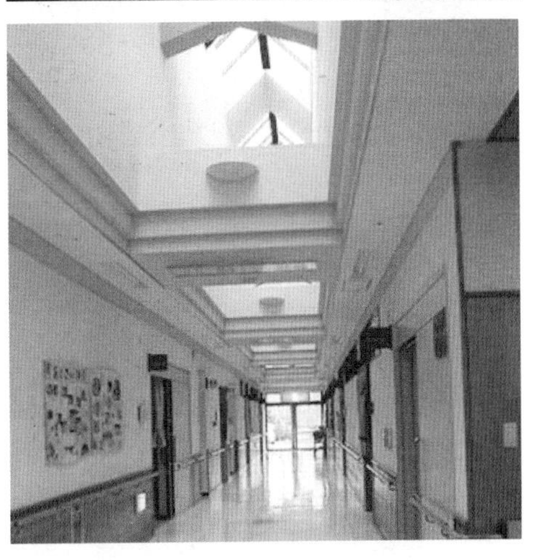

图 3-2-5
走廊自然采光

性，避免老年人在步行途中因为突然缺少一段扶手而造成不便。

3. 走廊中的洗手池可以兼做扶手使用

一些日本的老年设施会在通往公共空间（如餐厅）的走廊中设计洗手池，方便老年人随时就近使用，并且通常情况下会将洗手池的边缘做薄，高度与扶手齐平，让洗手池兼做扶手之用。

4. 灵活的转角设计有利于视线相通

走廊中出现转角时，由于视线受阻，老年人无法预判转角另一侧的情况，往往容易不小心造成冲撞事故。对走廊的转角处进行简单的设计处理后，既有利于两侧的视线相通，又带来了很美观的视觉效果，如图 3-2-6。

5. 走道中的门牌标识便于轮椅老人识别

调研中我们经常发现，很多国内老年设施的居室门牌标识都没有考虑轮椅老人的需求，如同宾馆一样，将门牌设计在站立姿势才能看到的高度。在日本的这家老年设施中，专门为轮椅老年人设置了低位的门牌标识，方便老年人从走廊通过时找到自己的居室，如图 3-2-7。管理人员亲自示范轮椅高度通过时，视线高度正好能够看到门牌标识。

图 3-2-6 走廊转角处处理

图 3-2-7 门牌标识高度适宜

6. 走廊中设计储物柜或置物平台

沿走廊的一侧墙面设置了储物柜，用来存放一些常用的公共物品和清洁用品。居室的房门外还特意设计了一个小平台，用来摆放老年人的一些小物件。

7. 利用走廊边空间收纳轮椅、助行器

老年设施中，轮椅和助行器是每天都需要用到的设备，这些设备又必须存放在方便取放的地方。日本养老设施利用走廊外侧的两个柱体之间的窗边空间设置搁板，并利用窗台下部作为临时收纳空间，有效地节省了空间，且拿取便利，如图 3-2-8。同时隔板高度与扶手齐平，还可以供老年人撑扶。

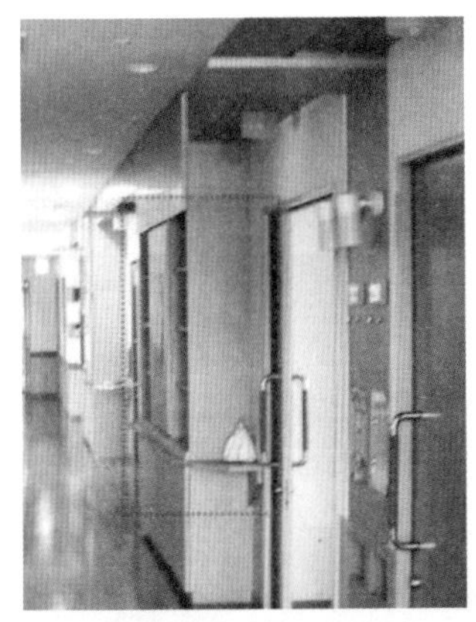

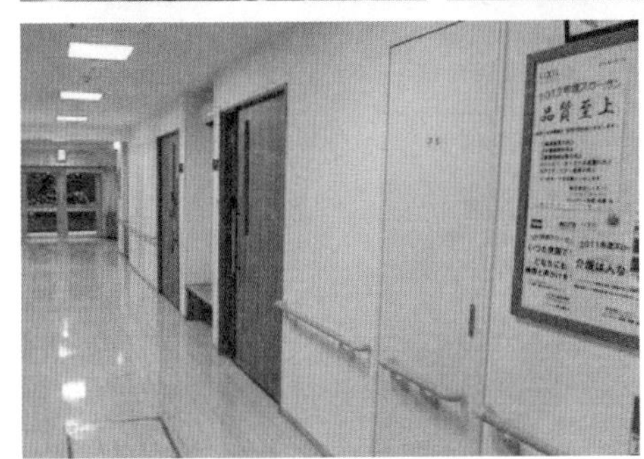

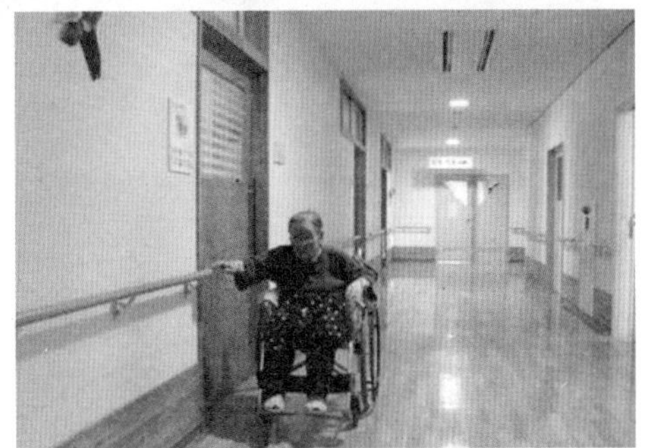

图 3-2-8　利用走廊边空间收纳助听器及轮椅

8. 走廊空间设置坐凳方便老人休息

利用走廊的凹进部分设置了木凳，以方便老年人们随时停留和休息，同时还可以临时放置一些物品，如图 3-2-9。

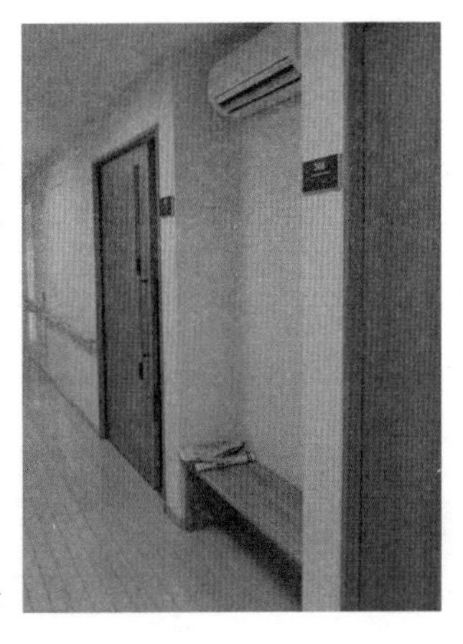

图 3-2-9　走廊凹进部分设置木凳

第三节　户型功能布局

一、单元式

1. 单元式住宅选型设计

以残疾人和老年人为居住主体的单元式住宅，相比年轻夫妇家庭对空间的要求，他们的家庭生活一般比较单纯。残疾人和老年人除日常起居外，主要是考虑亲属、子女、孙辈回家团聚或者待客，此外退休以后老年人和重度伤残人大多有一些生活消遣，如养花种草、习字看报等，这些起居会客、休闲空间自然需要界定出来。尤其针对残疾人和老年人容易孤独、怀旧、重感情的心理特点，尽可能创造一种开放、舒适方便的交往空间，方便邻里交往和子孙团聚。其空间关系可以用图 3–3–1 来说明。

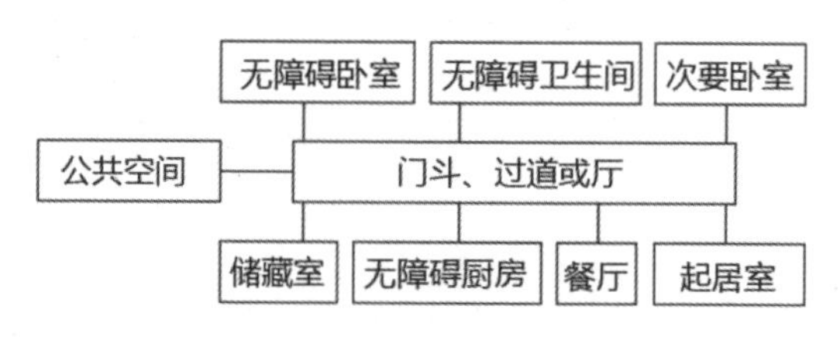

图 3–3–1　无障碍住宅各空间相互关系

单元式无障碍户型设计应注意：

（1）有良好的朝向。单元式住宅由于空间排列对建筑朝向的限制，所以设计时应特别注意主要房间的采光，对无障碍卧室和起居室应保证朝南，充足的日照对提高残疾人和老年人的生命质量意义重大。

（2）无障碍卧室与卫生间联系紧密。卫生间是残疾人和老年人在室内使用频率最高的空间，除了白天使用以外，老年人随着年龄增长，夜间上厕所的次数增加，残疾人上厕所的时间长，因此卧室与卫生间短而直接的路线能为残疾人和老年人提供真正的方便。如果面积条件允许，无障碍卧室应设置独用卫生间，见图 3-3-2。A 方案提供独立的卧室，适合访客多、社会联系频繁的家庭使用；B 方案卧室和起居室连通，适合对外联系少、社交活动少的残疾人或老年人使用。

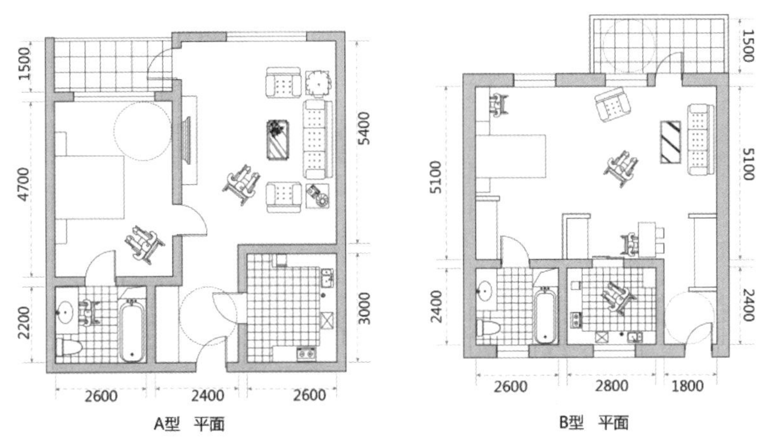

图 3-3-2　无障碍卧室与卫生间的联系

（3）无障碍卧室与起居室保持一定的空间距离。由于残疾人和老年人与年轻人生活习惯和睡眠时间的差异，残疾人与健康人共同居住的住宅内部或者老少同居的套型内部，他们对空间使用的差异容易产生行为受限、不自由的情绪，而导致家庭矛盾。因此，无障碍卧室应与起居室、其他卧室保持一定空间距离，与卫生间、厨房靠近，如图 3-3-3。

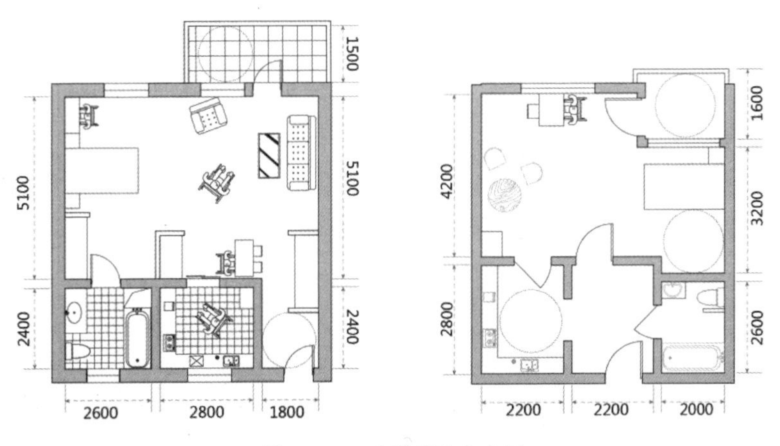

图 3-3-3　无障碍住宅实例

（4）合理的功能空间面积配置比例。无障碍住宅相比普通住宅，在套型设计上，应注意各空间的面积配置。主要设计的方向是压缩客厅等交往空间的面积，增加厨房、卫生间、卧室的面积，俗称“小厅大卧”。甚至为了节约面积，提高居住容量，某无障碍住宅直接取消客厅，只留下必要的生活用房和卧室，如图 3–3–4。

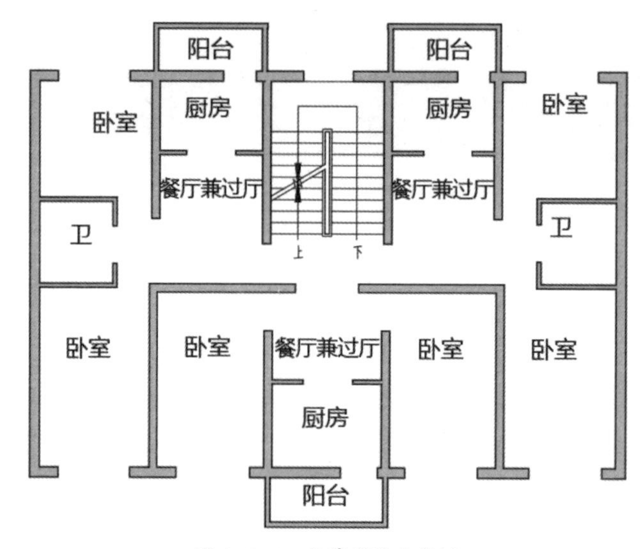

图 3–3–4 无障碍住宅实例

2. 单元式无障碍住宅的户型设计

为适应不同经济收入、不同类型、不同家庭生活模式的残疾人和老年人需要，应向社会提供不同面积标准、不同类型功能空间布置的无障碍住宅。无障碍住宅套型可分为：一室型，供单身残疾个体或独居老人使用；一室一厅型，供残疾人个体或老年夫妇居住；两室一厅型，供残疾人个体和家庭或老年夫妇与一个子女（或保姆）居住；三室两厅型，供老年夫妇与两个子女（或保姆）居住，也可以供残疾人家属共用。

一个空间内综合行为越多，则面积利用越充分，而相互干扰机会增加；反之空间划分越多，分工越细相互干扰越小。

以丹麦哥本哈根 BOX25 住宅的一室型为例，如图 3–3–5。丹麦哥本哈根 BOX25 住宅是一个无障碍住宅，户型平面多，根据户型面积需求，空间灵活划分，灵活使用。单人户面积较小，大空间兼有起居、餐厅、卧室。双人户、三人户面积较大，起居室设计为大空间，可灵活划分，兼有会客、团聚、娱乐、餐饮功能。

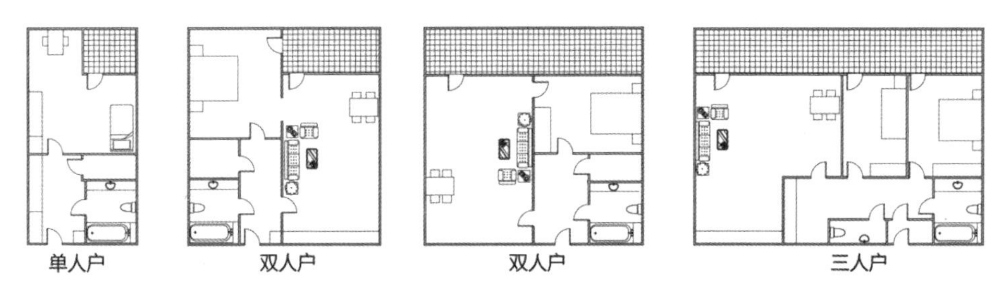

图 3-3-5 丹麦哥本哈根 BOX25 老年住宅户型平面图

（1）一室型：适合单身残疾个体或寡居老人使用，套型面积较小。套型内必须包括厨房、卫生间、居室部分。一室型是一个综合性的居住空间。居室包括睡眠空间、团聚空间、餐饮空间。

（2）一室一厅型：适合残疾人个体或老年夫妇居住。套型内包括厨房、卫生间、起居室、卧室、储藏室，无障碍卧室从起居室中独立出来，且无障碍卧室靠近卫生间设置。

（3）两室一厅型：供残疾人个体和供养家庭或者老年夫妇与一个子女同住，注意无障碍卧室与起居室的空间距离，避免相互产生干扰。无障碍卧室应设置独用卫生间，如面积较小，则可设只有坐便器和洗手盆的小卫生间，方便残疾人或老年人夜间使用。

（4）三室两厅型：这类套型使用面广，可以是残疾人及其家属、老年夫妇与两个子女(或保姆)同住，套型面积较大。无障碍卧室设置了独立的卫生间。

图 3-3-6 是几个单元式无障碍住宅的户型，1、2 号方案是一个极为经济的单人住宅，一室一厅一厨一卫，1 号方案厨房为 U 形，缺点是卧室和卫生间联系差；方案 2 使用更便捷一些；方案 3 采用 L 形厨房，一室双人住宅，方案 4 没有独立卧室，但是空间使用方便，适合孤寡老人和独居残疾人需要。

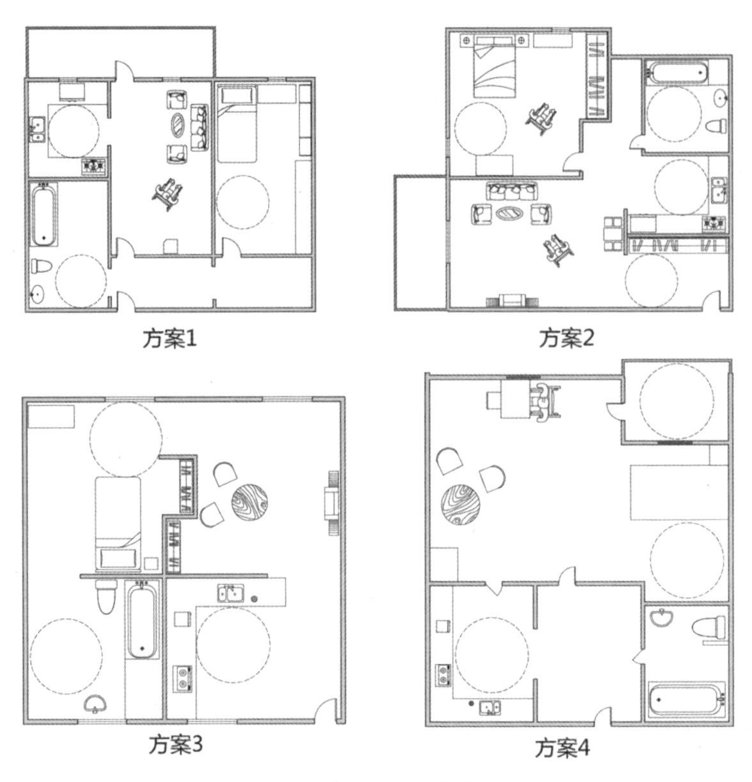

图 3-3-6 单元式无障碍住宅户型

二、公寓式

1. 公寓宾馆式组合的选型设计

公寓宾馆式无障碍住宅组合模式，根据基本住宅功能，在保证卧室和卫生间这两个功能空间外，可以自由加入阳台、起居室等其他空间，其功能流线关系见图 3-3-7。

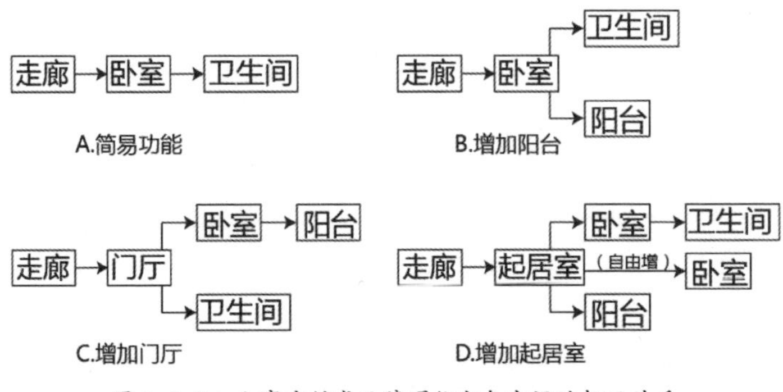

图 3-3-7 公寓宾馆式无障碍住宅各空间的相互关系

2. 公寓宾馆式无障碍住宅的户型设计

公寓宾馆式无障碍住宅简化了住宅的功能，把公共空间进行集约，住宅内只有卫生间和卧室，有的有阳台，通过内外走道联系各个空间。一般的户型布置形式有如图 3-3-8 的形式。

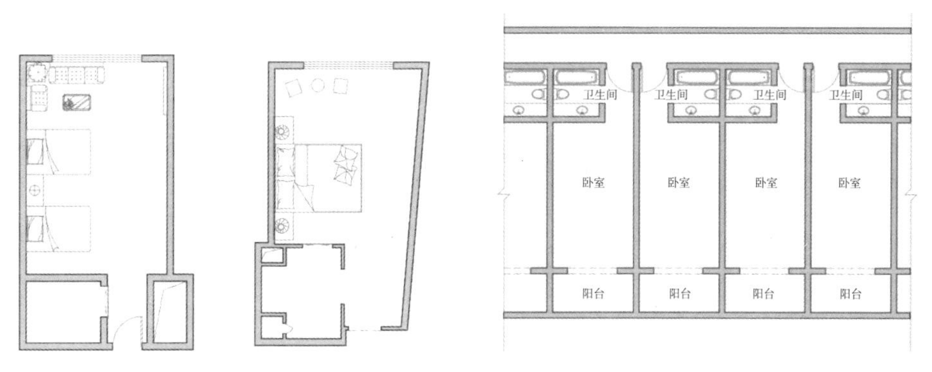

图 3-3-8　宾馆式住宅选型

著名的荷兰阿尔默雷老年住宅，就是采用宾馆式居住单元进行户型设计的，它共有三种类型，有客房式套间，也有客厅加卧室的组合，较有特色的是带有独家小院的三人户。另外一个实例是绵阳市第二建筑设计院设计的某老年住宅，是按照无障碍住宅要求设计的典型，采用宾馆式，户型除卧室加卫生间的组合单室外，也有一室一厅一厨一卫套型。在中部还配置有电梯、服务台等设施。

三、复式

复式住宅多为两代居住住宅，两代居是老年人与已婚子女共同生活的居住模式。一方面，两代人存在着不同的思想观念、不同的社会角色、不同的心理要求、不同的生活习惯；另一方面，老年人体力衰退，适应能力差，希望得到子女帮助，但又想图清净，怕矛盾。

1. 复式无障碍住宅选型设计

（1）保持相对独立。

合住型复式住宅，联系紧密，有一定的独立性，但却是有限的。近邻型两代居独立性强，联系欠佳。别墅式两代居兼有二者优点，既保持相对独立，又便于互相联系，既照顾到老年人习惯，又适应年轻人爱好，其特点是两代人分别享有上下空间，以下层空间为主，餐、厨合用的居住形式，而楼板的分隔，使独立性得到完美的体现。采用两个户外出口，老年人爱早睡爱安静，年轻人喜晚休喜社交，由各自的出入口进出，减少了生活节奏差异的干扰。在相对独立的空间，老年人可随心所欲地阅读、会友。

（2）适应老年人需求。

老年人使用卫生间较频繁，在卧室内设置专用卫生间。地面不设高差，用防滑产品铺设。按各年龄段老年人的要求安装安全抓杆、呼叫系统。老年人卧室窗台低一些，有利于观赏窗外景色。阳台的设置可为整日生活于室内的老年人提供一个接触自然、呼吸新鲜空气、与邻居交流的场所，有益于老年人的身心健康。户内最好设有老年人专用卫生间，若与家人合用，则应同时满足老年人使用的要求。卫生间的设计中尤其应注意老年人使用的安全性要求，便器、洁具的选择和安装均应以老年人使用的方便和安全为准则。户内门、过道的尺寸应适当放大，以适应老年人轮椅通过的要求。

2. 复式无障碍住宅户型设计

图 3–3–9 是对复式无障碍住宅设计的另一种尝试。这次实践实质上是按两代居的模式和要求对一原有住宅进行的改造。改造的关键在于引入了一条连通两套住宅的内走道，使之真正成为了两代间空间和情感交流的纽带。这是一户以低龄双亲为中心的两代居家庭，根据家庭实际情况，采用合厨分户的居住方式，子女的书房兼作他们的起居室，成为整个家庭的第二生活中心。保留独立的出入口具有很大的灵活性，完全避免了两代间的生活干扰。

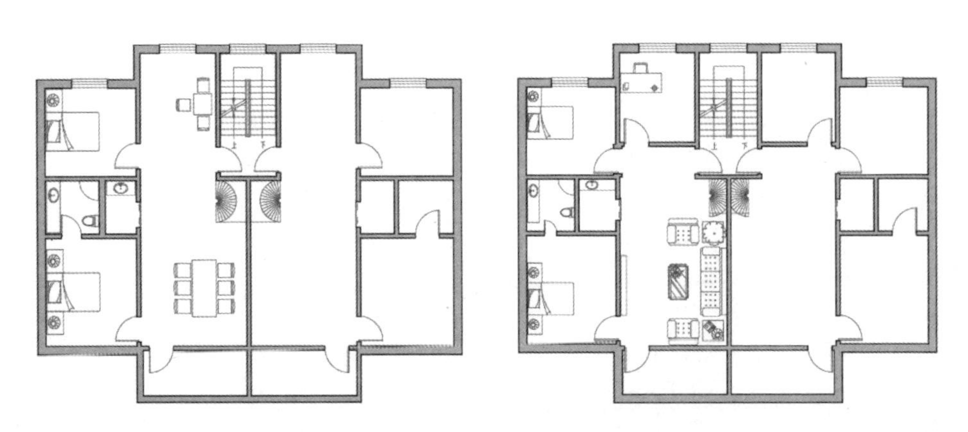

图 3–3–9　复式住宅选型

四、跃层

随着人们生活质量和文化素质的提高，平层住宅已经不能完全满足人们对住房空间的需求，人们对于跃层住宅的需求欲望越来越强烈。卧室、起居室、卫生间、厨房及其他辅助用房可以分层布置，上下层之间的交通不通过公共楼梯而直接采用户内独用小楼梯连接。跃层住宅的户型与普通的平层户型相比，空间形式更为丰富，功能分区也更为合理。

1. 跃层住宅选型设计

（1）空间的趣味性及流动性。

空间的趣味性体现在两个方面：一是利用跃层住宅的两个层高充分发挥不同层次空间的功能特点；另一方面在保证空间合理、结构可行的前提下利用不同层次间的联系通道，使楼梯成为视觉上的焦点。设计上可将客厅做成两层高的空间，临客厅处处理成开敞的空间，如小厅、回廊等。上下两层空间连通，使客厅显得十分大气、开阔并富有动感。跃层住宅使得住宅的空间更加丰富、多样化，有的还将楼梯处理得非常巧妙，造型上也很特别，如圆形、弧形等给住宅增添了不少趣味。

（2）空间功能的竖向分区。

动静分区，一般将下层设计成公共空间及老人房，上层设计成私密空间。跃层住宅由于其拥有两层高的空间自然引起住宅分层，相对同层套型，其相互之间干扰较少，满足了家庭不同年龄层次人口的居住要求。此外，还要注意干湿分区，将卧室和厕所、厨房分开，减少干扰。

2. 跃层住宅户型设计

一般来说，现代组合沙发的围合区域一般在 4m 见方，因此，起居厅透空部分的进深最好不宜小于 4m，这样，家具的布置组合能够完全地包含在两层高的空间之内，使人感觉更加舒适，空间体验更加独立和完整。

起居厅的高度范围一般在 4.8m—5.6m。在这样的高度范围内，开间的大小会直接影响到起居厅的空间比例和空间感受。根据“适用、经济、美观”的设计原则，起居厅的开间范围在 4.5m—6m 之间比较适宜。开间过小，会造成空间狭高的感觉；反之，则会带来一定的空间上的浪费，如图 3-3-10。

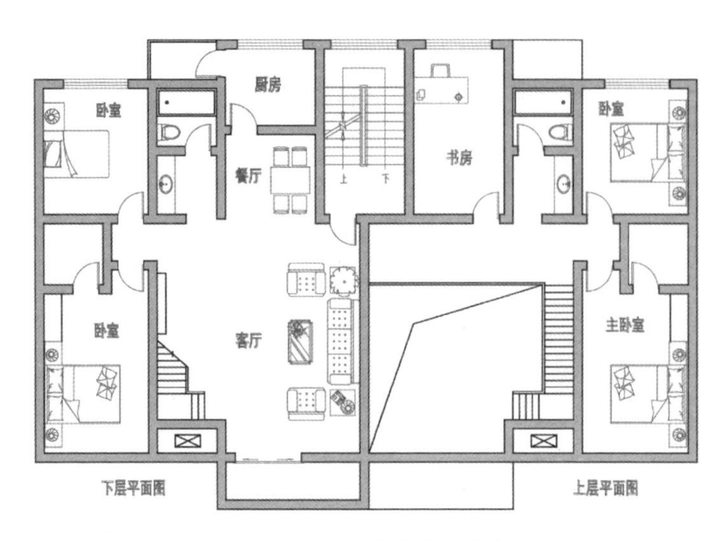

图 3-3-10　跃层住宅造型设计

五、花园洋房

花园洋房是介于别墅和普通公寓之间的一类住宅产品。不仅要给住户提供优美的外部环境，更要注重满足入住人员在户内时对花园环境的要求与渴望。所以，环境从外向内渗透的同时，将室内空间与室外空间有机结合，是室内外过渡空间设计的关键所在。

花园洋房各个空间领域之间的关系，可以利用分子式规划理念更加直观地展现出来。如图 3-3-11 所示，在私密空间与公共空间之间安排半私密、半公共空间加以过渡，既可以减少噪声干扰及视觉干扰，也满足老年人心理感受的过渡需要。在公共绿地进入宅前花园，到达室外私家花园，最后入户，

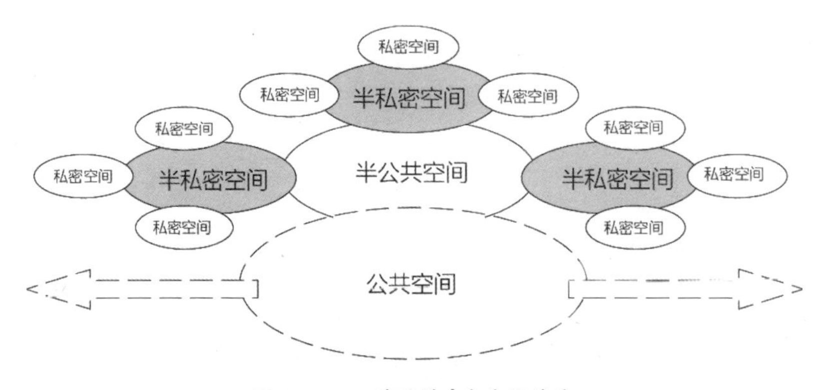

图 3-3-11　花园洋房各空间关系

心理感受的转变过程就是沿着公共空间—半公共空间—半私密空间—私密空间的顺序转换的过程，心理过渡自然又舒适。

1. 花园洋房住宅造型设计

（1）较高的绿化率。

花园洋房的核心特征是几乎户户都享有入户庭院或者入户花园或者景观露台，一般底层为入户庭院，二层可作入户花园，上面几层可设计成与客厅或卧室相接的露台，实现人与自然环境的交融。

（2）便捷的竖向交通。

由于花园洋房具有经济、适用、舒适等多方面优势，使用群体扩大。但住户家庭成员构成复杂，加之社会对人口老龄化、空巢老人、家庭养老及无障碍设计等问题的重视，为了让居住更加便捷舒适，在洋房中设计和安装电梯已必不可少。对洋房住户来说，电梯的设置给他们生活带来较大便利。

（3）较佳的日照间距。

较佳的日照间距，尤其越到上层，间距越大。因层数较低且层层退台设计，而日照间距是按照底层南外墙控制，较之多层，具有容积率较低的特点。

2. 花园洋房住宅户型设计

图 3-3-12 所示为一层跃地下室建筑，其套型出入户方式灵活，既可以从北向单元楼电梯间入户，通过入户花园进入室内，也可以通过南向室外私家花园进入客厅。其室外私家花园为该套型专用，起到空间及心理感受的过渡作用。住宅南北向分别设计前后花园，不仅给居住的老年人提供更多的室外活动空间，并且起到室内外空间景观及老年人心理感受的过渡作用。

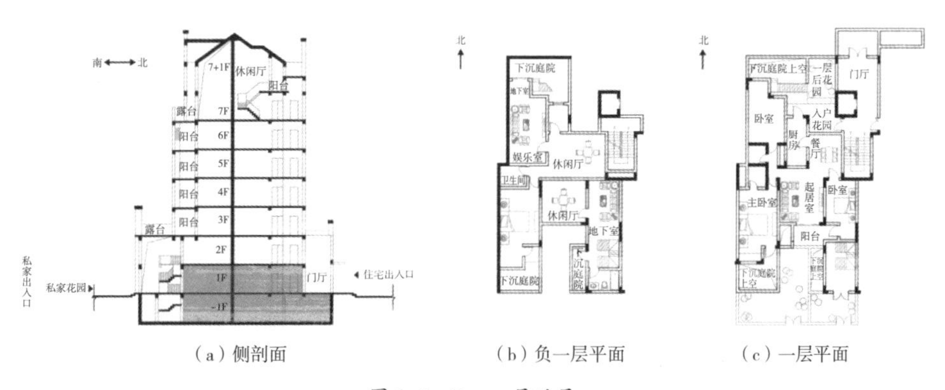

（a）侧剖面　　（b）负一层平面　　（c）一层平面

图 3-3-12　一层跃层

图 3-3-13 所示为二层跃地下室，拥有三层空间：地下室、一层入户花园及二层主要居住空间。入户方式也有两种，第一种是通过南向室外入户花园经由连接地下室及二层的楼梯直达户内，第二种是由北向的单元楼电梯间进入。这种灵活的空间设计，不仅给传统的二层住宅提供了专属的室外私家花园，而且分配了部分地下空间，满足更为多变的使用要求，给老年人以丰富的居住生活感受。

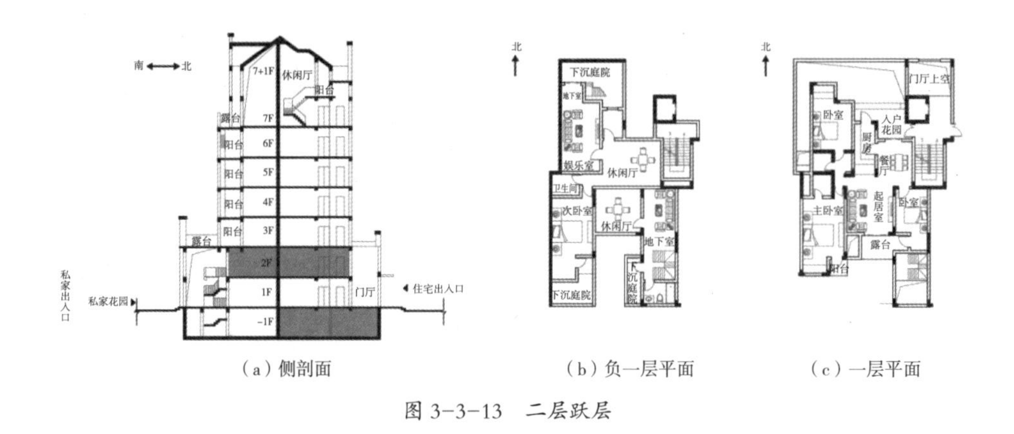

（a）侧剖面　　（b）负一层平面　　（c）一层平面

图 3-3-13　二层跃层

图 3-3-14 所示为顶跃式套型，充分利用建筑空间的小面积住宅形式。另外，该套型虽距离地面较远，无法拥有室外花园，但丰富的阳台和露台设计恰好可以弥补这一缺憾：顶跃上层的主卧室外连接超大南向瞰景露台，视野开阔；北向也同时在休闲厅外设计露台，满足视野开阔与心理健康的要求。

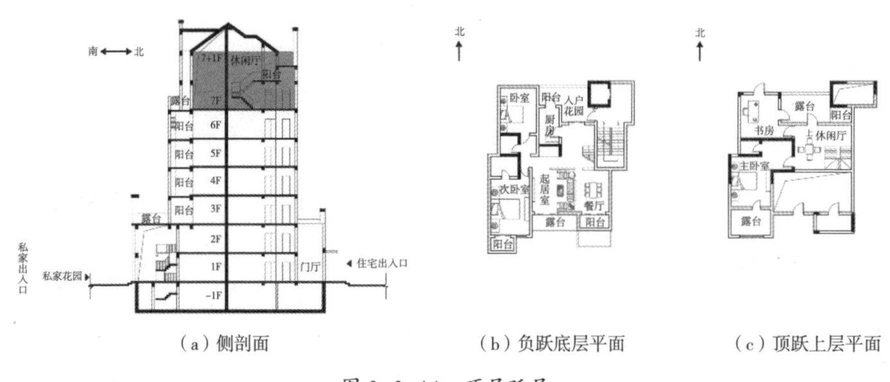

（a）侧剖面　　（b）负跃底层平面　　（c）顶跃上层平面

图 3-3-14　顶层跃层

六、别墅

过去的十几年，随着中国大城市人均收入的提高，别墅的需求量整体上升，但别墅平面功能布局多数与老龄化城市的发展趋势契合程度不足。一方面，中国养老机构的发展与国外相比较尚不成熟；另一方面，老年人更愿意与子女生活在一起。

1. 别墅住宅的选型设计

（1）合理的卧室尺度。

老年人起居空间的朝向也非常重要。许多别墅一层设置的卧室多作客房，没有特别考虑适合长期居住的朝向。老年人一般体弱怕冷，所以卧室朝南以获得充足日照十分必要。此外，考虑老年人生活习惯，卧室设计还应该兼顾储藏区、睡眠区以及阅读区的布局。

（2）老年人活动空间。

考虑到老年人的生活习惯，老年人常用的阳台应容纳活动区、洗涤区、晾晒区、杂物存放区以及植物展放区。其中洗涤区也可根据具体情况（比如家中有保姆常住）单独设置，植物展放区可按需求考虑，因为别墅一般都带有花园，若老年人行动不便，可给该区域多留点空间。

（3）基于老年人精神生活的考虑。

老年人的精神生活是设计中不可忽视的部分。别墅中应设计一些能让老年人有乐趣的空间（比如麻将房、活动室等），其中可以摆放一些旧物或收藏品，令其能够追忆过往。针对老人饮茶、看书、听音乐等爱好，别墅设计中应予以考虑，建议邻近卧室设置相应区域。

2. 别墅住宅的户型设计

在中国许多城市，老年人退休后往往肩负照看孙辈的重任。常见的别墅，通常多代人共用一个起居室；面积稍大的别墅中有两个或以上的起居室，但往往是用来商务会客所用。针对多代居别墅，设计需考虑如何避免生活起居中的相互干扰。图 3-3-15 所示 1 的平面布局。从功能分区来说，左侧阴影区域是男女主人与儿童共享的起居空间（起居室 1），右侧阴影区域是全家共享的起居空间（起居室 2），门厅与起居室 2 之间的门将活动空间做了分隔。

图 3-3-15　别墅住宅选型

同时，起居室 1 也兼作男女主人的会客空间。该空间是别墅的“门户”，所以建议平面尺寸加大且二层挑空，另外这个空间应设置一道门，以保证会客时不受公共空间里活动的干扰。

别墅二层的空间基本为男女主人的活动室、儿童卧室及家庭活动室。家庭活动室在以往的别墅设计中往往会被忽视，父母需要独立且安静的空间来教育孩子。同时，许多父母也意识到陪伴孩子的重要性，家庭活动室能为家庭娱乐、教育提供理想的空间。从空间隐私性来说，家庭活动室前设置了一道门，门一侧为孩子们的空间，门外为竖向交通空间、一层起居室1的上空。这样，门外成人的活动不会影响孩子们的活动。

三层的空间基本为男女主人的卧室、客卧及南向露台，如图 3-3-15 中的图 3。男女主人的卧室、客卧空间不需做过多阐述，需要重点提及的是露台的设计。考虑到随着环保、绿色以及生态理念的普及，越来越多的家庭喜欢自己种植蔬菜，因此，别墅设计中应考虑为迷你菜圃的设置提供一定条件。

七、小户型

老年人小户型居住空间不仅要满足良好的功能性与实用性，还要充分考虑室内的无障碍设计，并结合老年人身体状况进行精细化设计，这是为老年人提供安全、便捷、舒适、健康的居住环境的重要保障，也是提高老年人生活和居住质量的有效途径。

1. 小户型住宅选型设计

（1）功能空间集中布置。

在紧凑型住宅设计中，将老年人在居室内常用的功能空间进行集中布局，能有效缩短动线距离，提高老年人的生活质量。老年人在家中经常使用的空间一般包括卧室、起居室、厨房和餐厅，围绕这些使用频率高、使用时间长的功能空间，将其作为一个整体，把交通面积与日常活动的起居部分相结合，相关的房间适度集聚，以此达到相互兼用的目的。

在面向老年人使用的居室空间中，卧室和起居室是使用时间最长的两个功能空间，它们应具备充足的日照、良好的通风及开阔的视野，所以功能空间的集中设计应尽可能围绕卧室和起居室进行布局，将其作为住宅的核心区域，其他经常使用空间尽量靠近卧室与起居室，这样既有利于节省老年人体力，也有利于降低室内能源消耗，并减轻对环境的污染。

（2）轮椅使用无障碍。

老年人小户型居室空间设计应尽可能满足老年人使用轮椅的需求，为了能让轮椅老人在家中便利到达并使用各处空间，首先应保证室内地面平坦，无障碍物，方便轮椅老人能够在室内自如活动。其次，在室内某些转向和过渡空间中需留出直径不小于 1500mm 的轮椅回转空间。比如在老年人经常使用的厨房空间增设回转空间，可为其自由出入厨房并独自操作提供便捷；在阳台与客厅空间相邻处增设回转空间，可方便老年人在阳台区域进行独立活动；在卧室内外出入口增设回转空间，以便轮椅老人完成进出卧室、开关卧室房门等操作。

一般来讲，在住宅中卫生间的面积所占的比例较小，若让轮椅在该空间内做到无障碍活动，就必须有条理地布置设备管道，合理设计卫生洁具的摆放位置，通过将有限的空间充分利用，来保证老年人能够更加方便使用卫生间。上述轮椅回转空间的无障碍设计既可以保证老年人能够在自己的房子里自由活动，又能提高住宅的使用率。

（3）开敞式门厅设计。

在小户型空间环境中，狭长形态的门厅不合适老年人居住，应考虑空间与空间之间的巧妙结合，以实现更好的敞开效果。譬如将门厅与起居室相结合，这样既可以保证轮椅老年人在门厅处自由回转，方便其完成开关门的动作，又可以增加老年人进出房门的安全性。

由于开敞式门厅增加了视线的通透性，使得老年人在门厅处的活动便于被其他家庭成员或护理者看到，一旦老年人在门厅处因弯腰换鞋等动作出现意外时，他们可以及时发现并给予救助。

合理设计开敞式门厅也可以根据老年人的自身情况进行灵活调整。比如，对于身体状况较好的老年人而言，门厅空间设计可暂时不用考虑轮椅是否能够正常通行和回转，并可根据其自身需求将门厅空间的一部分设置为储物空间，或将节约所得的门厅空间与相邻空间相结合，以增加相邻功能空间的面积。对于有轮椅需求的老年人来讲，可以将与门厅相邻的功能空间进行压缩来适当改变门厅空间的大小，以达到方便老年人进出门厅的目的。

（4）安全扶手与便捷房门。

在居室空间的某些重要部位设置供老年人使用的扶手，可有效保证老人在室内活动的安全性和便捷性。如果在老年人经常使用的动线区域不方便增设扶手，也可考虑利用空间内现有的家具、橱柜等形成连续的可供支撑或抓扶的台面，以方便老年人在行走过程中使用。一般而言，要根据老年人自身情况来设置扶手的高度，对于能够站立行走的老年人可将高度设置为 850mm 左右，而对于轮椅老人的参考高度为 650mm 左右为宜。

同时，为了进一步提高居住的安全性，室内房门对老年人的生活同样具有影响作用。在老年人经常使用的空间设置推拉门或折叠门可以更加方便其进出，如厨房和卫生间。这类房门不会使老年人在开关门时身体产生较大的移动幅度，相比常见的平开门更加安全，更节省空间，特别是对于那些行动不便的老年人而言，推拉门、折叠门是更好的选择。

2. 小户型住宅的户型设计

（1）独居型。

独居型也称空巢户，指子女离开家庭独立居住谋生以后，留下中老年夫妇所组成的家庭。这类模式对居住面积要求不高，中小户型即可，见图 3-3-16。设计要从老年人生理和心理需求出发，卧室空间可以分开但距离不远（特殊情况为了便于贴身照顾可以在卧室内摆放两张床），既方便互相照顾又不相互干扰。

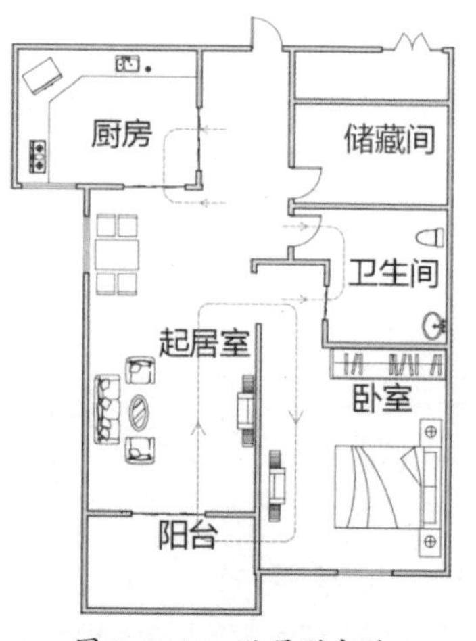

图 3-3-16　独居型户型

（2）老年公寓型。

老年公寓是让老年人居住在一起形成一个大

家庭，老年公寓的整体要和普通住宅基调一致且高于普通住宅；老年公寓强调隐私性和独立性的设计，且居住空间舒适性高；突显老年人的特点和爱好，活动空间设置要广泛多样；室内空间要考虑老年人的特殊需求（辅助工具的使用）尺度适宜；公共空间既要方便老年人邻里交往，又要体现无障碍设计便于老年人使用。

老年公寓提供生活文化、娱乐、健康服务设施，居住对象为单身老年人、老年夫妇和多人居住的生活单元。其特点是老年人集体居住、统一管理、高度集居化，集中统一管理和服务。居住空间有独立的卫生间、电话、电视等基本设施，有共用的餐厅、活动中心等，卧室根据自身情况选择单间、双人间或者多人间，如图 3–3–17。

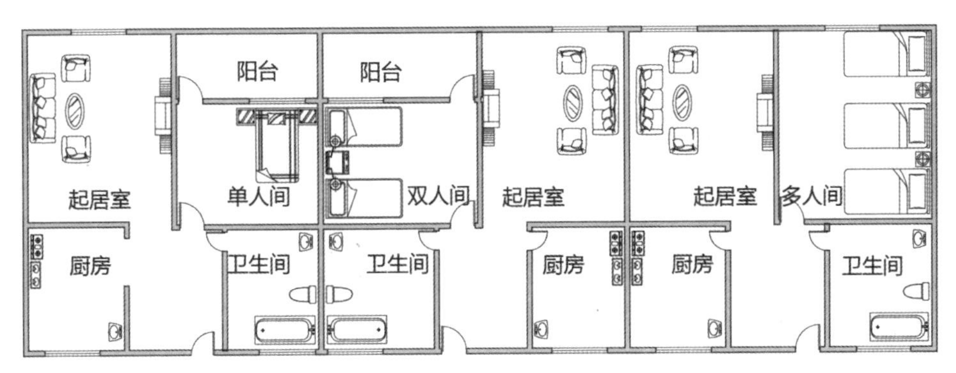

图 3–3–17　公寓型户型

第四节　居室空间

一、玄关与走廊的无障碍设计

（一）玄关的无障碍设计

1. 空间设计原则

玄关在住宅或公寓中所占面积虽然不大，但使用频率较高。无障碍需求

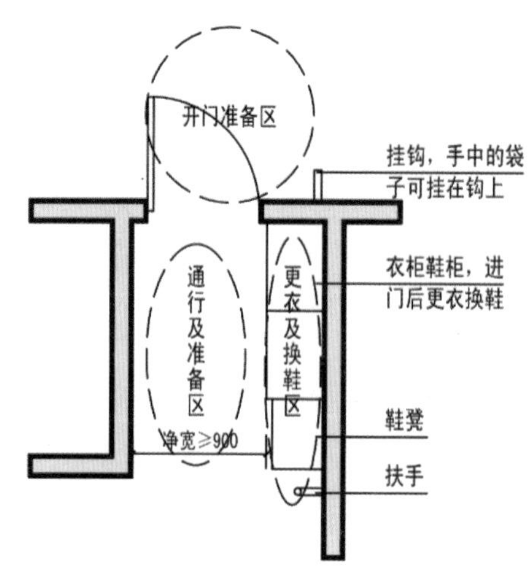

图 3-4-1　无障碍玄关功能分区

人士或老人在外出和回家时，往往要在玄关完成许多动作，如换鞋、穿衣、开关灯、拿钥匙等，如图 3-4-1。因此，玄关的各个功能须安排得紧凑有序，保证他们的动作顺畅、安全。无障碍玄关空间设计通常需注意以下几点：

（1）确定适当的玄关形式。

玄关空间除了要满足换鞋、换衣等基本活动外，还应考虑轮椅进出所需要的空间，以及急救时担架出入所需的空间。

无障碍玄关一般应采用进深小而开敞的玄关，进深较小而开敞的玄关便于无障碍需求人士或老年人的活动，尤其是对轮椅的通行以及急救时担架的出入限制较小，还能使玄关更好地获得来自起居室、餐厅等空间的间接采光。

进深较大的狭长玄关对乘坐轮椅人士的活动限制较大，这种玄关一般光线也不好，尤其是狭长而又有转折的玄关会影响紧急情况下担架的出入。这样的玄关占用面积也较多，空间利用效率低。开口多的玄关往往汇聚了多条动线，无法形成稳定的空间，也不利于无障碍需求人士或老人在此行动的安全，如图 3-4-2。

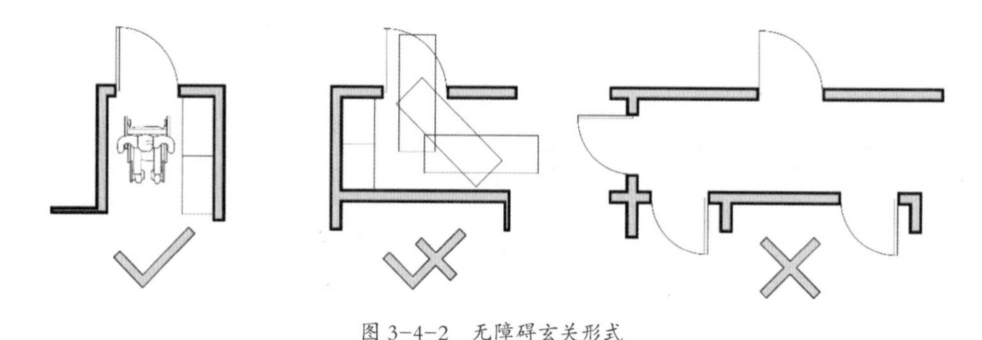

图 3-4-2　无障碍玄关形式

（2）保证活动的安全方便。

①灯光。

玄关一般大多没有自然采光，如能通过起居室、餐厅等房间间接采光最好，通常情况下应设置灯具照明，使无障碍需求人士进出门时打开灯能够看清周围环境，确保他们行动的安全方便。

②供扶靠、安坐的条件。

应在玄关为无障碍需求人士或老年人提供坐凳、扶手或扶手替代物（例如矮柜的台面等），便于其安坐和扶靠，保障其换鞋、起坐和出入时的安全、稳定。如家中有需要扶手的特殊无障碍需求人士时，扶手应从玄关一直连续设置到起居室、卧室、厨房、餐厅、卫生间等功能空间。

③考虑轮椅的使用需求。

户门把手侧应留有不小于400mm宽度的距离，方便乘坐轮椅人士接近门把手、开关户门。户门外侧附近最好有可供轮椅回转、掉头的空间，即不小于1500mm直径圆圈的轮椅基本回转空间。户门处不应设置门槛，如有门槛应做斜坡过渡以利于轮椅方便进出。

④合理安排家具。

合理安排玄关家具布局，有助于无障碍需求人士或老年人将在玄关的活动形成相对固定的程序。一般人进门时的活动程序是：放下手中物品—脱挂外衣—坐下—探身取鞋—坐下换鞋—撑着扶手站起，出门的活动顺序大致相反。按照熟悉的程序行动，可以有效避免他们遗忘或动作失误而引起的危险。

（3）保持视线的通达。

在一般住宅中，为了保持玄关的独立性或室内其他空间的私密性，往往会用隔墙或家具作为屏障，遮挡入口处的视线。在无障碍住宅中，开敞式玄关更符合他们的需要。玄关家具宜选择低柜类，高度上不遮挡视线，并可以让部分光线透过，使玄关处更加明亮。

（4）地面材质的选择。

地面材料应耐污、防滑、防水，材质表面不宜有过大的凹凸，要易于清洁且不绊脚。地面材料可考虑使用强化木地板、石英地板砖、黏土砖、止滑砖、凹凸条纹状的地砖等防滑材料。有时会将玄关地面另换一种材质，应注意材质交接处要平滑连接，不要产生高差。好多人为了保持干净往往会在入户门外铺设地垫，铺设地垫后避免有较大高差，并注意地垫与地面附着不要滑动。

2. 常用家具布置要点

（1）鞋柜、鞋凳。

①鞋柜、鞋凳的布置。

无障碍住宅的门厅中鞋柜、鞋凳应靠近布置，最佳的形式为鞋柜与鞋凳相互垂直布置成L形，使无障碍需求人士或老人坐在凳上脱、放、取、穿鞋子比较顺手。但一般住宅玄关没有这么大，很难做到L形布置，一般还是直线形布置较多。如果是向内开启的入户门在开启时会占用一定的门厅空间，应注意其开启时避免对人的活动产生干扰，例如当鞋凳位于户门附近时，要保证户门开关时不要碰撞到坐在鞋凳上的人，如图3-4-3。

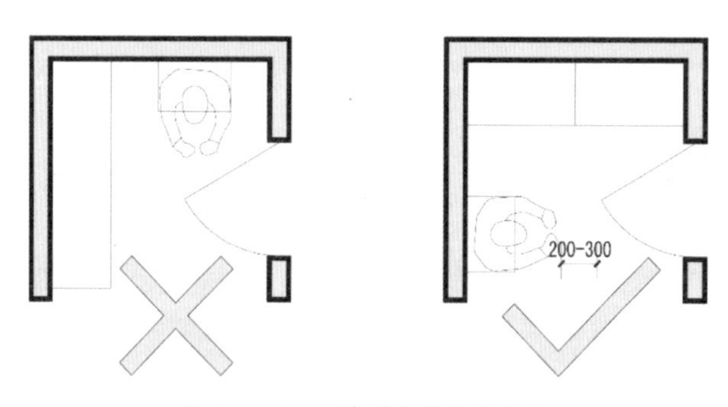

图3-4-3　无障碍玄关鞋凳位置

②鞋柜、鞋凳的尺度。

鞋柜宜有台面，高度以850mm左右为宜，既可以当作置物平台，又可以兼具撑扶作用替代扶手。为了不使过宽的门扇在开启时会占用较多的玄关空间，鞋柜采用平开门时，单扇柜门的宽度不宜大于300mm。如果柜门宽度太大，当乘坐轮椅人士开启鞋柜时，就会没有足够的退后空间，如图3-4-4。

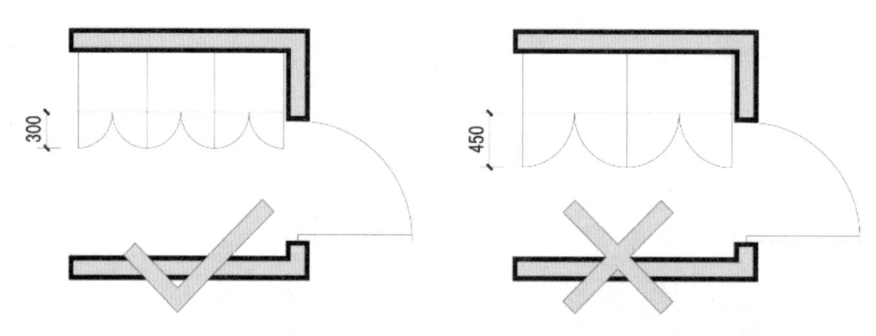

图3-4-4　无障碍玄关柜子开门

鞋凳应有适当的长度，除了人坐之外还可以在上随手放置物品。独立的鞋凳长度应不小于 450mm，当其侧面有物体或墙体时，鞋凳可以适当加长，以免妨碍手臂的动作。鞋凳的深度可以较普通座位稍小，但不能小于 300mm，要保证人坐在上面可以坐稳。

③鞋凳旁的扶手。

鞋凳旁边最好设置竖向扶手，以协助无障碍需求人士或老人起立。扶手应位于鞋凳旁 150mm—200mm 处，便于他们使力。扶手的形状要易于把握，尽量采用长杆型，并采用手感温润的表面材质，如木材、树脂、塑钢等。

④设置部分开敞的放鞋空间。

为了无障碍需求人士或老年人使用更为方便，可将一些常穿的鞋开敞放置在鞋柜的下面，使其便于拿取、穿脱，保证其换鞋时方便。例如可以将鞋柜下部留出高度约 300mm 的空当，用于放置常穿的鞋子，以免鞋子散乱在门厅地面上，防止将人绊倒和不美观，如图 3-4-5。

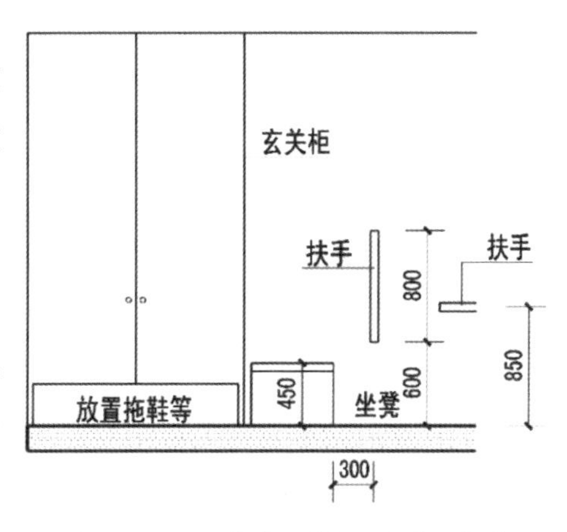

图 3-4-5　无障碍玄关柜、坐凳、扶手

（2）衣柜、衣帽钩。

①玄关空间宽裕时可设置衣柜或衣帽间。

在玄关空间较为宽裕的情况下，可以设置挂衣柜。衣柜门不宜过宽，以免对乘坐轮椅人士的活动构成障碍，挂衣杆最好做成可升降式，方便无障碍需求人士或老年人拿取衣物。

②玄关空间有限时可设置开敞式衣帽钩。

当玄关的尺寸有限时，在墙面上直接设置衣帽钩可以有效地节省空间。因为没有柜门，人们取放衣物会比较方便。但也有挂衣服过多时会看上去杂乱不美观。在设置衣帽钩时要注意尽量不要设置在主要视线处，如可以设置在进门一侧位置。

开敞式衣帽钩的挂衣钩高度通常为 1300mm—1600mm，高度既要考虑防止碰头，又要考虑到无障碍需求人士适宜的使用高度。需要注意的是供乘坐轮椅人士使用的挂衣钩不适合设置于墙角，以免轮椅接近困难。

（3）穿衣镜。

如有条件，宜在户门附近设置能照到全身的穿衣镜。人们外出前可在镜前照一下自己是否穿戴整齐，也有助于提醒他们是否有物品遗忘。一般住宅没有专门安装镜子的空间，也可考虑在进门设置的衣柜门内侧设置穿衣镜，它不占据建筑空间，又可在需要照镜子的时候把衣柜门打开即可，还可以直接固定在墙面上。

（4）物品暂放挂钩。

可在户门附近为无障碍需求人士或老人设置物品暂放的挂钩。当他们手中拿有手提袋等物品时，需要先将物品放下，再腾出手开门，或集中于一只手中，动作就会容易局促、忙乱，容易发生事故。如果门口设有挂钩，就可将随手提袋挂在钩上，这样人们就不至于要弯腰把东西暂时放到地面上。

物品暂放挂钩的高度建议为850mm—900mm，回家临时把手中提袋挂放一下，挂钩可做成可旋转的，平时平行墙面也不占用空间，需要使用时打开即可。

（二）走廊的无障碍设计

走廊作为连接各个功能房间的过渡空间是十分重要且不可或缺的。在无障碍住宅中，走廊也是无障碍通行设计的重点。走廊的功能不只是单一的通行功能，可以通过合理的设计，使走廊空间的利用更高效，使用更便捷。

无障碍住宅的走廊设计应满足以下两点：

1. 节约走廊面积

在无障碍住宅设计中，走廊不宜狭窄和曲折，否则容易造成轮椅和担架通行不畅，通常户内走廊的净宽在1200mm左右。但为了方便轮椅回转和节约面积，可将走廊做一些宽度变化。例如也可以在房门集中处将走廊局部扩

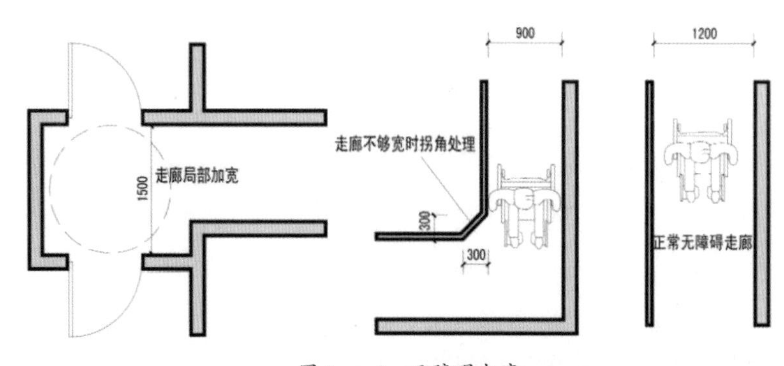

图3-4-6　无障碍走廊

大，方便轮椅转圈选择方向而不必将走廊宽度整体加大，如图 3-4-6。

应尽可能缩短走廊的长度，这样不仅可以获得更好的空间效果，还可以节约交通面积。

2. 保障通行安全

无障碍住宅中的走廊不应设置台阶及高差，地面宜选用平整、没有过大凹凸的材质。如果走廊的地面与其他房间门的交接处有材质变化，应注意其平滑衔接，避免产生高差。

走廊的主要功能是通行，应为有需要的无障碍需求人士设置连续的扶手或兼具撑扶作用的家具，根据家庭无障碍需求，一般老年人使用时扶手高度在 850mm—900mm，轮椅使用人士扶手高度在 650mm—700mm。当暂不需要使用扶手时，应在走廊两侧墙壁预留设置扶手的空间。扶手要安装牢固，具有足够的承重能力，在材质上要平整舒适，在北方地区扶手的材质宜选用防滑、热惰性指标好的材料。

二、起居室（客厅）的无障碍设计

（一）起居室的无障碍设计原则

起居室的家居用品相对比较多，人们在起居室空间停留的时间也比较长，而轮椅行走及使用辅具行走所需空间相对较大，家具布置不好就比较容易磕碰到室内物品。起居室家具布置后走道净宽不应小于 900mm，如不满足此尺度要求最好不要布置电视柜，以免挤占空间妨碍无障碍通行。沙发前茶几的下部最好不要采用实体的形式，以方便无障碍需求人士够取茶几上的物品；沙发也不应做成“1+2+3”模式，以免挤占活动空间，沙发和茶几之间多留出一点空隙可以让无障碍需求人士行动更加方便。无障碍起居室应留出一个轮椅位置或高一点的专用休闲椅，以方便乘坐轮椅人士或老

图 3-4-7　无障碍起居室家具布置

年人起坐方便。起居室空间不够大时可将电视机悬挂在墙上，这样就将电视机和茶几之间的空间无形中扩大了，与普通家庭装修中放置电视柜相比，轮椅在走道行走时也就更加方便自如，如图 3–4–7。

（二）无障碍设计措施

1. 起居室的家居组成

起居室内包括沙发、电视柜、茶几等家具，如无障碍需求人士需乘坐轮椅，在进门玄关处就应考虑到鞋柜、坐凳等家具的布局是否包含轮椅或使用辅具通过的空间。

2. 起居室的行为动线

起居室和与之一体的玄关是进入住宅的门户。人们的行为动线为：开门进入—换鞋—进入会客区—谈话或娱乐—如厕。在此行为的动线上要保证无障碍的通行，不能有任何障碍物。

3. 起居室各种功能尺度

起居室的开间在 4000mm—4500mm、进深在 4500mm 左右较为合适，会客区的使用面积不宜小于 15 平方米，并且宜有较好的通风与采光效果。起居室内柜体高度不宜大于 900mm，深度不宜大于 500mm，家具布置应该考虑到轮椅的通行或无障碍需求人士使用辅具行走，还要考虑到柜门打开后操作所占用的空间。

4. 墙面附加安全设施

起居室内墙壁的阳角宜做成圆角或加木护墙，避免人被碰伤和保护墙壁。如家中无障碍需求人士行走不稳时，也可考虑在其行走的主要路线墙面上安装连续不间断的扶手，扶手高度宜为 850mm。

5. 起居室专属位置预留

我国住宅中起居室往往是以电视 + 沙发 + 茶几 + 电视柜 + 装饰柜等构成主体空间。由于普通沙发高度相对较低，会有无障碍需求人士使用不便或老年人使用起身困难的问题，因此在沙发一侧应留出摆放老年人的专用休闲椅位置，如是乘坐轮椅人士，则干脆作为轮椅的停放位置。

三、餐厅的无障碍设计

餐厅空间应考虑餐厅家具的无障碍，由于就餐时挪动较重的餐椅对于一些肌肉力量下降很大的无障碍需求人士来说是较为吃力的，需要考虑如何让无障碍需求人士更加省力地挪动餐椅，可考虑使用下面带轮子的餐椅或办公椅，这样挪动起来就特别方便。也可考虑餐桌旁边留出一个没有餐椅的空位，以方便乘坐轮椅人士的使用。选择餐桌时，台面下面的空间最好是空的，以方便乘坐轮椅人士腿部插入餐桌下靠近餐桌。如果餐厅位置靠近厨房，应考虑留出不小于 900mm 宽通往厨房的无障碍通道。

四、厨房的无障碍设计

（一）厨房平面设计

厨房是无障碍需求人士能够体现自身价值的重要场所，也是住宅功能中最重要的组成部分，厨房越来越有往家电化、智能化方向发展的趋势。但是无障碍需求人士不一定能够方便使用复杂的厨房器具，尽可能选择安全的、使用方便的厨房器具是最为关键的。厨房最好便于整理，并有一定的回转空间。另外，厨房平面设计既要适合普通人，又能满足行走不便的人或乘坐轮椅人士。因为每种使用对象使用要求都不相同，特殊的无障碍需求人士还有自己特殊的要求，要结合具体的使用对象有针对性地进行设计。

厨房在空间设计时应注意三个原则：

1. 安全性

厨房是整个家庭住所空间中事故高发的场所之一，使得安全性原则成为无障碍厨房设计的一项重要内容。厨房中的危险源非常多，如滚烫的油、煮沸的水、明火、燃气、各种厨房电器、锋利的刀具，还有易碎的陶瓷器具和玻璃器皿等，容易发生烫伤、烧伤、摔伤等意外伤害，严重的还会引起火灾等。因此厨房无障碍设计必须在认真研究各种无障碍需求人士行为特点与习惯、身体特点和身体尺度等问题的基础上进行。厨房内应设置燃气泄漏自动报警装置、烟感报警、火灾报警、漏电主动跳闸等装置，以保障各种使用人群的人身安全。

2. 情感化设计

无障碍需求人士和老年人，大多都属于弱势群体，他们最害怕的是孤独，比常人更加需要进行情感沟通和家庭照顾。无障碍厨房的情感化设计，可以减轻他们的孤独感。例如厨房的设计，可以设计成开敞西式厨房或在餐厅内考虑一部分厨房功能。可在西式厨房或餐厅的墙上吊挂一台小型平板电视，使用人可以边做饭边观看电视节目。如果条件允许，理想型的无障碍厨房应当是比较开放的，一是空间变大方便轮椅使用者，二是便于做饭时和家人互动和交流，在一日三餐的备餐操作、做饭、收拾碗筷的过程中进行轻松愉快的家庭对话，彼此交流感情。

3. 舒适便利

为使无障碍厨房做到使用更舒适便利，就要求厨房具有科学的布局形式、适宜的设施尺度和贴心的辅助功能等。特别要符合乘坐轮椅人士的人体尺寸，对于他们的通行空间和操作方式的设计要体贴入微，如消除地面高差、加宽门洞、降低操作台的高度、台面下预留容腿空间等。在厨房设施和家用电器选用方面，要充分运用语音提醒、灯光闪烁、自动定时关闭等手段，给予他们及时通知与提醒，使他们能够充分体验到智能化的便捷功能。

由于轮椅不能横向移动，无障碍的厨房设计不宜横向布置，否则轮椅使用者使用会很不方便。考虑到轮椅在厨房内需要旋转，最好采用 L 形或 U 形的布置，因此无障碍厨房要保证轮椅的旋转空间，保证台面下有放腿的空间。

对于使用辅具或行走不便的人来说，最好利用二列形或 U 形两侧的操作台来支撑身体。由于离开了辅具，保持直立会有一定困难，安装扶手或者安全带的设施将会给使用者带来方便，也可以考虑他们坐在凳子上进行厨房工作。根据常见的住宅套型，通常有以下几种类型厨房：

（1）U 形厨房。

U 形厨房这类形式，三面可以布置厨房橱柜和设施，中间需要一个轮椅回转的空间，此空间为不小于 1500mm 直径的圆，才能为轮椅使用者平行靠近 U 形橱柜的厨房器具提供足够的移动空间。平面空间关系及设备布置见图 3–4–8。

（2）L 形厨房。

对于 L 形厨房，无障碍厨房主要考虑两个问题，一是入口，二是如何靠近冰箱的问题。在厨房入口，考虑轮椅转弯的问题，入口空间可适当放大，同时考虑轮椅活动的范围，平面空间要求和设备布置见图 3–4–9。

大 L 形无障碍厨房可以把餐厅纳入其中，合并进行无障碍设计，在家具与设备布置时，主要应考虑水池、灶台的平行靠近和冰箱的开启。如果有餐桌，应留出轮椅的位置，还要考虑交通的问题，平面布置见图 3-4-10。

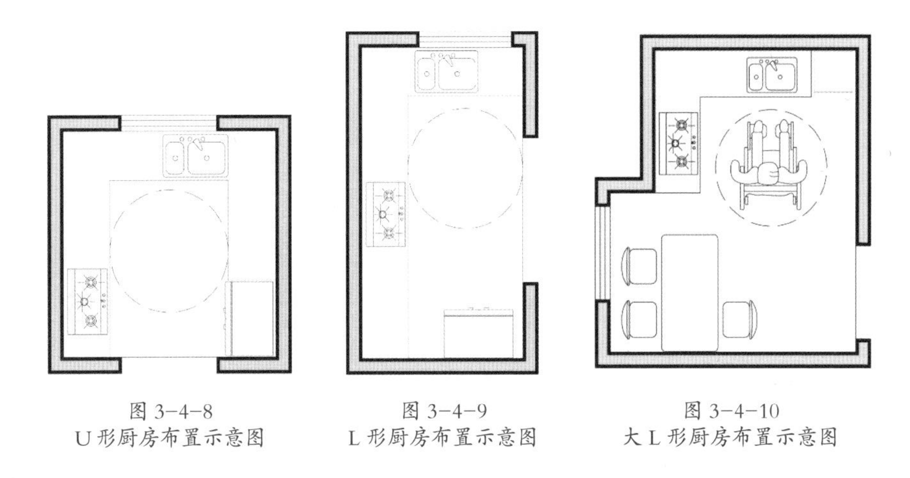

图 3-4-8
U 形厨房布置示意图

图 3-4-9
L 形厨房布置示意图

图 3-4-10
大 L 形厨房布置示意图

（3）平行墙厨房。

平行墙厨房是一种常见的厨房布置形式，它可以设置为通过式厨房，两侧布置橱柜及其厨房厨具等，这样既有利于空间的联系，又可以避免轮椅在内的空间回转，其平面布置见图 3-4-11。

（4）岛式厨房。

岛式厨房是厨房中设置餐桌或厨房家电的一种布置形式，它的平面就像一个宽大的 U 形，有两个出入口的平行墙厨房。这种形式对平面尺度要求大，平面家具布置很完整，可容纳的厨房家电、厨具种类多。平面布置见图 3-4-12。

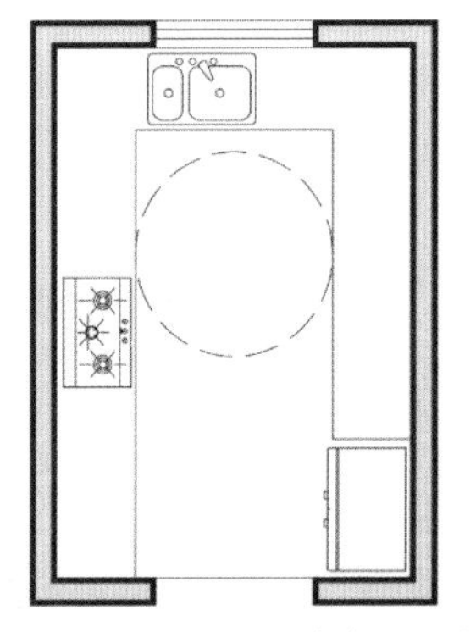

图 3-4-11 平行墙厨房布置示意图

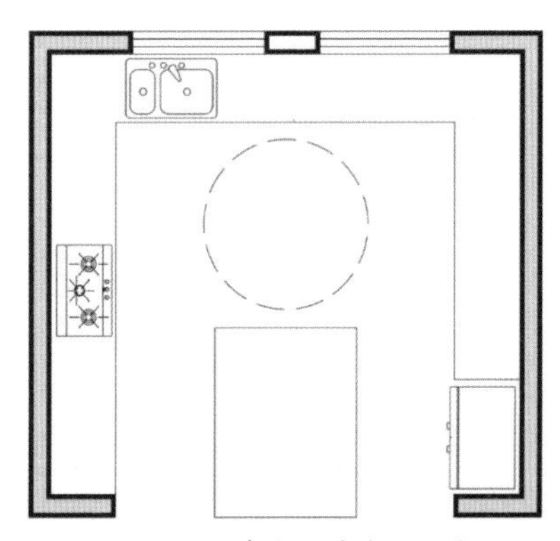

图 3-4-12 岛式厨房布置示意图

（二）厨房空间设计

无障碍厨房根据“拿、洗、切、炒”的流程和老年人厨房人体工程学要求，L形、U形布局是最适合无障碍需求人士和老年人使用的厨房布局形式（见图3–4–13）。实际调研也证明，无障碍需求人士和老年人对于L形、U形平面布局的认可度远远高于单列型与双列型布局。

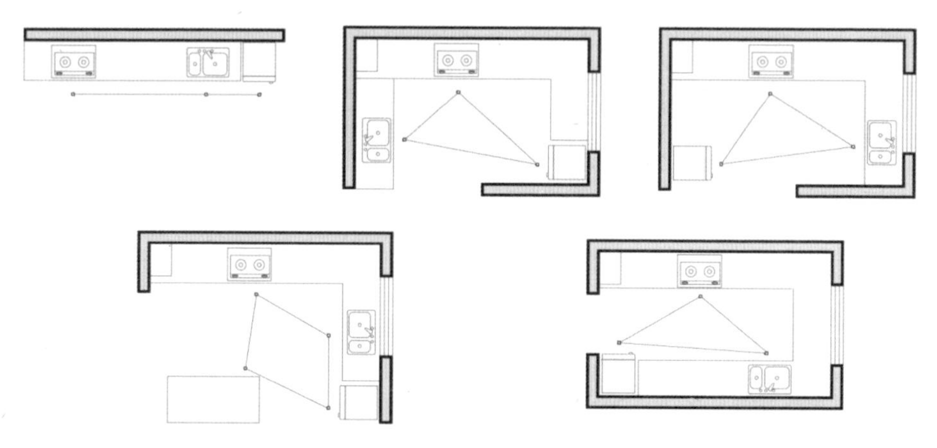

图3–4–13　几种厨房布局形式

直线形布局工作动线长，因轮椅平移困难，尤其不适合乘坐轮椅的人士使用。岛形布局适合大面积开敞式厨房布局，一般在别墅中采用较多，但工作动线长，操作活动量大，不是特别适合自理与介助老年人使用。L形布局工作动线短，操作区相对集中，适合自理与介助年老年人使用。U形布局工作动线短，操作区集中，储藏量相对较大，适合自理与介助老年人使用。在不同的套型设计中，结合具体的套型平面，尽量结合L形、U形厨房平面布局的特点来满足无障碍需求人士的使用要求。

（1）L形平面布局。

L形布局是沿厨房相邻两边连续布置橱柜，炉灶、水池、冰箱位置呈对角布置。适合于经济型厨房、长方形平面的舒适型厨房。设计时注意炉灶、水池位置不能紧贴转角处，否则不利于他们的使用。

优点：操作台面较长，台面连续；符合工作三角最佳路线，而且动线短、空间利用经济；管线烟道等可以集中布置，便于隐藏；橱柜整体性强，外观效果好，储藏空间较大；轮椅转弯角度为90°，轮椅使用者易于操作。

缺点：橱柜转角处需要特殊处理以提高利用率。

（2）U形布局是橱柜沿厨房三面墙体连续设置。适用于面积较大、平面为方形的舒适型厨房。设计时注意使用辅具人员使用时，平行的两列柜体间距以750mm—1200mm为宜；考虑乘坐轮椅人士使用时，平行的两列柜体间距1500mm为宜，也可将操作台面器具选用浅缸型，台面下设计为空，方便轮椅插入以缩小平行的两橱柜体之间的间距，如图3-4-14。

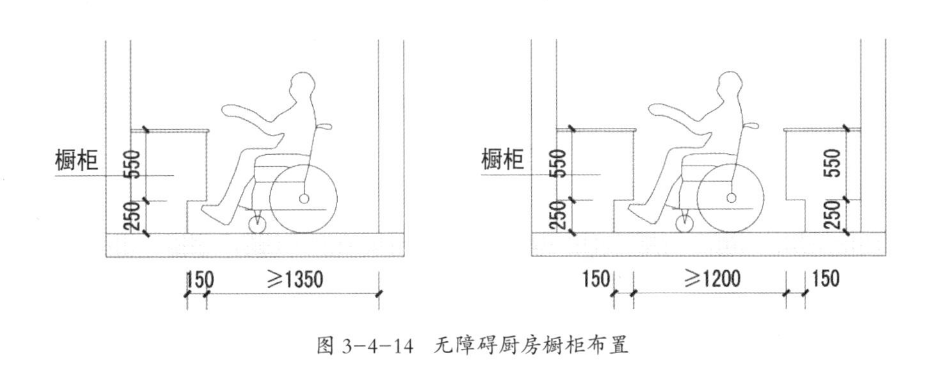

图3-4-14 无障碍厨房橱柜布置

优点：兼具双列型与L形的优点；高效利用走道空间，使用效率高；储藏空间非常充足；设备布局可以灵活多变。

缺点：厨房向紧邻服务阳台的开门位置受限。

（3）合理适宜的尺度。

合理适宜的尺度是使厨房产生高效空间的必要前提。各种烹饪器具及餐厨用具应安排紧凑，条理有序，保证简洁高效的操作流程。通常情况下，两平行操作台之间的宽度不宜小于900mm。但对于无障碍需求人士，考虑其活动时需借助相应的辅助器械，这一空间尺寸可以适当增加，具体尺寸可视无障碍需求人士具体情况而定。有时厨房尺度在一般情况下难以扩大，这时可将操作台适当改造，下部局部留空，方便轮椅使用人士的身体靠近主要的操作设备，如图3-4-15。吊柜高度也需适当降低，保证使用者不必登高即可随意取放日常用品。此高度范围一般控制在距地1200mm—1600mm的范围内，深度在200mm—250mm之间较为适宜，如图3-4-16。

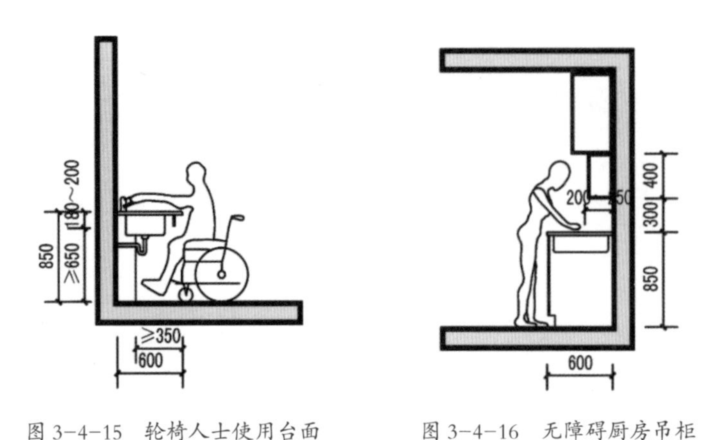

图 3-4-15　轮椅人士使用台面　　　　图 3-4-16　无障碍厨房吊柜

（4）良好的自然通风。

随着年龄的增加，无障碍需求人士和老年人的视觉、嗅觉和记忆力机能都出现了一定的衰退，加之我国的饮食习惯以煎炒、烹炸为主，对厨房空间的空气质量会产生一定的影响。因此无障碍厨房设计必须要直接对外开窗，保证有充足的光线。为了保证良好的通风条件，除了有效的开窗面积外，还可以利用机械排风，如设置抽油烟机、排气扇等机械设备，加速油烟气味及时排出，加强厨房的通风。

五、卧室的无障碍设计

（一）卧室空间设计

对于无障碍需求人士来说，卧室除了拥有常规的睡眠功能以外，通常也兼做其他的活动。尤其是对于行动不便人士或者介护老年人，卧室是他们日常活动最多的场所。所以无障碍卧室应该具有储藏、睡眠、阅读、通行、休闲活动五项功能活动。储藏区主要放置衣物、被褥以及其他用品空间。要注意衣柜、储物柜前要留出可供操作的空间，最好是利用门后靠墙做一面柜子来作为储物空间。睡眠区是卧室的核心区，它不但是提供睡眠的空间，也是卧床人生活的主要空间。这个区域宜有充足的日光照射，避开对流穿堂凉风直吹，同时床的周边要留有通行和护理空间。阅读区是无障碍需求人士阅读书刊和使用电脑的空间。此区域宜临近窗户，与休息区接近，有足够的放置物品的台面，方便摆放日常使用物品。通行区是供行走和轮椅通行的空间，要满足轮椅的通行尺寸要求和使用家具操作的空间。休闲活动区是在卧室内进行晒太阳、谈话、会客等休闲活动的空间，以靠近采光窗户，拥有完整、集中并且满足轮椅回转的要求即可，如图 3–4–17。

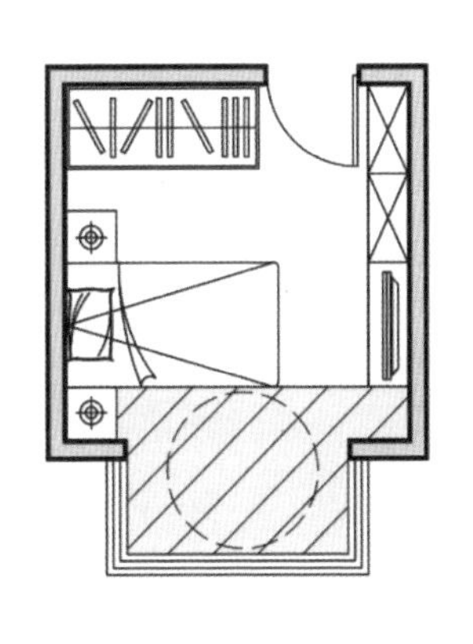
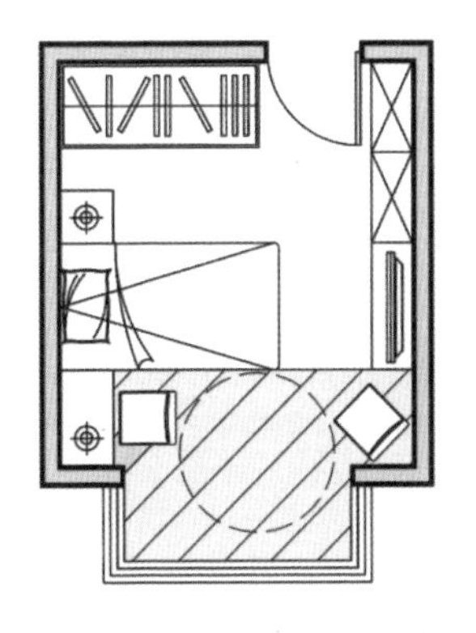
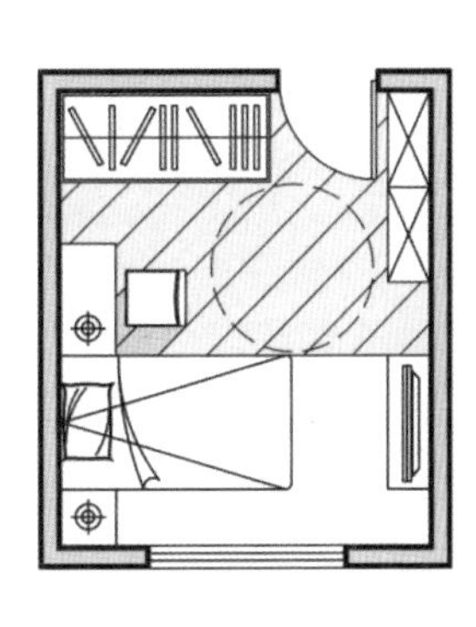

图 3–4–17　无障碍卧室空间布局形式

1. 无障碍卧室——床

对无障碍卧室整个空间布局来讲，家具的摆放位置、尺寸，都会影响到卧室的空间设计。床是卧室必不可少的家具，据调查无障碍需求人士单人床尺寸一般为 1200mm × 2100mm，双人床一般为 1500mm × 2100mm。有三种卧室床的摆放位置，如图 3–4–18。第一，三边临空放置。上下床都很方便，也便于整理床铺，又便于护理人员照料。第二，靠墙放置。可减少一侧通道的占用空间，但是会不方便睡在内侧的人上下床活动。第三，靠外墙放置。虽容易接受阳光照射，但是不方便开关窗户，偶有下雨天稍不注意就会淋雨打湿被褥，从窗户的缝隙中吹来的凉风也会让他们感觉不适。

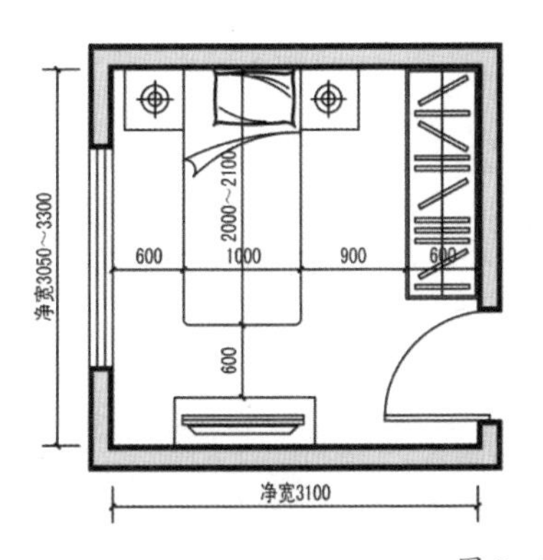

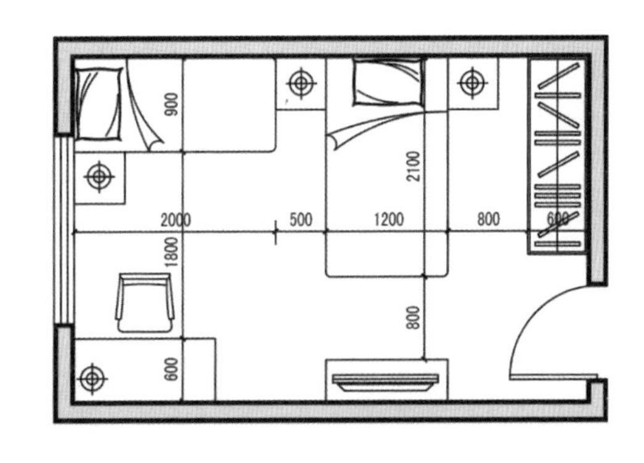

图 3–4–18　无障碍卧室床的布局

床边的通道宽度最小不宜小于800mm，床边最好有一个1500mm直径的回转空间以满足轮椅的回转和护理人员的护理。

2. 无障碍卧室——衣柜

无障碍卧室对于衣柜的要求最基本的就是高度不要过高，衣柜的整体进深要小，必须是开放式的槅架，方便无障碍需求人士和老年人操作。衣柜的深度一般为550mm—600mm，开启门的宽度为450mm—500mm，如图3-4-19。衣柜的内部空间，高度不方便无障碍需求人士使用的，可考虑采用电动升降式挂衣杆。柜子下槅板的位置，要考虑到无障碍需求人士躬身活动，高度设在650mm左右，注意衣柜前方预留的操作空间不宜小于600mm。

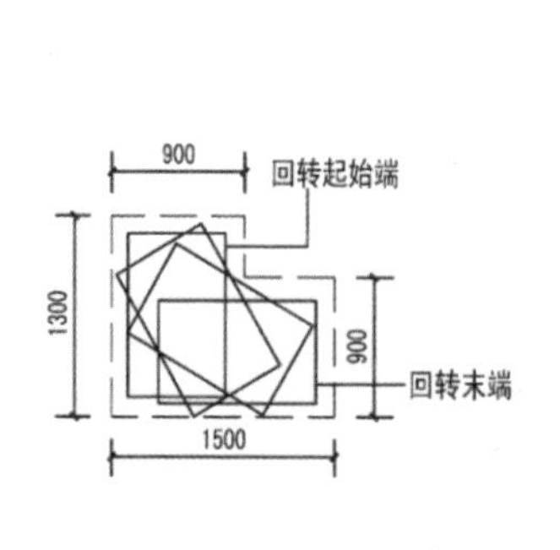

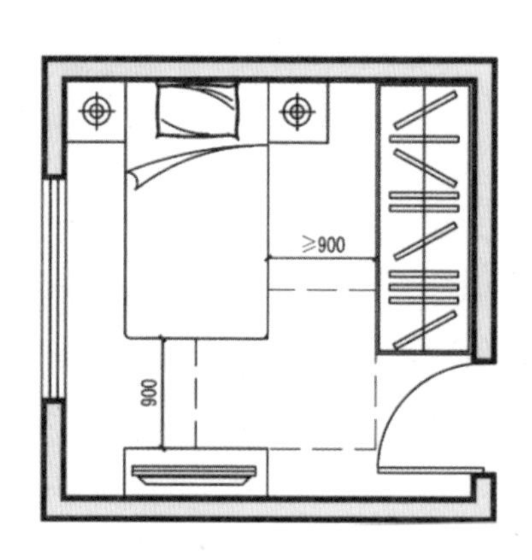

图3-4-19　无障碍卧室衣柜的布置

（二）卧室门

住宅卧室中使用的门有很多种，按照门扇的形式可以分为双开门、子母门和单开门等。无障碍住宅内的门要根据具体位置和用途来选择合适的类型，尤其要注意适合轮椅通过和担架通行的尺寸。双开门包括双扇平开门和双扇推拉门，双扇平开门一般常用于住宅楼栋单元门、防烟楼梯间的疏散门等。只有少数大户型住宅的主卧室门才会采用这种形式。双扇推拉门一般用作厨房门或者阳台门。双扇平开子母门通常也会被用于楼栋单元门和分户门，很少有卧室门是子母门。双扇平开门宽度小于1500mm时，建议做子母门。子母门预留门洞宽度一般为1100mm—1500mm，尺寸大的门扇为开启扇，应保证大扇开启后的有效宽度800mm以上，这样轮椅方可通过。如遇家中有人突发疾病，同时开启两个门扇可确保救助人员和担架以最快的速度通行。单开门一般用于户内房间门，常见的有两种，即平开式和推拉式。推拉式卧室门对于使用乘坐轮椅人士来说更为方便进出和开关门扇。不管采用何种形式的门，都得保证门扇开启之后的净宽不小于 800mm，一般门洞预留尺寸为 900mm—1100mm。

（三）卧室窗

窗的样式直接影响无障碍需求人士操作的便利性和使用安全性，窗的开设方式则影响住宅的采光和通风质量。在白天活动较多的房间，如卧室和起居室的窗户尽量开设在南向，以充分利用太阳光条件。在住宅楼的端头单元户型中，卧室往往会有两道外墙，这种情况可适当考虑在卧室内加设一个与主采光窗不同方向的小窗，这样既可以提高室内通风质量，又可以改善房间深处的采光。要注意窗扇开启与房间门开设的对应位置，设计好通风流线，避免室内出现通风死角。

住宅卧室中常见窗的类型有平开窗、凸窗、落地窗和转角窗四种形式。平开窗主要适用于卧室和餐厅，可根据舒适度要求来设置窗地比、窗开启扇的位置和窗洞大小。转角窗主要设置在起居室和卧室，可为房间引入多方向光线，也使得房间有了更好更宽广的视野，并为房间扩展为一处独立的活动空间。凸窗通常用于不带阳台的卧室，由于凸窗凸出于房间外墙，可以引入更多光线，有扩大室内空间的效果，且凸窗的较大窗台可以满足多种功能的使用。窗台深度控制在 400mm—600mm 较为合适，可供人养些花草植物。凸窗的窗台高度为 500mm—600mm 较为合适，高于 900mm 的窗台不适合乘坐轮椅人士看窗外风景。

六、卫生间的无障碍设计

（一）卫生间设计原则

在无障碍需求人士或老年人的生活中卫生间使用频率较高，也是比较频繁发生危险的区域，因此，卫生间如何满足他们的安全、舒适、方便的生理需求就显得极为重要。

空间设计原则：卫生间是住宅或公寓中不可或缺的功能空间，其特点是设备较多，使用频率较高而空间有限。他们在如厕、洗浴时，容易发生跌倒、摔伤等事故，老年人突发病情的情况也较为多见，是住宅中较容易发生危险事故的场所。为提供一个安全、方便的卫生间环境，无障碍卫生间设计需要参考以下原则：

（1）空间大小适当。

空间既不能过大也不能过小。空间过大时，会导致洁具设备布置得过于分散，他们在各设备之间的行动路线会比较长，而且在行动过程中无处扶靠，增加了滑倒的可能性。空间过小时，通行较为局促，轮椅也难以进入或使用辅具行动不自如，也容易造成磕碰，护理人员也难以相助。

（2）划分干湿分区。

一般来讲卫生间内地面容易积水的区域叫湿区，将不易积水、常年保持相对干燥的区域叫干区。因而，淋浴、浴盆区属于湿区，而坐便器、洗手盆、洗衣机的布置区域属于干区。

我国目前现有老旧住宅的卫生间中洗手盆、便器和洗浴设备大多设置在一室，一般都没有明确划分区域，很容易造成他们在如厕、洗漱时摔倒和滑倒，新建住宅大部分都做到了干湿分区。因此，无障碍需求人士或老年人的住宅卫生间应特别注意洗浴湿区与干区的分离，降低干区地面被水打湿的可能。通常可将淋浴间和浴缸临近布置，使湿区集中，并尽量将湿区设置在卫生间内侧，干区靠近门口，以免使用中穿行湿区，如图 3–4–20。

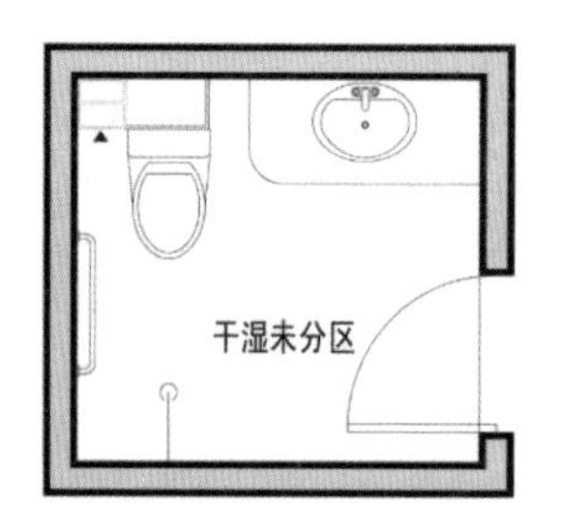

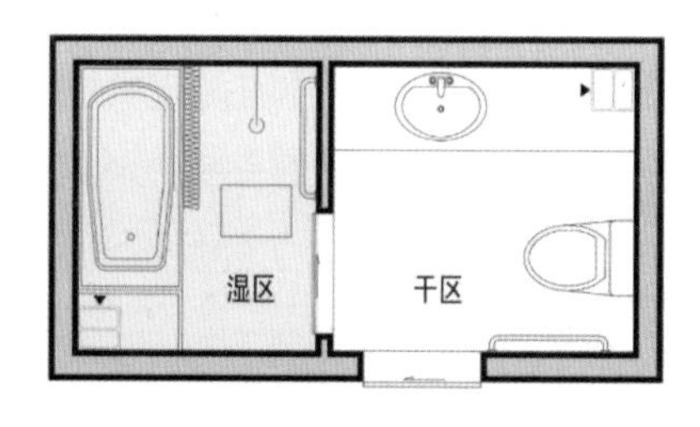

图 3–4–20　卫生间干湿分区比较

（3）重视安全防护。

①设置安全扶手。

坐便器和淋浴喷头、浴缸旁边应设置扶手，以辅助无障碍需求人士或老年人起坐等动作，以及防止他们进出浴室或站立起身时站立不稳、滑倒。

②利于紧急救助。

由于卫生间内部空间较小，他们在遇到紧急情况时，身体有可能挡住向内开的门，因而无障碍卫生间最好使用推拉门和外开门的方式，便于有情况时救助人员进入卫生间。内部需要设置紧急呼叫装置，如当他们在卫生间内发生危险时就可按动呼叫按钮。

③重视防滑措施。

卫生间地面应选用防水、防滑材质，湿区可局部采用铺设防滑地垫加强防护；浴缸表面一般较光滑，他们出入时容易滑倒，可以考虑在浴缸底部铺设防滑垫，旁边设置安全扶手，以确保他们的使用安全。

④保证坐姿操作。

无障碍需求人士或老年人在进行洗漱、洗浴、更衣等活动时，较容易发生意外情况，应为他们提供坐姿活动，以免消耗过多体力。如沐浴区内放置沐浴凳，盥洗区前放置坐凳等。

（4）注意通风和温度。

卫生间最好对外开窗，以获得良好的通风和采光，如果是暗卫生间就应做好排风设施，避免卫生间长时间处于潮湿状态，使人憋闷而产生不适感，而且也容易滋生细菌。老年人身体抵抗力差，对温度尤其敏感，在洗浴时，需要保证浴室适宜的室内温度。卫生间内宜设置浴霸灯等加热器，如有条件可将洗浴区尽量不要靠近外窗布置，避免外窗缝隙冷风吹入。

（二）卫生间空间设计

根据卫生间不同功能空间，分为淋浴、盆浴、更衣、盥洗、如厕、洗衣等活动，每个功能空间因他们的生理活动需求不同，家具布置要点也不同。因此在设计时，应为他们提供一个方便、安全的使用环境是非常重要的。

1. 淋浴间

（1）淋浴间尺寸。

通常以宽 800mm—1000mm、长 1200mm—1500mm 为宜。

（2）淋浴设备。

上喷头距侧墙一般为 450mm—500mm，活动喷头距地面高度一般为 1500mm 左右，淋浴设备开关应设在距地面 1000mm 左右高处，开关把手便于他们操作。开关把手上应有清晰、明显的冷热水标示，如图 3-4-21。

（3）淋浴扶手。

淋浴间侧墙上应设置 L 形扶手，便于他们站姿冲淋时保持身体稳定，以及转换站、坐姿势时抓扶。

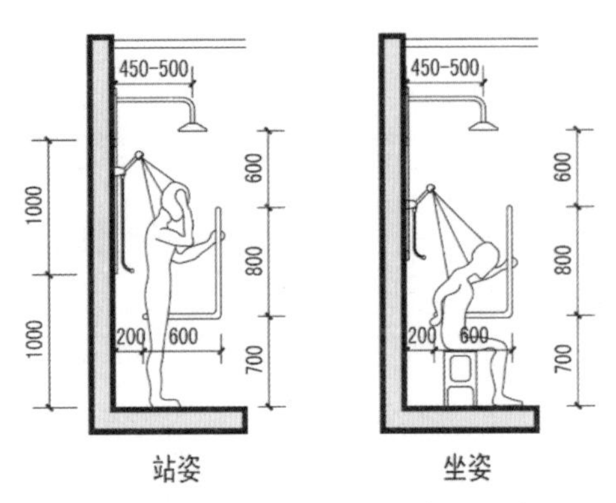

图 3-4-21 卫生间淋浴设备及扶手

（4）坐凳。

因为无障碍需求人士特别是老年人身体退化，他们在洗浴时最好放置坐凳。坐凳要防水、防滑、防锈，最好是木材、树脂面层带靠背的椅子，支撑应牢固可靠。

（5）淋浴间隔断。

无障碍淋浴间宜通过玻璃隔断、浴帘与其他空间分开。对于轮椅使用者，采用浴帘一类的软质隔断使用起来更为方便。

2. 浴缸

（1）浴缸尺寸。

长度以 1500mm 为宜，为了他们跨入跨出的方便，浴缸外缘距地面高度不宜超过 450mm。

（2）浴缸位置。

宜靠墙设置，便于安装扶手。浴缸出入侧应留有适当空间，考虑他们动作幅度，宽度不应小于 600mm。

（3）浴缸坐台。

坐台台面高度宜与浴缸边沿等高，宽度达到 400mm 以上，便于他们坐着移入。当空间受限时，也可考虑此处为坐便器位置，可以坐在坐便器上移入浴缸。

（4）浴缸扶手。

无障碍需求人士或老人进出浴缸时脚下容易打滑，在进出浴缸一侧要设置竖向扶手，供他们抓扶使用，宜设置距浴缸上沿约 150mm—200mm，如图 3-4-22。

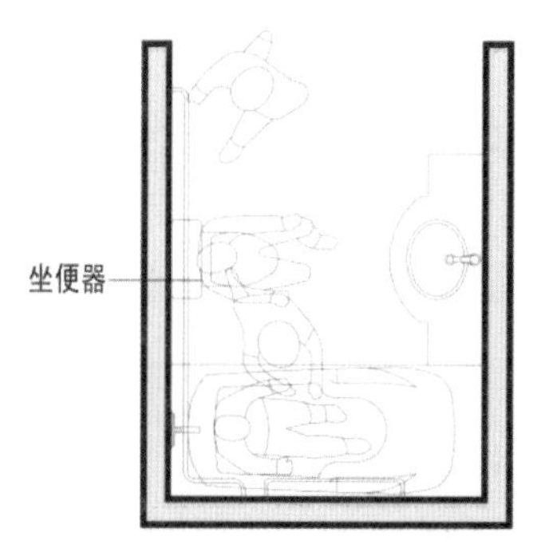

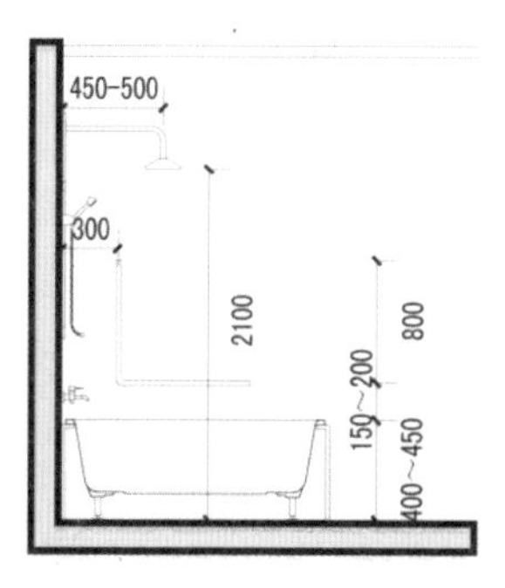

图 3-4-22　浴缸扶手设置

3. 盥洗区

（1）洗手盆。

洗手盆宜浅而宽大；洗手盆下部可以考虑留空，以供轮椅使用者腿部插入或者坐姿洗漱时使用，留空高度通常不低于650mm，留空深度不小于350mm，如图3-4-23。

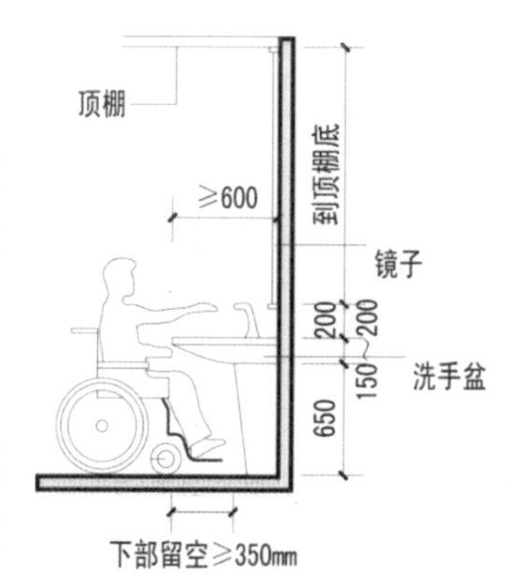

图 3-4-23　盥洗台相关布置

（2）盥洗台扶手。

盥洗台前边沿可安装横向拉杆，利于轮椅使用者或无障碍需求人士抓握借力靠近洗手盆。宜在盥洗台侧边设置扶手。

（3）镜子。

镜子不宜过高，应当考虑轮椅使用者坐姿照镜子，最低点控制在台面上方150mm—200mm为宜。浴室内镜子应有防雾功能。

4. 如厕区

无障碍卫生间应选用坐便器，以方便无障碍需求人士使用。根据他们的生活活动习惯和特点，如厕区要考虑护理、扶手、轮椅活动空间等，如图3-4-24。

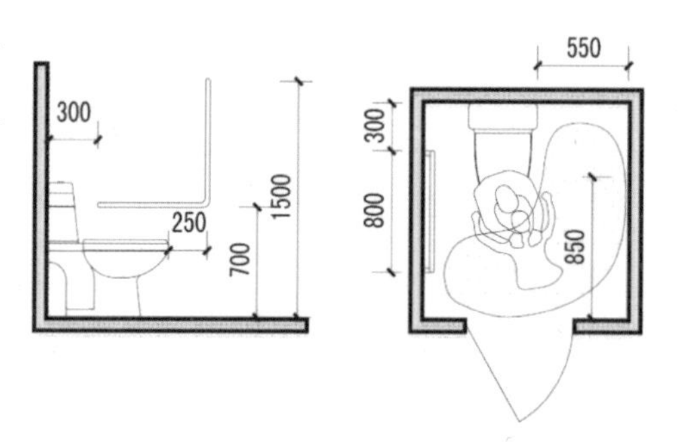

图 3-4-24　如厕区相关布置

（1）坐便器安装尺寸。

考虑到无障碍需求人士有时需要护理人员进行护理，故坐便器前方和侧方要留有一定空间，方便抱住无障碍需求人士等。使用轮椅时，周边应留出更大空间。坐便器要与卫生间门的开启边沿与坐便器前端距离不小于200mm，避免造成磕碰，如有条件尽量采用推拉门或外开门。

（2）扶手。

坐便器一侧应靠墙，以便于在墙上安装扶手，辅助无障碍需求人士起坐抓扶。扶手水平距离地面650mm—700mm，竖直部分距坐便器约200mm—250mm，上端不低于1400mm。

（3）紧急呼叫器。

无障碍需求人士特别是老年人生理需求的变化，如厕较多且如厕时容易发生事故，紧急呼叫器应设在坐便器侧前方手方便够到的地方，高度距地面400mm—1000mm为宜。

第五节　无障碍上下楼设备

无障碍设施，是指为了保障残疾人、老年人、儿童及其他行动不便者在居住、出行、工作、休闲娱乐和参加其他社会活动时，能够自主、安全、方便地通行和使用所建设的物质环境。

根据《无障碍设计规范》设置电梯的居住建筑应至少设置一处无障碍出入口，通过无障碍通道直达电梯厅。既有的老旧多层住宅都未设置电梯，如有轮椅使用人士或不能行动老年人就不能上下楼，如有条件最好也能增加无障碍上下楼设备。随着中国老龄化社会的到来，国家也更加繁荣昌盛，政府也在大力提倡既有建筑进行加装电梯等无障碍改造，而且各地都有不同的奖励政策，但是在加装电梯时会遇到更多的其他不好解决的问题，不如加装可以上下楼的无障碍上下楼设备更为方便易行。住区中常见的无障碍上下楼设备有载人爬楼机、无障碍升降平台、座椅电梯等。

一、载人爬楼机

载人爬楼机根据上下楼时操作人的视线方向，其操作方式为上楼时单开右边的扶手，下楼时单开左边的扶手，根据需要也可以双开，达到多功能选择操作，使用起来灵活方便。还有新型的载人爬楼机和轮椅结合为一体，完全可以自己操作。另外，可折叠的爬楼机的尺寸依据国家数据标准《中国老年人的使用舒适度》，宽度只需600mm即可，使用完毕收折后的宽度只有310mm，大大节省了空间占有率。爬楼机的费用一般几万元左右，而且建筑物不需任何改造，也不受建筑物的任何限制，只需对爬楼机操作人员进行简单培训即可操作使用。载人爬楼机的优点是不受既有建筑影响，爬楼机比加装电梯所花费用低得多，家庭自己甚至都可以承担；缺点是大多数爬楼机本人自己无法操作，必须由受过培训的他人操作，还有的载人爬楼机不可以承载轮椅，如图3–5–1。

图3–5–1　爬楼机

二、无障碍升降平台

无障碍升降平台由轮椅升降机、导轨和驱动箱等三大部分组成；升降平台是由C型钢材为主体部件，采用“翘板自复位开关操作运行”，无基坑式安装，直接固定于混凝土地面（无底坑室外应用情况下，平台下方混凝土地面不得低于周围地面），手动液压阀打开时升降底板能手动下降；液压驱动，升降平稳安全，外形小巧美观，不阻碍周边环境，如图3–5–2。

图3–5–2　无障碍升降平台

无障碍升降平台直接安装于地面，无需土建配套地坑，施工简便，产品放置户外不易积水，不易生锈，维护简便，升降高度 1m—6m。

无障碍升降平台的优点是乘坐轮椅人士可以自己操作，可以不需他人协助，缺点是既有老旧住宅楼梯里很难安装。

三、座椅电梯（轨道式爬楼机）

座椅电梯（轨道式爬楼机）是安装在楼梯侧面的一种小型电梯，其目的主要是帮助无障碍需求人士行动不便的人或乘坐轮椅人士上下楼，从外观上来看，座椅电梯就像一把运行在楼梯侧面轨道上的椅子，椅子上安装有一些按钮，供人们来操作，如图 3-5-3。座椅电梯的运行非常缓慢，这一点主要是为了考虑行动不便的人来设计的，来确保人员的安全。座椅电梯的优点是安装只需改造楼梯即可，简单易行，造价也不是太高。缺点是改造时需要对楼梯扶手等一起进行改造，再者乘坐轮椅人士使用时需要有人协助，自己上下座椅电梯的座椅有难度，且不能使轮椅上下楼。

图 3-5-3　座椅电梯

第六节　既有居住建筑无障碍改造更新

一、外部空间改造更新策略

（一）空间布局

既有居住建筑外部空间的改造涉及的方方面面较多，只有从政府层面操作才能解决好这些改造问题。空间布局的改造更新方式有增建和拆建两种方式。增建是指在满足当前规划条件的前提下，在已经形成的原有建筑布局的基础上，适当新建一部分建筑的改造方式。拆建主要是拆除小区内质量较差影响住区整体居住环境的建筑，如小区内的储藏室、自行车棚、利用率不高的小型公共用房等，通过这一改造方式，可以拓展更多的公共景观绿地，改善小区空间质量和小气候，又可以为人们提供更多的室外交往活动空间。具体措施有：

（1）合理调整划分组团规模。由于既有住区普遍存在规模较大，有的住区还没有围墙，有的住区虽有围墙但出入口数量较少，存在无障碍需求人士和老年人步行出行距离较远的问题。因此，可以考虑重新划分建筑组团，每个组团通过增建新建筑、栅栏围墙、绿化种植等方式围合解决安全感和领域感的问题，结合住区组团的领域感重新合理规划出入口，出入口需要重新设计时要强调其标志性和可识别性。通过合理的重新划分调整组团布局，也有助于增强住区内人们的领域感和归属感。

（2）通过增建和拆建的方法，丰富城市沿街立面，改变既有住区破旧的外貌，营造围合式组团院落空间。结合组团的重新设置，在不影响周围其他单体住宅的日照、通风情况下，可以考虑在东西向沿街一侧增建不超过 1—2 层的建筑，这样可以在住区中形成多个半私密围合式院落空间，增加的建筑既可以作为商业用房或公共服务用房，又可以作为住区内无障碍需求人士和老年人的活动用房。原有住区一般景观绿化较少，可结合景观改造在住区内增加公共环境空间，这样在改善住区环境的同时，也丰富了人们的室外活动空间，增加了公共空间的邻里感和趣味性。

（3）静态交通停车改造。大多数 20 世纪八九十年代建设的既有住区很少考虑私家车停车位，所以就导致小汽车的停放大多处于无序状态，停车普遍占用原本就狭窄的小区道路、人行道、宅间绿地甚至公共活动场地，使得交通更加不畅，居民的室外活动空间受到严重挤压，不仅严重影响了景观环境，也给无障碍需求人士和老年人的日常出行埋下了巨大的安全隐患。改造时，应重新规划原有住区院落空间，尽量多留出一部分院落空间作为集中停车场地或立体停车场地，这样既规范了住区内停车无序的乱象，减少了安全隐患，又可增加公共活动空间。在庭院中可以种植高大树木，既可以美化小区环境，又不占用太多地面空间，又能增进院落居民的邻里气氛，也增加了无障碍需求人士、老年人和儿童的安全感。

（二）无障碍通行

对城市既有住区室外空间环境实施全面的无障碍通行更新改造，不仅有助于增进无障碍需求人士和老年人参与社会生活的能力，扩大他们的活动范围，增强他们对生活的自信心和生活自理能力，也可以减轻社会和家庭的负担。营造无障碍的室外通行环境也是当前老龄化社会背景下改善他们出行安全的必然要求。

1. 单元出入口

住宅建筑单元的出入口是连接室内外空间的交通枢纽，起着组织和引导人流走向的作用。既有住宅如能增加电梯或其他无障碍上下楼设备，就需对单元出入口进行无障碍改造，出入口必须按规范设置坡道及扶手等无障碍设施，以确保无障碍需求人士的顺利通行，还可以在出入口平台上方设置雨棚，以防止高空坠物等。

2. 道路系统

经过改革开放这么多年的发展和变化，既有住区的道路功能也悄然发生了改变，住区内由原来的以人流和自行车流为主线，转变成今天的以人流、电动车流和小汽车流为主。老旧住区内人流车流路线混乱，小汽车停车占用道路严重，严重影响了住区环境及威胁到了人员在住区内活动的安全。为了给居民提供一个更为温馨舒适、环境优美、出行方便、安全和谐的社区环境，必须重视住区内户外道路的路网结构、道路宽度、停车方式、无障碍步行系统等多方面的更新改造设计，为无障碍需求人士和老年人、儿童等居民营造一个安全、舒适的住区环境。

住区内的道路应尽可能形成封闭环形的路网形式，小区内主要道路做到通而不畅，保证住区内部道路的高效、通畅、可达，同时应避免外部车流的干扰与穿越。道路系统按等级进行明确划分，入户道路尽可能通过支路与主干道连接，避免对主干道的跨越。在条件允许的情况下尽量做到人车分流，以保证无障碍需求人士和老年人、儿童等居民的出行安全。

“人车合流”是目前城市既有住区最常见的一种交通组织的方式，根据对既有住区居民出行方式的调查发现，在既有住区内保持人车合流的方式是住区居民较为认可的。但是要对人车合流系统进行科学系统的设计和改造，才能在既保证了车辆的自由通行、行人与车辆并行不悖，又要保证住区内人们在漫步、交谈、游憩和邻里交往等活动的安全。因此可以结合住区内道路的提升改造，重新对道路功能划分主次，在道路断面上对车行道和步行道的宽度、高差、铺地材料等进行处理，使其符合交通流量和无障碍活动的不同需求。

步行或轮椅出行是住区内无障碍需求人士和老年人外出的主要方式，也是他们最为常见的运动健身方式。住区内宜设置完善的无障碍步行交通系统，不仅能改善住区内人车混杂的交通问题，减少安全隐患，也能为他们提供良好的活动场所。无障碍步行系统可结合道路路网的改造或景观提升改造综合考虑，在改造时，要结合无障碍需求人士和老年人生理、心理特征，选择适宜的路面铺装材料，结合沿途的绿化景观、植物、雕塑小品等景观要素营造出具有趣味性变化和围合感的景观观赏、休息交往、锻炼健身空间，为住区营造出完整、安全、舒适便利的无障碍步行交通系统。

3. 标识系统

由于无障碍需求人士和老年人视觉、听觉及记忆力等生理机能的衰退，方向判断力较差，还应考虑老年人生理退化的特点，住区内应考虑增强导向性的标识，使之具有方向辨认功能。对于轮椅使用者来说，在轮椅不能通行的路段应有明显的指示，可以使用的公共厕所、公共设施等要设置明显的标识标志。既有住区标识系统的更新改造，应保持标识系统的连贯性，住区内的标识牌应按层次设置，为使用者提供多重指示，保证标识的位置便于他们寻找。识别类标识牌的设置不要间断或者间距过大，否则容易导致他们不能及时得到所需的提示。例如：楼栋号牌的设置应该保持他们从远、中、近距离都能通过标识准确地找到目的地，在建筑单元出入口可用颜色鲜明的标识进行警示或采用容易识别的造型等。

（三）公共活动空间

日常生活中，无障碍需求人士和老年人是既有住区公共活动空间活动的主体人群，公共活动空间也应考虑为这些人与其他人群之间交往提供很好的交流平台。他们以住区公共活动空间为依托，所进行的室外活动多种多样，丰富多彩。这些活动不仅包括散步、广场舞、体育运动等各项与健康养生相关的活动，还包括下棋、打牌、聊天等休闲娱乐活动。

无障碍需求人士和老年人身由于机体功能的逐步衰退导致其对周边环境的应对能力也逐渐变弱。针对这一特点，在对既有住区的公共活动空间进行改造过程中，应依据他们行为模式的特点，营造出安全、舒适、具有良好可达性和识别性的空间环境，满足他们多样性的活动需求。

（1）加强不同空间层次的安全性和舒适性。

对于应变能力下降、行动迟缓，无障碍需求人士和老年人很容易对陌生环境产生不安全感。经过改造更新过的公共活动空间作为一个崭新的环境，必须首先保障他们活动的安全与舒适，消除他们的心理障碍，才能确保他们聚集在此停留，开展相应的室外活动和社会交往。例如：在改造过的公共活动空间中增设一定数量的休息座椅和休闲空间；完善路网系统，尽量做到人车分流，保证无障碍步行道路系统不受干扰；路面采用防滑材料，设置明显易懂的引导标识；路面高度有变化时，设置相对舒缓的坡道等。

（2）加强空间环境的补偿性。

无障碍空间环境应激发无障碍需求人士和老年人的信心和潜能，鼓励其进行各种尝试以锻炼他们自己自身独立生活的能力，生活配套服务设施应尽可能布置在住区周边且具有良好的无障碍可达性。在他们会到达的建筑出入口及外部空间有高差的区域，除了设置必要的台阶外，还应设置供他们使用的坡道及扶手等设施；在室内环境的采光及照明上要考虑他们因为机能衰退带来的不利影响，可以适当增加光源的照度或采光度，改善室内外光环境。此外，在住区周边应具备便利高效的公共交通设施，方便他们出行，扩大其活动范围。

（3）营造多样化公共活动空间。

随着时代的发展，生活水平的提高，当今无障碍需求人士和老年人的养生保健意识也在逐渐增强。这种养生保健意识体现在日常生活中，就是他们大多会选择进行丰富多样的室外活动以锻炼身体、陶冶情操。同时，积极参与各项室外活动还可使他们更好地融入社区公共生活，加强邻里之间的交往，满足他们社会交往的需求。此类活动可大致分为动静两类，如棋牌、聊天、阅览、太极拳等这类活动需要相对独立静谧的空间，而戏曲、舞蹈、唱歌、乐器等参与人数较多的活动则需相对宽敞而又不影响周围居民的场地。在改造过程中，设计者必须考虑提供多样化的公共活动空间以容纳不同性质的室外活动。在改造室外公共空间的过程中，应注意完善无障碍通达性，以方便他们到达各个活动空间。

适宜无障碍需求人士和老年人的室外活动空间改造措施有：

（1）交往空间。

无障碍需求人士和老年人害怕脱离社会群体，他们渴望与别人交流，希望得到别人的认同和理解。与邻里街坊聊天是他们较为常见的社会交往活动，他们参与社区邻里交往的重要目的就是调节自我情绪，获得情感补偿。因此他们倾向于选择那些最能带来积极情绪体验的社会接触，从而避免消极情绪的产生。

因此，在既有住区改造中，良好的室外活动场所和完善的室外设施是促进邻里交往、增加他们积极情绪培养的重要依托。根据调研统计，我国上世纪 80—90 年代左右建设的既有住区普遍缺乏供无障碍需求人士和老年人使用的公共活动场地，即使有少量公共活动场地，也存在活动设施严重老化问题。因此对适宜他们交往空间的营造应结合不同等级中心绿地或公共活动中心以完善无障碍需求人士和老年人的活动设施，根据空间的不同位置、不同形态合理布置各项功能设施，例如宅前设置座椅、凉亭、桌凳等供他们休息交流的空间，组团可以提供棋牌室、风雨廊、小型健身设施等满足他们基本的健身和交往需求，小区布置多功能活动室等，住区可结合环境改造提升布置大型通用的活动场地和活动设施。

（2）观赏空间。

对既有住区景观观赏空间的塑造，主要是针对住区“组团”“小区”“居住区”三级绿地的改造，利用此三级绿地系统打造完善和谐的整体绿化体系。采用平面绿化和立体绿化相结合的方式丰富住区内的绿化层次，同时结合雕塑、小品等景观要素活跃气氛，增强景观整体的观赏性和吸引力。景观空间设计作为住区改造的一个重要方面，在改造中必须要综合考虑场地因素，与周边建筑环境相协调，处理好室内外空间的过渡关系，丰富整体空间层次，增强空间的观赏与趣味以求形成令人愉悦的整体空间。如若情况允许，可在小区内辟出一种植体验区，号召无障碍需求人士和老年人积极参与，让他们身体力行地享受田园野趣，此举既可强壮他们的体质，又可陶冶他们的身心，亦可增进邻里感情，可谓一举多得。

（3）健身锻炼空间。

健身锻炼空间并不是单纯提供一个设置健身器材、可供体育锻炼的场地，而是要考虑到无障碍需求人士和老年人自身健康状况和活动能力的不同，在改造过程中有针对性地提供多样化、可选择的活动场地并辅以相应的设备设施。对于部分可通用的设备设施可集中布置，以便提高使用效率、节约建设成本。需要注意的是，在改造初始就要考虑好合适的位置，避免设在远离道路或较为隐蔽的活动设施，否则场所较难聚集人气，利用率不高。

（4）利用闲置空间。

既有住区经历了10—20年的使用，在这个使用过程中已然区分出常用空间与闲置空间。公共空间遭到闲置的原因有很多，例如初始设计不合理、年久失修、设施老化等。对于功能设计不合理的闲置空间，很多情况下是由于许多不易改变的外界条件所制约而形成的，无法通过一般的改造方法使其成为积极的活动空间，因此这类消极闲置空间的改造方法应该是赋予其新的功能，例如停车棚、停车场等。或把闲置空间重新规划和设计，功能进行合理重组，重塑其空间的积极性，使其焕发活力，再次吸引人们参与其中活动。

二、居住空间改造更新策略

居住空间的更新改造要以保障无障碍需求人士和老年人的安全性为前提，在改造设计过程中需充分考虑他们日常起居生活中的诸多不便以及各类意外发生的可能性，采取必要的预防和应对措施，降低事故发生的概率，给他们营造一个既安全又舒适的住所室内空间环境，为他们独立生活提供强有力的支持，增强他们在日常生活中的自理能力，减少他们对家属及社会照护的依赖性，从而延长其自理生活时间。但是一般情况下既有建筑受结构形式、户型、空间等限制，无障碍改造往往比较困难，应根据家庭的实际情况因地制宜地进行。

1. 玄关与走廊

在既有住宅中，走廊多为单一空间，空间利用率较低。但走廊的功能不应只是单一的通行功能，因此可以通过合理的改造设计，使走廊空间的利用率更高，使用更便利。

由于需要改造的大多是砖混结构的老房子，尺度空间扩大的可能性不大。首先应该保证轮椅通行的最小 900mm 宽度，其次在进门后增设鞋凳，鞋凳旁边增加扶手，以保证无障碍需求人士和老年人的最基本需求。入户门如有门槛，应增设硬木或塑料类的三角条，以保证轮椅车或婴儿车的顺利通行。入户门口安装挂钩，以方便他们把手中的物品挂在上面，然后方便开门。地面材料可考虑使用强化木地板、石英地板砖、黏土砖、止滑砖、凹凸条纹状的地砖等防滑材料。

很多无障碍需求人士和老年人行动迟缓，行动不方便，有的甚至因为疾病导致半身不遂等症状。当通过较长的玄关、过厅时，光秃秃的墙壁会让他们感觉没有支援点，如果家中有这类人，可以考虑过道一侧设置高 850mm 的靠墙扶手，且扶手应连续。

2. 起居室

起居室是无障碍需求人士和老年人进行聊天、待客等家庭活动和看电视、休闲健身等活动的主要场所。既有住宅由于其特殊的时代背景，基本很少有独立的起居室，也有起居室与卧室合并使用。因此，需要通过适当手段重新调整各个功能分区，使其能够拥有独立的起居空间，促进他们和家人之间的交流。

在对起居室进行改造时，应合理把握其空间尺度和家具布置，使其好用。

（1）合理把握空间尺度。

改造时起居室大小的确定，应根据家具的摆放、轮椅的通行以及看电视时适宜的视距来确定。起居室过小则会造成通行障碍，起居室要满足他们日常生活的频繁使用的需求，空间过小会影响无障碍行走和活动的通畅度，造成绊脚、磕碰等安全问题，对于轮椅使用人士来说，也难以完成回转的动作。因此，起居室不宜设置成通过式、穿行式空间，应将套内主要交通动线组织在起居室的一侧，使沙发座席区和观看电视区形成一个安定的“袋形”空间。

（2）合理的家具布置。

沙发座席区的位置应保证无障碍需求人士和老年人坐在沙发上就能了解到户门附近的情况，因此，座席区宜面对门厅方向设置，保证他们不必起身行走就能方便地看到来客。同时也方便观察到户门是否关好等情况，增强他们心理上的安全感。另外，坐具摆放也不易过于封闭，要便于灵活使用，座席区内要考虑无障碍需求人士和老年人的专用座椅，位置应该方便他们出入，考虑到他们相对出门较少，可结合他们晒太阳的需求，将他们的专用座椅靠近窗边阳光处布置。由于原有住宅面宽都不是很大，建议不做电视机柜，将电视悬挂在墙上，以增大空间方便轮椅的出入。

3. 餐厅

餐厅在无障碍需求人士和老年人的日常生活中使用的频率较高，一日三餐是他们生活中十分重要的组成部分。除了备餐、就餐外，他们往往还会利用餐桌的台面进行一些家务、娱乐活动等，例如择菜、打牌等。因此，餐厅空间也是一个重要的公共活动场地。

餐厅空间宜与厨房临近布置，这样联系方便，使上饭菜、取放餐具等活动更为便捷，避免使他们手持餐具长距离行走。餐厅到厨房的动线不宜穿越门厅等其他空间，以免与他人相撞或被地上的物品绊倒，如有条件，应做成半开放式的厨房，以便于在餐厅和厨房中活动的人之间能互相交流。

有些既有老旧住宅没有餐厅，能否结合起居室做一个既能当餐厅，又能当起居室的复合空间，这样使用起来也十分便利，通过空间的相互延伸、借用，既可以节省面积，又能实现空间的复合利用。如室内空间受限时，可考虑采用活动家具，餐桌根据需要可以折叠，可以变更尺寸。

4. 厨房

合理人性化的厨房空间是保证他们高效独立生活的重要前提。其改造的重点首先是确保他们的活动安全，在此基础上力求省力、高效，以帮助使用者方便快捷地从事各项烹饪活动。无障碍厨房的操作台及橱柜等细部的改造都要考虑到使用者的生理、心理需求，如果是特殊的无障碍需求人士，应根据个人的具体情况有针对性地进行设计。一般来说，无障碍厨房空间的改造要考虑以下两个方面：

（1）合理适宜的尺度。

通常情况下，两平行操作台之间的宽度不宜小于900mm。但对于残障人士，考虑其活动时需借助相应的辅助器械，这一空间尺寸可以适当增加，具体尺寸视厨房具体情况而定。在既有住宅中，厨房面积一般情况下难以扩大，如若空间尺度不能满足上述改造要求，这时可考虑将操作台下部局部留空，以方便残障人士的身体靠近主要的操作设备。

（2）操作台布置形式。

相较于普通住宅厨房中常见的单列式、双列式、U形、L形的操作台布置形式，在无障碍需求人士使用的厨房中应尽量使用U形、L形。此两种布置方式有利于保持操作台面的完整连续，保证操作流线的简洁高效。同时，这两种布置方式的转角部位也可改造成一定的储藏空间，增加厨房空间的利用效率。

5. 卧室

卧室除了承担无障碍需求人士和老年人常规的睡眠功能外，往往还会进行许多其他的活动，尤其对于因病常年卧床不起的老人而言，其大量日常活动主要在此空间展开，因此他们的卧室应处于住宅中的最佳朝向，以满足其沐浴阳光接触自然的需求。安全舒适是他们卧室空间塑造的必要前提，改造时可以考虑以下几个方面：

（1）合理的空间尺寸。

相对于普通住宅中的卧室，无障碍卧室摆放床具后靠墙走道应不小于900mm，靠窗一侧留有1500mm直径的轮椅回转空间，这样可保证轮椅的正常使用及介护人员活动所需的空间。

（2）集中的活动空间。

在情况允许下，无障碍卧室内应有适当空间以供他们进行交往休闲活动，如会客、阅读等，这一空间的设置对于介助老人及不方便出门的残障人士是十分有益的。

（3）有阳光的居住环境。

南向的卧室可保证四季均有充足的光照，特别是对北方地区尤为重要，这不仅保证了室内的环境质量，更迎合了他们畏冷喜暖的生活特性，使他们在卧室内就能享受到阳光，有利于他们的身心健康。特别是对那些长期卧床的残障老人，这一理念更体现了人性化设计的关怀。

6. 卫生间

无障碍卫生间改造时要注意以下两个方面：

（1）干湿分区。

我国早期20世纪70—90年代设计的住宅，卫生间面积一般不大，通常兼做淋浴、便溺两用，没有明确的功能区域划分。这种布局方式增大了无障碍需求人士和老年人在卫生间滑倒的概率。因此，在卫生间的改造中应尽可能设置独立的淋浴区域，利用玻璃隔断或帘布等与坐便器、洗手盆等分开，这样既能提高卫生间的使用效率，又能形成干湿分区，且可以降低卫生间内发生事故的机会，保障他们的安全。

（2）安全防护。

考虑到他们中有些人身体机能的衰退，应在坐便器一侧或两侧的适当高度处设置扶手，方便他们如厕。在淋浴区的恰当位置也应设置扶手以保证他们的安全。应消除卫生间入口处及内部高差，保持卫生间内地面平坦，同时选择高防滑的地面铺装材质，在湿区内还应加铺防滑地垫，增强安全防护。卫生间宜改造成推拉门或外开门，以保证一旦意外情况发生，外界救助人员可以及时进入卫生间内。此外，卫生间内宜增设紧急呼叫装置。还要考虑在卫生间内为他们提供坐姿活动的条件。例如在盥洗台前安排坐凳、更衣室区设置更衣坐凳等，如卫生间空间较小时也可考虑用坐便器代替坐凳，将喷头设于坐便器附近。

三、公共交通空间改造更新

既有住区建筑内部公共交通空间的改造也是关注的重点，其存在问题较多，主要包括：①住宅楼梯间破旧，栏杆扶手损坏严重，休息平台有时有杂物堆放；②照明设施年久失修，采光严重不足；③各种管线改造都放置在楼梯休息平台，其上管线布置较多且错综复杂。对公共交通空间的更新改造应该从两方面考虑：一方面，满足他们居家生活的基本需求，楼梯间中各种管线设施的更新改造和完善；另一方面，如有可能增设电梯或其他上下楼设备以方便人们出行。

1. 楼梯

《住宅设计规范》规定“楼梯踏步宽度不应小于260mm，踏步高度不应大于175mm，坡度为33.94°”，而《老年人居住建筑设计规范》规定“楼梯踏步宽度不应小于280mm，踏步高度不应大于160mm，坡度为29.74°”，从坡度可以看出，一般既有住区住宅的楼梯坡度较陡，踏步宽度稍小，踏步也没有充分考虑防滑设计，安全性和舒适性都相对较差，给无障碍需求人士和老年人上下楼梯带来了较大的负担，也存在着一定的安全隐患。改造时可考虑对楼梯踏步面层进行改造，楼梯的踏步面层前缘应该有防滑处理，防滑条尽量不要凸出踏步表面。原有踏步宽度为260mm，如有可能适当增大宽度方向，高度方向抹斜角，还有一种办法就是在踏步表面增加一层高强度防滑面板挑出宽度方向20mm。通过这两种做法即可满足宽度不小于280mm的要求，达到方便无障碍需求人士和老年人出行的目的。

在对既有住区住宅的楼梯栏杆扶手进行改造时，可考虑增加供无障碍需求人士使用的低矮栏杆。此外，在楼梯间内设置新扶手时，应设置连续扶手，如有可能宜在楼梯间、公共走廊左右两侧都设置扶手，扶手在墙面转角处可做成圆弧状且连续不断，而且扶手及其连接件应满足相应的强度要求，保证在无障碍需求人士和老年人站立不稳或即将摔倒时，能够借助扶手保持身体平衡，扶手在楼梯的起止端应水平延伸300mm以上，以便手在身体前侧撑扶扶手，保证脚踏平稳后手再移开扶手。

2. 电梯

根据调查数据显示，老年人或残疾人当中大多数人都居住在既有老旧住宅，而且他们这些人上下楼梯很不方便，他们当中很多人长期得不到户外锻炼，严重影响了他们的身心健康。因此，利用现有条件为多层既有住区建筑增设电梯，改善他们的居住品质是非常必要和有意义的。一般情况下，在既有建筑外面建造一个全新的钢结构玻璃电梯井道来实现增设电梯的改造也是最为经济实用的一种方式。在加建电梯时，要综合考虑住宅的户型、前后日照间距、绿化景观等多方面因素的影响，要根据具体情况具体分析来做好统

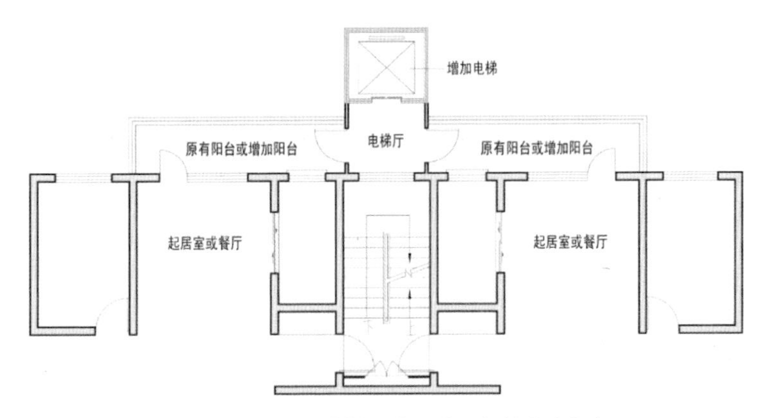

图3-6-1　北向楼梯间外侧增加电梯改造方案

筹安排。通过对国内既有住宅的更新改造研究总结，针对我国早期建设的多层住宅增加电梯的位置一般有以下两种方式：

（1）电梯与楼梯休息平台连接的改造方案。

这种形式可以用于多种套型的既有住宅，用钢结构将电梯紧贴安装在楼梯休息平台的外侧，且对前后建筑的日照采光影响不大。这种做法优点是占用原有场地最少，缺点是不能到达入户门楼层，只能差半层到达楼梯中间的休息平台，对乘坐轮椅人士来说还是没法使用，其他人使用也不是很方便。

（2）电梯与北向阳台连接的改造方案。

这种形式只适合北向餐厅或起居室带阳台的户型平面，考虑到卧室空间私密性较强，入户空间不宜选择和卧室相连接的阳台空间。或者考虑北向电梯和阳台都加建改造，但这种改造方式也存在着一定的局限性，而且凸出外墙面较多带来城市规划和占用原有场地较多等问题，如图 3–6–1。这种做法优点是可以到达入户门楼层，乘坐轮椅人士可以自己上下楼；缺点是受规划、场地等诸多因素的制约，加建部分较多，工程费用偏高。

（3）楼梯扶手改造加装上下楼设备。

既有住宅在增加电梯时会涉及土地、规划、住户意愿等原因，且需要协调的部门也较多，实施难度较大，增加电梯的工程费用也不菲。相对来讲，增加上下楼设备宜为较好的方案，投资不高，容易实施，缺点是使用不方便，一般也就是供不方便上下楼的人使用，且舒适度较低。

四、外立面及屋顶改造更新策略

1. 外立面改造更新

由于受到当地当时经济发展水平、技术条件等客观因素的制约和影响，既有住区的住宅及其他配套公建建筑外立面材料一般选择造价低廉的材料，加上年久失修，以及物业管理等问题，外立面形象大多比较破旧，现在已经严重影响了住区的形象，也在很大程度上影响了城市的整体面貌。在立面改造中应本着节约成本、易辨可识、美观大方、与周边环境相协调的原则。

（1）材料的选择。

立面材料的选择不仅决定了建筑整体形象的美观与否，更在很大程度上决定了建筑物的可识别性。无障碍需求人士和老年人由于视力衰退、判断力下降，对色彩的识别能力通常较差，因此在立面改造时，应尽可能选择一些色相差异较大、色彩明度较高的建筑材料，还可在建筑局部做出适当程度的色彩反差对比，增加建筑物自身形象的可识别性，来帮助无障碍需求人士和老年人辨识，并使不同单体建筑给他们形成不同的领域感和归属感。如北方早期住宅都没有充分考虑节能设计，所以外立面更新可考虑结合既有建筑外保温节能改造来进行，这样既能达到改善原有住宅的节能效果，又能对建筑立面进行更新。另外原有建筑中一些能体现地域文化特色、具有保留价值的立面元素，应当予以保留或进行改进。

（2）立面的美化。

目前对既有住区沿街立面的改造已成为大多数城市建设整治市容市貌中必不可少的一项工作。住宅外立面元素中如阳台、门窗、遮阳构件、室外空调机位等已成为影响住宅外立面美观的重要因素，如能对这些构件及元素加以整体且合理的更新改造，既能改善城市市容市貌，又能提升住区整体形象。这样既改善了住区环境，还能给居住在内的人们生活带来舒适感。

运用当前的新材料、新技术、新构件及时修复和更换严重影响建筑美观的立面构件，如损坏的门窗、阳台、雨棚等。对破旧的住宅外立面表层重新粉刷、修饰和改造，对建筑的山墙、线脚、檐口、窗套等部位进行重新装饰以改变住区破旧的面貌。对于在改造过程中新加建的立面元素，在选择材料时要综合考虑住宅的使用功能和体现地方文化特色。如住宅外侧扩建了新的阳台或增加了方便无障碍需求人士和老年人使用的电梯，也要综合考虑阳台及电梯对原有建筑立面效果的影响。再如早期老旧单体住宅一般都没有设计室外空调机位，室外空调机安装后立面较为混乱，可以结合室外空调机位做一些格栅或金属穿孔板的造型来使建筑立面旧貌换新颜。总之，既有住区的立面改造要从人们的生活特征和地方文化特色角度出发，满足居民的实际需求，尽量避免纯粹的沿街立面形象工程。

2. 屋顶改造更新

屋顶作为建筑的第五立面，对建筑的俯视效果有较大的影响。在现在既有住区地面普遍缺乏公共活动空间且用地紧张的情况下，屋顶的开发利用不仅可以有效增加公共活动空间，可以考虑利用可上人的公共建筑屋面做屋顶花园，在条件允许的情况下增加一些屋顶绿化和屋顶活动花园还是不错的选择。“平改坡”是指在保证住宅单体建筑结构安全的前提下，将多层住宅建筑平屋顶改建成坡屋顶，还可以将太阳能利用技术与屋顶的改造相结合，如结合坡屋顶做成太阳能光伏屋面或集热板屋面等，可以达到改善原有住宅性能和美化建筑物外观视觉的双重效果，又能节约能源，充分利用可再生资源，实现既有住区的节能减排和可持续发展。

我国20世纪八九十年代建造的住区普遍以多层住宅为主，且大都采用平屋顶的形式，“平改坡”不仅可以有效增加住房面积，对改善住宅单体建筑屋顶渗漏、减少住宅能耗，对提高住区环境和城市景观都有较好的效果。济南市于2008年在迎接第十一届全运会之际，对20世纪八九十年代建造的一部分多层住宅实施了“平改坡”工程，在政府和相关技术部门的大力协作下，取得了较为理想的效果，使得很多沿顺河高架路两侧的原有平屋顶住宅一改过去老旧的外观，旧貌换新颜，使得城市面貌也有了一定的提升。

第四章

住区无障碍设计系统化建设与保障

居住是人类生存的基本需求，雅典宪章将人的居住活动称为“城市的第一活动”。为居民提供安全、健康、方便、舒适的居住环境是现代社会和谐发展的目标之一。随着我国经济的快速发展，社会不断进步以及人们生活水平的普遍提升，住区环境质量成为居者普遍关注的核心问题。“绿色住区”“生态住区”“健康住区”“宜居住区”等概念应运而生。其中“健康住区”理念要求：住区环境的塑造一切从居住者出发，满足其生理和心理健康的要求。从居住者的视角看待“健康”，强调实践是“健康住区”的基本特征。基于此视角，住区无障碍设计是健康住区实现的重要环节，“为老年人、残疾人、儿童、孕妇等行为障碍人群提供便利，满足其生理、安全、休闲以及社交和审美需求”。

住区是一个功能复杂、形式多样的，具有一定的层次结构性和时间上的延续性，属于一定社会环境中复杂的人工系统。因此，针对住区环境使用弱势群体的无障碍设计也是一个复杂的系统工程，不仅要满足居者对于无障碍住区的居住功能、工程质量、环境质量和管理服务等基本追求，而且涉及项目规划设计、住宅设计、环境设计、设施设计等多个环节，以及使用后的评价和维护管理等。它的实现不仅需要国家以及地方政策的有力支持以及行业规范标准的保驾护航，更需要系统化的设计思路和方法、项目建设和实施过程的有效策略以及无障碍设施使用管理过程全方位监管和基于 POE 评价结果的设计后提升措施。概括而言，广义层面住区无障碍设计是一个开放性的、结构性的、动态循环式的整体化系统工程，保证工程有效实施的策略是工程进展各阶段、各环节、各参与方的全方位积极有效配合，如图 4–0–1。

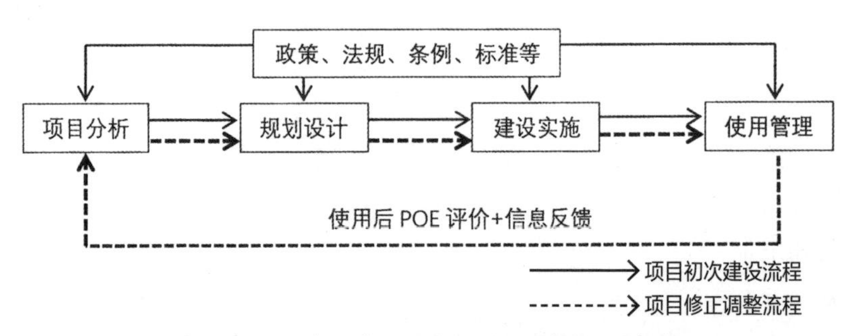

图 4–0–1　理想状态下的广义住区无障碍设计流程

第一节　住区无障碍系统化设计特征与意义

鉴于住区无障碍设计的复杂性、整体性、结构性等特征，住区无障碍设计需要引入系统的思想进行思考。系统论的观念源于生物学，钱学森从工程控制论角度给出了系统的定义："我们把极其复杂的研究对象称为'系统'，即由相互作用和相互依赖的若干组成部分结合成的具有特定功能的有机整体，而这个'系统'本身又是它所从属的一个更大系统的组成部分。"

概括而言，系统是指相互联系、相互依赖、相互制约、相互作用的事物或过程组成的具有整体功能和综合行为的统一体。现代系统思想就是将世界视作系统与系统的集合，强调研究对象的整体性、相关性、结构性、层次性、动态性和目的性。整体性是系统研究的核心，研究的主要任务是以系统为研究对象，从整体出发来研究系统整体和组成系统整体各要素的相互关系，从本质上说明其形式、结构、功能和动态，进而把握系统整体。

一、住区无障碍系统化设计的特征

系统科学在各学科之间架起了桥梁，具有普遍适用的科学方法论意义。在此理念指导下提出的住区无障碍系统设计具有以下特征：

1. 综合性

住区无障碍设计既涉及物质空间，又涉及使用者、设计者、管理者、建设者，甚至政策、规范、条例、法规等，这些构成了住区无障碍设计的综合内容。这些内容相互交织，又表现出空间联系和时间联系的综合，也是各种信息流、物质流、能量流的综合。因此从系统的角度考量住区无障碍设计，在运动和发展的过程中进行考察，从主客体相互关系、环境、功能、人文、生态等多方面综合地研究才能真正发挥住区无障碍设计的功效。

2. 整体性

住区无障碍设计所面临的对象要素不是杂乱无序的偶然堆积，而是各要素相互联系、相互作用产生的有机整体。而且对外与城市空间相承接，对内与居民日常行为需求密切关联，因此住区无障碍设计系统的整体功能并不等同于各个组成要素无障碍实际功效的总和。所以，在对住区无障碍设计系统进行管理、控制、分解的同时应注意各构成要素在系统中的地位和作用，以便合理组织，通过最优化的整合途径发挥最大的功效。

3. 层次性

住区无障碍设计系统具有明显的层次结构，住区规模越大、功能越综合，其层次就越复杂。同级结构之间有一定的独立性，又相互联系。不同级结构之间相互影响，相互制约。住区无障碍设计系统有从属于自己的子系统，因此要对其进行分解组织，以实现对复杂系统对象的科学分析。重要的是在对住区无障碍设计要素进行分解之时应时刻注意各要素的横向普遍联系性。

4. 联系性

住区无障碍设计系统的各部分之间、各层次之间通过一定的结构组织和信息交流组成为一个整体。只有保证信息联系通道的顺畅通达，住区无障碍设计系统才能产生反馈、调节、控制、最优化、组织性和适应性等一系列性能。从该特征出发，广义的住区无障碍设计流程更应该引起住区无障碍管理者、设计者以及各方参与者的足够关注。

5. 目的性

住区无障碍系统设计是为住区环境中具有心理和生理特殊需求人群服务的，即住区无障碍设计系统的功能。系统的功能是区别不同系统的主要标志，它决定了系统内部各要素的结构关系和相互作用。为了实现住区无障碍设计系统的目的，该系统必须具有控制和调节管理的职能，管理的过程就是使住区无障碍设计系统进入与其目的相适应的状态。

二、住区无障碍系统化设计建构意义

系统科学为人们提供了一种以整体性、综合性、动态性和开放性的原则来解决多因素、动态多变的有组织复杂系统的科学思维方式，这对解决复杂的住区问题提供了有力支持和帮助。

住区无障碍体系从属于城镇空间，服务于人群，尤其在生理和心理上具有特殊需求的群体。现代的城镇是个由多种相互作用和相互依赖的空间要素组成的，具有一定层次、结构和功能的，处在一定社会环境中的复杂的系统。它也是以人为主体，以空间利用为特点，以聚集经济效益为目标的高度集约化的地域空间系统。住区无障碍体系是其中一个重要子系统，它使对特殊人群的人文关怀和特别关注能够以物质形态而存在，在其空间组织、设施安置、功效发挥等方面也表现出系统复杂性。

因此系统理念与方法的引入可以使人们认识到住区无障碍体系的整体性，并以系统整体、全面、宏观的角度看待问题，从而以更主动的方式对住区无障碍体系进行规划和设计。其具体思路：从整体的角度研究住区无障碍体系，把握问题总体特征；认识住区无障碍体系建设目标的多样性和综合性，全面综合考虑建设的方方面面，并可比较分析不同的解决方法，采用最优方案；抓住住区无障碍系统化设计的主要矛盾，分层次、分等级处理系统问题；动态地看待住区无障碍体系的发展，及时调整而采取有效措施，以获得该体系的良好表现；正确对待住区无障碍体系的开放性，解决问题时注重各要素之间的相互影响。

第二节　住区无障碍系统化设计实施有效保障

一、住区·城市一体化设计的思路

现代建筑学空间组合意向的目标已不是封闭独立的非关联形式，而是以内外穿插渗透的建筑空间进入城市空间“组织”，于是“超建筑学”的“城市空间组织工学”体系逐步形成，基点在于“时空观念”的转换：传统脱节—时代连续；建筑空间—城市空间；人类空间—宇宙空间。住区处于城市大环境中，住区系统是城市系统的重要组成部分，住区各要素与城市各要素之间存在各种无法割舍的关联，住区无障碍体系必然要与城市空间和无障碍体系建立密切的联系，如图 4-2-1。住区无障碍系统化设计必须要有住区 · 城市一体化设计思路，使得住区无障碍体系与城市无障碍体系实现无缝的有机对接。

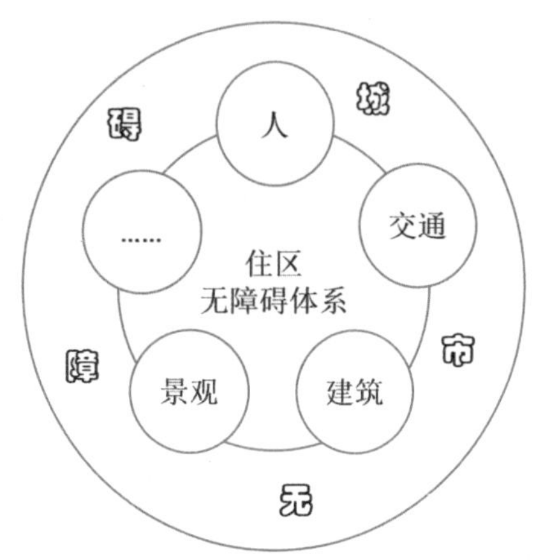

图 4-2-1 住区无障碍体系与城市无障碍体系关系

无障碍体系住区 · 城市一体化设计思路有利于城市结构、空间意向的完整，也有利于住区的可持续发展，从空间结构、城市功能、景观设计、文化传承以及与人为便等各方面体现住区与城市的互动，而城市的规划也要体现出对住区无障碍系统中各类行为和活动的支持。

二、设计过程引入总建筑师制度

从住区的物质环境建设上来说，首先需要建立科学的管理和协作机制。在当今的住区的整体营造中，“总建筑师”（含规划师、建筑师、风景园林师等在内的宏观把控团队）应该成为不同力量群体理想与目标以形态空间方式实现的策划者，尤其是当下住宅的开发量大、规模趋大化、历时性长。针对住区无障碍系统化设计综合性、整体性、层次性、联系性、目的性、复杂性等特点，有必要在无障碍设计流程的各个环节中引入“总建筑师”制度。

在“总建筑师”的宏观调控下，住区无障碍体系各个环节（建筑、交通、景观）、各个层级或是各专业既保持相对独立又存在相互联系，可以显而易见地提高住区空间环境营造以及无障碍体系的针对性。“总建筑师”的全程参与可以在建设中及时根据需要进行调整有利于住区整体空间环境和无障碍体系的协调发展。大规模住区的分期开发由于“总建筑师”的存在可以确保不同时段开发之间整体空间环境和无障碍体系的延续性，并且可以做到整体上的协调，把握规划师、建筑师、景观设计师等各专业之间的合作，有利于住区整体空间环境和无障碍体系的系统性和可持续发展。

“总建筑师”制是目前现实可行的进行大规模开发和协作开发协调统一和多样变化的有效手段之一，有关部门应该在政策上、体制上和项目实施管理上加以引导。

三、项目流程引入公众参与机制

党的十九大报告指出，我国社会主要矛盾已经转化为人民日益增长的美好生活需要和不平衡不充分的发展之间的矛盾。强调要改善居民生活环境，增强群众的获得感、幸福感、安全感。2017 年 9 月发布的《北京城市总体规划（2016 年—2035 年）》要求：提高城市治理水平，让城市更宜居，塑造高品质、人性化的公共空间，完善无障碍设施建设。“以人为本”是建设和谐宜居城市的重要基础之一，以确保残疾人、老年人、儿童、孕妇等有特殊需求的群体行动自由为目的的无障碍环境建设，正是“以人为本”的重要体现。因此无障碍环境建设需要多措并举，不断推进。公众参与机制便是重要的举措之一。

1. 公众参与机制于住区无障碍系统化设计之意义

公众参与是公众表达利益诉求的重要渠道，也是满足公众协助公共政策制定需求的主要途径。党的十九大报告将“公众参与”作为打造共建共治共享社会治理格局的重要组成部分和正确处理人民内部矛盾的重要手段，公众参与状况将对政府网络化治理效果有显著影响。公众参与机制的缺失或无效是重大工程领域诸多社会矛盾产生的重要原因。为此，将公众参与引入社会矛盾预防和化解机制中，实质是推动“政府—公众”多元互动、理性协商来引导社会矛盾自我疏导和自我化解，从而更好地实现化解效果。

从设计者和使用者之间的关系而言，住区无障碍环境与设施建设与使用者的活动密切相关。设计师如若强烈而彻底地控制整个项目，留给使用者的自由就少。甚至设计师主控下使得空间形成的紧密的秩序将自由选择的机会降至最低，导致无障碍设施的规定性，容易令人产生回避的心理。如果按照固定的含义，以及随之而来的“什么是对的”和“什么是错的”形式符号进行住区无障碍设施的组织，使用者很难经常按照他们自己共同的意愿行事。反之，公众参与机制的推行使得无障碍设施的使用者参与到住区无障碍系统化设计中，设计者在设计中不但考虑到不同使用者的需求，而且留给使用者自己设计或布置的自由，通过使用者的作用，使无障碍设施和空间体现更多的有意义的信息刺激。同时调动公众参与环境建设的积极性，贯彻“以人为本”“公众参与”理念同时，尽可能避免项目建设过程出现的影响社会系统运行的各种干扰要素。

2. 住区无障碍系统化设计公众参与机制类型

参照张长征等人《公众参与引导下的重大工程社会矛盾化解机制》一文相关研究建议住区无障碍系统化设计公众参与采用“政府主导—社区参与”型、“政府引导—社会组织介入”型、“政府与社会组织协同合作”型三种机制，推动公众参与引导住区无障碍环境建设所引发的社会矛盾的自我疏导、自我治理和自我化解，形成全民共建共享的住区无障碍系统化建设的新格局。

“政府主导—社区参与”型机制：针对低成熟度公众参与者。低成熟度公众参与者一般为住区群众，特点是人数众多，对住区无障碍环境风险认知薄弱，建议政府是该层次无障碍环境建设的核心主体，住区居民委员会是承担基层社会服务职能的自治组织，吸纳本住区内专业人士及社会志愿者统筹推进无障碍环境低成熟度公众参与工作。

“政府引导—社会组织介入”型机制：针对中等成熟度公众参与者。成熟度中等的公众不满足信息从政府部门单向流向参与者，期望通过交流互动制度直接表达自身对工程项目的意见。其中，社会矛盾主体正逐渐迁移至中产阶层，中产阶层占据着中等成熟度公众群体的主要部分，他们具备一定的专业知识和法律知识，并且拥有更多的社会资本作为抗争资源，能够在法定框架内灵活运用组织动员技术，带动低成熟度参与者加入抗争。作为该层次参与无障碍环境建设的一般主体，政府应采取协商、合作等柔性手段联结不同利益主体相互合作、利益整合，构建社会组织介入的无障碍环境建设社会矛盾化解机制，为参与者提供利益诉求表达的组织依托。

“政府与社会组织协同合作”型机制：针对高成熟度公众参与者。在该层次社会矛盾化解平台上，可以由政府授权参与水平高的公众，通过实质性介入影响项目决策结果来维护公众自身利益。该模式的实质是掌控权向社会公众转移，政府与公众参与者构成相互依赖的合作平台，互相交换各自诉求和意见，共同做出决策。住区无障碍工程项目建设是一个复杂系统工程，社会矛盾的预防和化解一方面依赖专业知识能力，另一方面决策者要站在全局性利益上，而不是单纯从参与者自身利益出发。因此，专业水平较强的社会组织成为该层次工程建设矛盾的多元协调机制的重要载体，与政府部门一并协调各工程建设各方产生的矛盾。政府与社会组织要形成“合作伙伴关系”，赋予社会组织社会稳定风险评估的决策投票权，二者共享信息、资源，经过沟通协商实现项目监管和社会共治。

3. 住区无障碍系统化设计公众参与方法

对于住区无障碍系统化设计公众参与来说，公众参与渗透到整个工程项目系统规划设计、建设管理的每一个环节，才能获得公众参与的真正效果。根据建议公众参与机制类型，结合住区无障碍系统化设计特点和无障碍设施适用人群特征，建议采用以下公众参与方法。

（1）大众传媒发布信息。该项目的负责单位传播信息主要基于媒体平台基础上进行传播，包括电视、广播、报纸和网站，使得相关政府机构、非政府组织、社会团体、各界人士、专家、技术人员和一般公众了解项目的背景信息，以便他们能够表达自己的意见和问题，清楚地了解本项目的目标和要求，从而获得公众支持。

（2）公众座谈会。政府规划部门和项目建设部门举行公众座谈会。参加者包括人大代表、社会团体、政协委员、民主党派和社会群众代表。请代表对住区无障碍项目的规划设计提出意见和建议。建设部门应当认真听取意见，合理调整计划。

（3）专家咨询和评审会。对规划方案进行系统的咨询及审查，并基于专家讨论采取后续的实施方案。该过程对于每一个公众来说，可以科学地予以参与，并分析该项目所憧憬规划性策略，从而提出更为合理的、科学的建议，并进一步将原方案予以改进和完善。

（4）公众代表参与到规划设计中。可以让公众选择的群众代表采取提建议、提思路等手段参与到住区无障碍工程项目环节。并采取相互交流，促进该项目规划设计人员对于社会需求做到切实了解，从而及时调整规划设计，促进公众参与设计进度进一步加快，并有效减少不合理的浪费情况。

（5）公示设计图纸和模型。在住区无障碍系统化设计过程中，可采取多次举行展览的手段，听取每一个参与公众的具体意见，从而形成一种互动交流，可以获得很好的效果。

（6）问卷调查。根据项目建设的规划设计方或者建设管理方可以针对不同年龄、性别、需求等人员进行有目的性的问卷调查，以获得使用者无障碍设施需求心声，从而指导规划设计和建设管理有序、合理、科学的进展。

四、项目建设引入新的管理模式

工程项目管理是住区无障碍系统化设计顺利进展的重要组成部分，对工程项目实施管理，并不断对管理模式进行创新和优化，是保证工程项目经济效益的主要途径。管理是为达到某一目的，对管理对象做出的决策、计划、组织等一系列工作。在工程项目管理中，工程项目是管理的对象。但是，由于工程项目是一次性的，所以在对工程项目进行管理时，更加注重管理的程序性，要求采用科学的方法，对工程项目实施全面的管理。因此，工程项目管理的概念可以总结为：在一定的约束条件下，为使工程项目获得成功，对项目实施过程中涉及的所有活动进行决策和计划、组织和指挥、控制和协调等工作的总称。

然而现有的大多数工程管理模式并不理想，不但在管理体制方面受到一定制约，也存在一定不足之处，而且项目法人的职责难以得到有效的落实，甚至项目经理与监理存在重复权限。因此住区无障碍项目管理过程建议考虑以下工程项目管理新模式。

1. EPC（设计采购施工总承包）模式

EPC（是 Engineering，Procurement，Construction 三个英文单词首字母缩写）模式即工程总承包模式，是指企业接受业主的委托，根据合同中的相关约定，负责对工程项目进行设计、采购、施工和试运行等工作，或者负责若干阶段的承包工作。通常情况下，企业会在总价合同条件下，对自身所承包工程的质量、进度、成本和进度等进行控制。这种模式的运用，需要满足一定的特点及适用范围。比如，当工程项目需要对其设计、采购、施工组织等环节进行统一的管理，或者对整个工程项目实施全过程的控制时，可以采用这种管理模式。当项目中的这些环节之间存在深度交叉，或者这些环节能够合理有序地开展，适用 EPC 管理模式。在工程项目中采用 EPC 管理模式时，能够对项目的设计、采购、施工等环节进行有效的优化。由于在此管理模式下能够在设计程序中纳入采购环节，所以有利于提高工程项目的设计质量。

2. PMT（工程项目组）管理模式

PMT（是英文短语 Project Management Team 三个英文单词首字母缩写）管理模式即项目管理团队模式，是投资方通过对工程项目的实际规模进行分析，根据工程项目的规模情况，成立“项目经理部”，专门负责对工程项目进行管理。在 PMT 管理模式下，项目的管理服务方主要为业主提供咨询服务，其所承担的工程进度控制风险、费用管理风险、质量控制风险等比较小。PMT 模式的运用，需要满足一定的条件。比如，PMT 可以根据自身的工作能力和经验，适当降低 PMT 的工作深度。或者在项目工程的实施过程中，PMT 主要负责指导和控制工作，不需要对实际的工程项目施工负责，这部分工作由项目管理来承担。PMT 组织是投资方成立的，投资方的精力主要集中在与工程项目有关的各核心业务上。并且，PMT 属于临时机构，随着工程项目的实施，PMT 能够从中不断积累相关的建设经验，还可以对这些经验加以反复分析利用。所以，对投资方而言，这种管理模式能够对项目工程的相关建设资源进行优化配置，有利于实现工程项目价值的最大化。

3. PMC +Partnering 模式

PMC（项目管理承包，是短语 Project Management Constructing 三个单词首字母缩写）模式具有许多优点，可以提高建筑企业的项目管理水平，减少整个工程项目的资金投入，还能缩短工程项目的周期，将工程造价控制在最低水平，但不影响工程项目的建设质量。并且，采用这种管理模式，能够维持战略伙伴之间的稳定关系，使承包商更好地为业主服务。而业主会赋予承包商一定的分配权力，将以后的工程项目交由该承包商负责。所以，采用 PMC 模式对工程项目实施管理，有利于实现工程项目利益的最大化。Partnering 模式能够提高信息的共享性，通过实现承包商、施工单位、其他合作方的资源共享，以互信互利为基础，在各方建立起合作关系，在兼顾各方利益的前提下，共同完成工程项目的建设目标。在整个施工过程中，与项目有关的各方会实时沟通，能够减少施工过程中出现的矛盾。由于工程的风险是各方共同承担的，所以各方的利益都能得到保障。

PMC+Partnering模式是将两种管理模式的优势结合起来，达到更好的管理效果。所以，采用这种管理模式的工程项目应符合以下条件：当建筑工程项目具有显著的投资特点，规模比较大时可以采用这种管理模式。有的工程项目很复杂，不确定因素比较多，很容易出现合同索赔问题，在业主和承包商之间可能会出现争议，进而影响到工程质量和施工进度。这类工程可以采用PMC+Partnering管理模式，以维持工程各方的稳定合作关系。这种管理模式具有明显的应用价值，能够为建筑企业创造更大的经济效益。比如，从投资控制方面来看，此模式能够有效降低项目的整体投资，不需要通过第三方监理结构对工程的实施过程进行监督，这样就能够节约很大一部分施工费用，能够更好地保障承包商、业主的利益。

五、环境和设施维护引入使用后评价

使用后评估（Post Occupancy Evaluation）是20世纪60年代从环境心理学领域发展起来的一种针对建筑环境的研究，英文缩写POE，指从使用者的角度出发，对经过设计并正在被使用的设施进行系统评价的研究。具体来说POE是指在项目建成若干时间后对使用者进行侧重于行为心理方面的验证，通过评价数据信息的汇总，经过科学的分析了解使用者对目标环境的评判。80年代后，使用后评价在理论上更多地受到相关学科的影响，研究和实践范围不断扩大化和多样化，包括城市设计、建筑设计、园林设计、室内设计都被纳入其内。

POE既可用于检验使用后的住区无障碍系统化设计成果，与原初设计目标做比较，发现设计上的问题，也可利用评价手段研究住区无障碍系统化设计规律，为以后同类设计提供科学的依据，提高项目的决策建设水平。住区无障碍环境和设施使用后评价是对住区无障碍环境和设施质量的优劣进行科学的定量描述和评估，它是认识和研究居住无障碍环境和设施的一种科学方法。在进行评价时，确立科学合理的评价指标体系，对获得科学公正的评价结果至关重要。通过一系列科学可行的分析方法对评价指标进行提炼和筛选，以确立科学、规范的评价指标体系，获得相对准确的信息对后续设计调整和环境与设施的维护提供切实可行的建设性意见。